人工智能专业核心教材体系建设——建议使用时间

图例： 数理基础　专业基础　人工智能核心

一年级上： 程序设计与算法基础　线性代数 I　数学分析 I

一年级下： 高等数学理论基础　线性代数 II　数学分析 II

二年级上： 人工智能基础　数据结构基础　概率论

二年级下： 机器学习　高级数据结构与算法分析　面向对象的程序设计　优化基本理论与方法

三年级上： 自然语言处理导论　计算机视觉导论　人工智能伦理与安全

三年级下： 设计认知与设计智能　智能感知　计算机科学导引　理论计算机科学导引

四年级上： 人工智能实践　人工智能系统、设计智能　人工智能芯片与系统　认知神经科学导论

面向新工科专业建设计算机系列教材

智能系统及其应用

毕 盛 高 英 董 敏◎编著

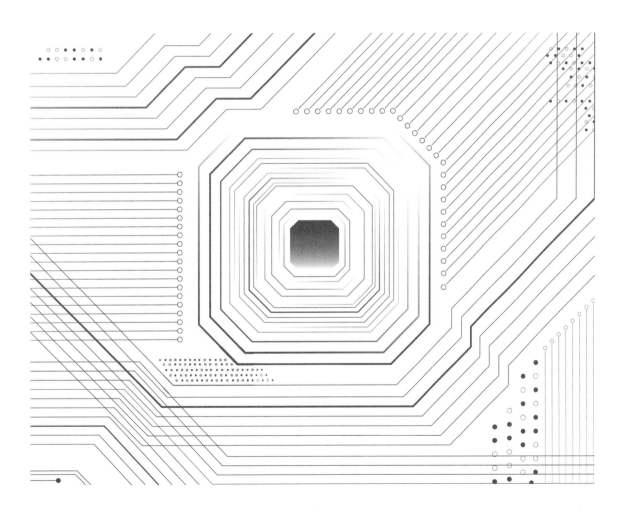

清华大学出版社
北京

内 容 简 介

本书从硬件、软件、算法和通信 4 方面讲述一个智能系统完整的开发内容,主要包括智能系统相关背景、智能系统芯片、编译系统、操作系统、操作系统软件框架、应用软件开发、机器学习、深度学习推理框架和智能系统应用开发,从而让读者能够全面地学习一个智能系统所涉及的各方面知识点,便于从宏观方面理解智能系统。

本书适合计算机体系和智能体系的初学者,便于他们了解相关的知识点,以方便后期展开更加深入的学习。本书也适合已学习计算机体系相关课程的读者,方便这些读者对以前所学的知识点回顾、加深和集成,从而对智能系统有全面认识。

本书可以作为高等学校计算机科学与技术、人工智能、软件工程、自动化和电子工程等专业的教材和参考书,或供相关工程技术人员参考。

图书在版编目(CIP)数据

智能系统及其应用/毕盛,高英,董敏编著. —北京:清华大学出版社,2022.6
面向新工科专业建设计算机系列教材
ISBN 978-7-302-60969-8

Ⅰ.①智… Ⅱ.①毕… ②高… ③董… Ⅲ.①智能系统-高等学校-教材 Ⅳ.①TP18

中国版本图书馆 CIP 数据核字(2022)第 089094 号

责任编辑:白立军
封面设计:刘　乾
责任校对:焦丽丽
责任印制:宋　林

出版发行:清华大学出版社
   网　　址:http://www.tup.com.cn,http://www.wqbook.com
   地　　址:北京清华大学学研大厦 A 座   **邮　　编:**100084
   社 总 机:010-83470000   **邮　　购:**010-62786544
   投稿与读者服务:010-62776969,c-service@tup.tsinghua.edu.cn
   质量反馈:010-62772015,zhiliang@tup.tsinghua.edu.cn
   课件下载:http://www.tup.com.cn,010-83470236
印 装 者:三河市铭诚印务有限公司
经　　销:全国新华书店
开　　本:185mm×260mm **印　张:**14 **插　页:**1 **字　　数:**327 千字
版　　次:2022 年 7 月第 1 版   **印　　次:**2022 年 7 月第 1 次印刷
定　　价:49.00 元

产品编号:094272-01

出版说明

一、系列教材背景

人类已经进入智能时代,云计算、大数据、物联网、人工智能、机器人、量子计算等是这个时代最重要的技术热点。为了适应和满足时代发展对人才培养的需要,2017 年 2 月以来,教育部积极推进新工科建设,先后形成了"复旦共识""天大行动""北京指南",并发布了《教育部高等教育司关于开展新工科研究与实践的通知》《教育部办公厅关于推荐新工科研究与实践项目的通知》,全力探索形成领跑全球工程教育的中国模式、中国经验,助力高等教育强国建设。新工科有两个内涵:一是新的工科专业;二是传统工科专业的新需求。新工科建设将促进一批新专业的发展,这批新专业有的是依托于现有计算机类专业派生、扩展而成的,有的是多个专业有机整合而成的。由计算机类专业派生、扩展形成的新工科专业有计算机科学与技术、软件工程、网络工程、物联网工程、信息管理与信息系统、数据科学与大数据技术等。由计算机类学科交叉融合形成的新工科专业有网络空间安全、人工智能、机器人工程、数字媒体技术、智能科学与技术等。

在新工科建设的"九个一批"中,明确提出"建设一批体现产业和技术最新发展的新课程""建设一批产业急需的新兴工科专业"。新课程和新专业的持续建设,都需要以适应新工科教育的教材作为支撑。由于各个专业之间的课程相互交叉,但是又不能相互包含,所以在选题方向上,既考虑由计算机类专业派生、扩展形成的新工科专业的选题,又考虑由计算机类专业交叉融合形成的新工科专业的选题,特别是网络空间安全专业、智能科学与技术专业的选题。基于此,清华大学出版社计划出版"面向新工科专业建设计算机系列教材"。

二、教材定位

教材使用对象为"211 工程"高校或同等水平及以上高校计算机类专业及相关专业学生。

三、教材编写原则

（1）借鉴 *Computer Science Curricula* 2013（以下简称 CS2013）。CS2013 的核心知识领域包括算法与复杂度、体系结构与组织、计算科学、离散结构、图形学与可视化、人机交互、信息保障与安全、信息管理、智能系统、网络与通信、操作系统、基于平台的开发、并行与分布式计算、程序设计语言、软件开发基础、软件工程、系统基础、社会问题与专业实践等内容。

（2）处理好理论与技能培养的关系，注重理论与实践相结合，加强对学生思维方式的训练和计算思维的培养。计算机专业学生能力的培养特别强调理论学习、计算思维培养和实践训练。本系列教材以"重视理论，加强计算思维培养，突出案例和实践应用"为主要目标。

（3）为便于教学，在纸质教材的基础上，融合多种形式的教学辅助材料。每本教材可以有主教材、教师用书、习题解答、实验指导等。特别是在数字资源建设方面，可以结合当前出版融合的趋势，做好立体化教材建设，可考虑加上微课、微视频、二维码、MOOC 等扩展资源。

四、教材特点

1. 满足新工科专业建设的需要

系列教材涵盖计算机科学与技术、软件工程、物联网工程、数据科学与大数据技术、网络空间安全、人工智能等专业的课程。

2. 案例体现传统工科专业的新需求

编写时，以案例驱动，任务引导，特别是有一些新应用场景的案例。

3. 循序渐进，内容全面

讲解基础知识和实用案例时，由简单到复杂，循序渐进，系统讲解。

4. 资源丰富，立体化建设

除了教学课件外，还可以提供教学大纲、教学计划、微视频等扩展资源，以方便教学。

五、优先出版

1. 精品课程配套教材

主要包括国家级或省级的精品课程和精品资源共享课的配套教材。

2. 传统优秀改版教材

对于已经出版的、得到市场认可的优秀教材，由于新技术的发展，计划给图书配上新的教学形式、教学资源的改版教材。

3. 前沿技术与热点教材

反映计算机前沿和当前热点的相关教材,例如云计算、大数据、人工智能、物联网、网络空间安全等方面的教材。

六、联系方式

联系人:白立军

联系电话:010-83470179

联系和投稿邮箱:bailj@tup.tsinghua.edu.cn

"面向新工科专业建设计算机系列教材"编委会

2019 年 6 月

面向新工科专业建设计算机系列教材编委会

主　任：

张尧学　清华大学计算机科学与技术系教授　中国工程院院士/教育部高等
　　　　学校软件工程专业教学指导委员会主任委员

副主任：

陈　刚　浙江大学计算机科学与技术学院　　　　　　　院长/教授
卢先和　清华大学出版社　　　　　　　　　　　　　　常务副总编辑、
　　　　　　　　　　　　　　　　　　　　　　　　　副社长/编审

委　员：

毕　胜　大连海事大学信息科学技术学院　　　　　　　院长/教授
蔡伯根　北京交通大学计算机与信息技术学院　　　　　院长/教授
陈　兵　南京航空航天大学计算机科学与技术学院　　　院长/教授
成秀珍　山东大学计算机科学与技术学院　　　　　　　院长/教授
丁志军　同济大学计算机科学与技术系　　　　　　　　系主任/教授
董军宇　中国海洋大学信息科学与工程学院　　　　　　副院长/教授
冯　丹　华中科技大学计算机学院　　　　　　　　　　院长/教授
冯立功　战略支援部队信息工程大学网络空间安全学院　院长/教授
高　英　华南理工大学计算机科学与工程学院　　　　　副院长/教授
桂小林　西安交通大学计算机科学与技术学院　　　　　教授
郭卫斌　华东理工大学信息科学与工程学院　　　　　　副院长/教授
郭文忠　福州大学数学与计算机科学学院　　　　　　　院长/教授
郭毅可　上海大学计算机工程与科学学院　　　　　　　院长/教授
过敏意　上海交通大学计算机科学与工程系　　　　　　教授
胡瑞敏　西安电子科技大学网络与信息安全学院　　　　院长/教授
黄河燕　北京理工大学计算机学院　　　　　　　　　　院长/教授
雷蕴奇　厦门大学计算机科学系　　　　　　　　　　　教授
李凡长　苏州大学计算机科学与技术学院　　　　　　　院长/教授
李克秋　天津大学计算机科学与技术学院　　　　　　　院长/教授
李肯立　湖南大学　　　　　　　　　　　　　　　　　校长助理/教授
李向阳　中国科学技术大学计算机科学与技术学院　　　执行院长/教授
梁荣华　浙江工业大学计算机科学与技术学院　　　　　执行院长/教授
刘延飞　火箭军工程大学基础部　　　　　　　　　　　副主任/教授
陆建峰　南京理工大学计算机科学与工程学院　　　　　副院长/教授
罗军舟　东南大学计算机科学与工程学院　　　　　　　教授
吕建成　四川大学计算机学院(软件学院)　　　　　　　院长/教授
吕卫锋　北京航空航天大学　　　　　　　　　　　　　副校长/教授

前言

当今各种智能系统进入人们的生产和生活当中,从家庭经常使用的扫地机器人到自动驾驶汽车都属于智能系统的范畴。智能系统融合硬件、软件、计算和通信等多方面知识,涉及人工智能、机器学习、智能芯片、智能控制、云计算、边缘计算和边云协同等多方面的技术。

本书内容从硬件、软件、算法和通信4方面展开。

(1) 硬件主要包括芯片及体系结构、硬件接口、传感器和控制器方面的内容。

(2) 软件主要涉及系统软件、软件框架、软件库和编程语言方面的内容。

(3) 算法主要涉及机器学习、深度学习和算法部署方面的内容。

(4) 通信主要涉及通信硬件协议、协议编码等方面的内容。

本书描述了一个完整智能系统涉及的内容,适合两类读者:一是刚入门计算机系统的初学者,通过阅读本书可以把智能系统所涉及的硬件、软件、算法和通信相关的知识点全面学习,从而为进一步学习智能系统相关知识点提供思路;二是已学习过计算机相关知识的读者,可以通过阅读本书,把以前学习过的知识点进行整理和总结,从而对智能系统的开发有深入理解。

本书涉及硬件、软件、算法和通信4方面的内容,内容知识跨度大,由于作者学术水平有限,书中难免存在表达欠妥之处,由衷希望广大读者朋友和专家学者提出宝贵的修改建议。修改建议可直接反馈至编者的电子邮箱:picy@scut.edu.cn。

作 者

2022 年 2 月于广州

CONTENTS

目录

第1章

智能系统概述

◆ 1.1 智能系统介绍

随着科技的发展,各种智能系统进入人们的生产和生活当中。智能系统主要是指能够产生类似人类智能行为的计算机系统,智能通过各种算法和计算过程来产生,系统主要是指软件和硬件系统,因此智能系统可以简单地理解为一个实现智能计算的软硬件系统。

百度百科(https://baike.baidu.com/)对智能系统的定义如下:"智能系统(Intelligent system)是指能产生人类智能行为的计算机系统。智能系统不仅可自组织与自适应地在传统的冯·诺依曼计算机上运行,而且也可自组织与自适应地在新一代的非冯·诺依曼结构的计算机上运行。'智能'的含义很广,其本质有待进一步探索,因而,对'智能'这一词也难于给出一个完整确切的定义,但一般可作这样的表述:智能是人类大脑的较高级活动的体现,它至少应具备自动地获取和应用知识的能力、思维与推理的能力、问题求解的能力和自动学习的能力。"

可见智能系统除了人们经常说起的人工智能技术,它还和计算机体系结构有较多的联系,这也就涉及了硬件层,除了针对 PC 在传统的冯·诺依曼结构上运行,随着嵌入式芯片计算能力的不断提升,也常常在哈佛结构上运行;除了在这些传统的体系结构运行之外,随着芯片在异构多核、DSP(信号处理器)、GPU(图形处理单元)和 NPU(神经网络处理单元)等方面的发展,在芯片上运行智能系统算法的方式也越来越丰富,从而也对支撑硬件系统运行的软件系统提出一定要求,即要能够支持这些新的硬件体系并实现加速计算。同时为了实现智能系统的人机交互、远程计算等功能,一个智能系统往往需要和远程计算机或云平台进行交互,所以在实现一个智能系统的同时还要考虑具有通信功能。因此,一个智能系统涉及了硬件、软件、计算和通信多方面的技术。

智能系统所涉及的应用场景包括有智能感知、智能认知、智能交互和智能控制等方面。例如,针对家庭常见的带有摄像头和激光传感器的扫地机器人来说,此机器人利用激光传感器和姿态传感器创建地图并实现定位和导航,此部分涉及智能感知方面的内容;同时机器人可利用摄像头对地面上的物体进行认知,如可识别出鞋子和导线等物品,此部分涉及智能认知方面的内容;机器人创建的地图可传送给用户的手机,同时用户可以通过手机遥控机器人,此部分涉及人机交互方面的内容;机器人在扫地过程中同时实现自身的运动控制,此部分涉及智能控制方面的内容。

◆ 1.2 智能系统的组成

类似扫地机器人,一个智能系统往往由硬件、软件、算法和通信 4 部分组成。这 4 部分又由各子部分组成。涉及智能系统的硬件主要包括芯片及体系结构、硬件接口、传感器和控制器等方面;软件主要涉及系统软件、软件框架、软件库和编程语言等方面;算法主要涉及机器学习、深度学习和算法部署等方面;通信主要涉及通信硬件协议、协议编码等方面。

1.2.1 智能系统与硬件

近年芯片发展迅速,从单核到同构多核再到异构多核以及最近发展的神经网络结构的芯片,使得芯片的计算能力越来越强,例如传统主要用于控制功能的微控制器芯片,随着性能的提高以及内部也开始集成 DSP、GPU 以及 NPU 等计算加速核,使得深度学习算法也可以在微控制器上运行起来。比微控制器芯片更加强大的微处理器芯片更是在较早的时候就可以运行各种深度学习算法。由于芯片是各种应用的载体,人工智能算法要落地就离开不了芯片层次一级的支持,因此人工智能算法的设计要考虑芯片架构,使芯片能够运行算法,例如针对微控制器芯片提出的 TinyML 技术和可以在微控制器上运行的 MCU-Net 神经网络,都是开发者在研究如何设计算法能够部署在微控制器上。同时人工智能计算的发展也促进了芯片的发展,例如,以前微控制器芯片的频率主要在几十兆赫兹左右,现在有的微控制器频率达到了 500MHz,从而极大提高了运行频率和计算能力,为部署人工智能算法提供了平台;同时考虑到嵌入式系统芯片低功耗特点,不能一味通过提高频率来增强计算能力,毕竟频率越高功耗越大。因此,在嵌入式芯片内核集成了浮点乘法器、GPU 和 NPU 等加速模块来提高人工智能算法的计算。由于深度学习落地的各种应用越来越多,需要芯片能更有效地运行深度学习算法,所以颠覆传统芯片体系架构的类脑芯片也陆续被设计出,准备开始商用。从而可以看出,硬件的发展推动人工智能算法更好地落地实际应用,人工智能算法落地的需求也推动了芯片的发展。

芯片的设计除了内部硬件架构外,还有很重要的一点就是指令集。针对硬件加速架构和模块需要有合适的指令支持,并且便于被上层的算法使用,同时考虑人工智能技术在发展中的特点,随时有各种新的硬件加速器推出,所以指令集需要有很高的扩展性,同时运行效率也要尽量高,这给芯片内核和指令集的设计带来挑战性。除了芯片设计以外,还要考虑人工智能算法如何能有效地调用起来这些硬件加速,最好的方式就是利用编译器来解决这个问题,例如高级语言编写的卷积代码,编译器编译的目标码可以根据硬件的特点调用合适的硬件计算单元,例如目标芯片有卷积加速器时,目标码是直接去调用卷积运算加速器而不是调用单一加法器通过累加来实现。因此,好的编译器决定了高级程序是否能够有效地调用硬件,这对编译器的研究开发提出了很多挑战性的工作。由于当前很难设计出完全智能的编译器,因此调用硬件加速器可以通过调用加速器的库函数来完成。芯片厂商为各加速器的调用提供了库函数接口,开发者可以根据算法内容及硬件特性设计计算加速算子,例如 1×1 卷积加速算子,在算法实现过程只要通过调用这些算子就可以实现对硬件加速的调用。同时很多应用都需要在硬件上进行部署,智能算法作为某个算法模块和硬件驱动模块常常是有关联的。

1.2.2　智能系统与软件

大多数智能算法的开发都不是直接在芯片上进行,而是在一个软件框架上进行。即使在微控制器上开发裸机程序,现在也主要是通过调用硬件模块的库函数来实现的。因此,智能算法需要用程序来实现,是脱离不了软件系统的。

软件系统分为两个层次:软件框架和应用软件开发。软件框架最典型的是操作系统,由于有操作系统来调度硬件资源,使软件开发者不用去专门研究硬件,只要熟悉此操作系统就行,从而大幅提升了开发效率和降低了开发门槛。随着硬件在多核、异构和加速核等方面的发展,操作系统也需要适应在芯片调用方面的新需求。当前针对微控制器有很多简单架构的操作系统在使用,在微处理器方面主要还是使用 Linux 和 Windows 等操作系统,而开发者大部分是在应用层开发。因此,如何使操作系统能很好地支持异构多核的硬件体系以及神经网络芯片,需要操作系统开发者能够及时开发出新的操作系统。应用程序开发者也可以通过开发驱动程序或调用库函数的方式去访问操作系统内核空间和硬件底层,从而使开发的程序和操作系统以及硬件更好结合,使算法能够在硬件上高效运行。

同时近年基于操作系统推出一些操作系统框架,例如 Android 系统、鸿蒙系统和 ROS 系统,它们都建立在 Linux 操作系统基础上,建立了软件服务通信框架,从而方便人机交互和智能系统的应用开发。其中,Android 主要面向移动平台,很多手机都安装 Android 系统从而为使用者提供了人机交互功能;鸿蒙系统主要面向分布式的移动平台,例如开发出的软件既能在手机上部署,也有部分功能直接部署在智能手表上,从而在满足手机人机交互的同时也可借助穿戴设备等小型移动平台提高人机交互体验感。由于在人机交互中本来有很多智能应用,例如人脸美化、动作识别和语义识别等诸多应用,所以需要把智能算法很好地嵌入到这些系统中。ROS 全称为机器人操作系统,主要是用于智能机器人的开发中,当前很多机器人都在用 ROS,一些无人驾驶的方案也在使用 ROS,所以 ROS 本来就是为智能系统开发服务的。

由于软件开发中某个功能模块常常和智能系统应用有关,因此,在软件开发中需要设计好与智能系统模块的接口,同时也需要考虑如何把智能系统更好地融入开发的软件系统中,让使用者有更好的体验感。近年随着互联网/物联网应用的发展,软件开发也从传统的客户端软件发展到前后端分离的框架技术,同时在数据管理和资源调度等方面提供很多新技术。在完成一个智能系统的应用开发时,都需要软件开发技术的支持;同时智能系统的发展,也推动软件开发技术的发展。

1.2.3　智能系统与通信

"万物互联"是当前技术发展的趋势,智能系统也是作为整个物联网系统中的一部分,有时也直接称为人工智能物联网(AIoT)。AIoT＝AI(人工智能)＋IoT(物联网)。物联网技术与人工智能相融合,最终追求的是形成一个智能化生态体系,从而实现不同智能终端设备之间、不同系统平台之间、不同应用场景之间的互融互通、万物互融。除了在技术上需要不断革新外,与AIoT相关的通信技术、通信协议和技术标准等也是智能系统所要关注的重要问题。

现在通信方式种类很多,有以太网、RS-485、WiFi、蓝牙、ZigBee、LoRa、RFID和移动蜂窝通信2G/3G/4G/5G/NBIOT等技术,极大拓展了物联网数据的传输范围。在这些通信方式上需要关联合适的通信协议,根据经典的开放系统互连参考模型(Open Systems Interconnection Reference Model,OSI-RM)7层模型,各类通信方式在此基础上建立出各自合理的通信协议框架,例如以太网协议(TCP/IP)建立4层结构。用户在使用通信协议开发的过程中,最多的是用到每个通信协议框架中都有的应用层协议。常见的应用层协议有HTTP、FTP、SSH、WebSocket、MQTT和CoAP等。智能系统在用这些通信协议传输数据时,还需要考虑数据的表示形式,如常见序列化协议包括XML、JSON和PB(ProtoBuf)等。在整个智能系统开发时,通信方式、协议和数据表示都贯穿其中,常常是不可缺少的。

1.2.4　智能系统与算法

人工智能算法是智能系统的核心,从最初的通用机器学习到现在热门的深度学习技术,只要系统用到了这些相关的算法,都被称为智能系统。智能算法从传统的机器学习到深度学习,在结构上从卷积网络、时序网络到生成网络模型的提出,在部署过程中优化网络模型的量化、网络裁剪和蒸馏等技术的提出,都表明智能算法的研究在不断的发展中。同时在人工智能算法推广到实际应用过程中,需要考虑算法设计和算法部署两个方面,即设计的人工智能算法既要适于解决具体问题,同时又要考虑此算法能否在智能系统平台上运行起来。

◆ 1.3　智能系统发展及挑战

智能系统是当前发展的热门技术,越来越多传统的系统中加入了智能算法,成为智能系统,更好地为人们的生活和生产服务。

智能系统开发融合硬件、软件、计算和通信多方面的内容,所以智能系统的发展也主要体现在这几个方面。

(1) 硬件体系的发展,从传统冯·诺依曼架构和哈佛架构向异构多核及神经网络计算单元发展,从而对智能系统有更好的支撑作用。同时智能算法也部署到越来越多的硬件平台上,例如在微控制器(单片机)上也开始运行深度学习算法,从而在越来越多的应用中实现智能系统。

(2) 软件体系为了更好地支持智能算法在硬件上运行,从传统的操作系统向对异构多核以及神经网络芯片支持的方向发展,从而使智能算法运行在进程调度和内存管理方面有更好的效果。

（3）通信新技术（例如 6G 和星链技术等）的提出，必然推动智能系统在万物互联应用中广度和深度两方面快速发展。

（4）智能算法是智能系统的核心，随着各种新的智能算法的提出，包括在智能算法机理方面、深度网络结构以及部署方案方面的创新，都会推动智能系统技术的发展。

当然，智能系统在推向应用过程中也面临着诸多挑战。

（1）智能系统中有基于模型的方法，也有基于数据的深度学习方法，通过把基于模型的方法和基于数据的深度学习方法相结合，从而提高算法的执行效率，例如深度学习算法的初始条件能否通过模型计算得到。

（2）智能系统中的很多算法基于深度学习，在开发过程中需要大量的数据集和训练，有时不太适合一些应用。有些应用场景无法提供长时间采集数据和在线学习的机会，例如涉及动作执行的操作，当用深度强化学习时，很难让一个实际动作执行成千上万次。此时需要在训练方法上开展研究从而提高学习效率，例如实现技能学习的元学习等。

（3）目前智能系统有时很难达到 100% 的正确率，这很难满足精度要求高的场景。此时可以面向那些对成功率要求不高的场景，如智能扫地机器人避障失败发生碰撞并不是人们关注的重点，所以只要满足一定的成功率就是一款不错的智能系统产品。

第2章

智能系统芯片

◆ 2.1 概　　述

2.1.1 芯片架构相关概念

1. 什么是芯片

芯片(Chip)是一种把电路(主要包括半导体设备,也包括被动组件等)小型化的方式,并制造在半导体晶圆表面上,如图 2.1 所示。

电路　　　　　　　晶圆　　　　　　　芯片

图 2.1　芯片示意图

芯片开发的流程包括芯片设计、晶圆加工和芯片封装测试,如图 2.2 所示。

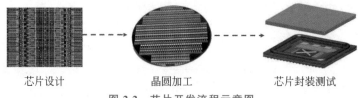

芯片设计　　　　　　晶圆加工　　　　　芯片封装测试

图 2.2　芯片开发流程示意图

芯片设计涉及对电子器件和器件间互连线模型的创建;晶圆加工是一系列化学处理步骤,使得电子电路逐渐形成在使用纯半导体材料制作的芯片上;封装是将器件的核心晶粒封装在一个支撑物之内的过程,这个封装可以防止物理损坏以及化学腐蚀,并提供对外连接的引脚,之后将进行集成电路性能测试。

2. 中央处理器

中央处理器 (Central Processing Unit,CPU)是计算机的主要设备之一,功能主要是解释计算机指令以及处理计算机软件中的数据；中央处理器主要包括控制器、运算器、高速缓冲存储器(Cache)及实现它们之间联系的数据、控制及状态的总线，如图 2.3 所示；它与主存(Memory)和输入输出设备合称为电子计算机三大核心部件。

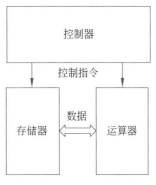

图 2.3　CPU 内部结构

　　控制器由程序计数器、指令寄存器、指令译码器、时序产生器和操作控制器组成。控制器的功能如下：从指令 Cache 中取出一条指令，并指出下一条指令在指令 Cache 中的位置。对指令进行译码或测试，并产生相应的操作控制信号，以便启动规定的动作。例如一次数据 Cache 的读写操作，一个算术逻辑运算操作，或一个输入输出操作。指挥并控制 CPU、数据 Cache 和输入输出设备之间数据流动的方向。

　　运算器由算术逻辑单元(ALU)、通用寄存器、数据缓冲寄存器 DR 和状态条件寄存器 PSW 组成。运算器的功能如下：执行所有的算术运算。执行所有的逻辑运算，并进行逻辑测试，如零值测试或两个值的比较。通常，一个算术操作产生一个运算结果，而一个逻辑操作则产生一个判决。

3. RISC 和 CISC

　　精简指令集(RISC)大幅简化架构，仅保留所需要的指令，可以让整个处理器更为简化，拥有小体积、高效能的特性。特点是：指令多，需要好几个指令实现一个复杂功能；针对常用指令优化，处理效率高；不常用指令则需要指令组合方式，可以通过流水技术和超标量技术弥补。指令执行周期≤1cycles。

　　复杂指令集(CISC)以增加处理器本身复杂度为代价，换取更高的性能。特点是：指令简单，不需要下达太多指令；指令动作复杂，速度慢；设计复杂，且流水中很多操作浪费。指令执行周期大都为 5～8cycles。

4. 冯·诺依曼体系结构和哈佛结构

　　冯·诺依曼体系结构的处理器使用同一个存储器，经由同一个总线传输，完成一条指令需要 3 个步骤，即取指令→指令译码→执行指令；指令和数据共享同一总线。冯·诺依曼体系结构如图 2.4 所示。

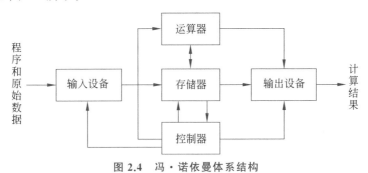

图 2.4　冯·诺依曼体系结构

哈佛结构(见图2.5)是一种将程序指令存储和数据存储分开的存储器结构,它的主要特点是将程序和数据存储在不同的存储空间中,即程序存储器和数据存储器是两个独立的存储器,每个存储器独立编址、独立访问,目的是为了减轻程序运行时的访存瓶颈。

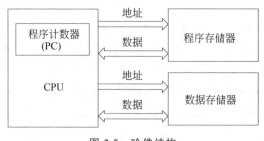

图 2.5　哈佛结构

5. 流水线

流水线亦称管线,是现代计算机处理器中必不可少的部分,是指将计算机指令处理过程拆分为多个步骤,并通过多个硬件处理单元并行执行来加快指令执行速度。

在使用流水线的处理器中一个指令不是在处理器的一个定时器信号中完成的,而是被分到多个信号中去完成,但是与此同时多个指令的分任务被同时处理。由于这些分任务比整个指令要简单,因此可以通过使用流水线提高定时器频率。虽然每个指令需要多个信号后才能完成,但是通过多个指令的并行运算每个信号内一个指令可以完成,因此通过这个方法整体速度可以提高。

例如一个3级流水线,分别是取指(Fetch)、解码(Decode)和执行(Execute),如图2.6所示。

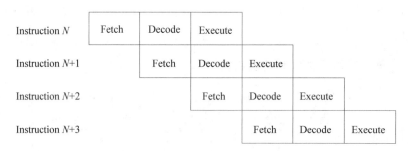

图 2.6　3 级流水线

6. Cache 机制

CPU 读取数据,一般需要从内存中读取数据,然后把数据放到寄存器中,接着才能进行计算操作。随着计算机的发展,内存的访问速度和寄存器的访问速度差距变得越来越大,程序在从内存读取数据这一个阶段有大量的开销,影响计算机的整体性能。为了解决这个问题,人们便在内存和寄存器中间添加 CPU 缓存。因为寄存器从 CPU 缓存层读取数据的访问速度是优于从内存中直接读取的,通过添加 CPU 缓存的方法能有效提高计算机的整体性能。

目前 CPU 一般有三层缓存,分为 L1、L2 和 L3。鲲鹏架构和 x86 架构服务器基本上都是采用 L1～L3 三层缓存。

L1 是最接近寄存器的 CPU 缓存层,也是 L1～L3 中访问速度最快的,但容量相对也是最小的。此外,与 L2 和 L3 不同,L1 缓存分为指令缓存和数据缓存,指令缓存专门存放指令,而数据缓存专门存放数据,两者不会混用,不存在指令存放到数据缓存中,也不存在数据存放在指令缓存中。这么设计是考虑 L1 最接近寄存器,容量也最小,如果不做区分,很有可能读取一堆指令到 L1,然后需要操作数据又读取数据到 L1,把指令给替换掉,指令又需要去 L2 取,得不偿失。

L2 缓存比 L1 缓存的访问速度慢,但容量比 L1 缓存大。L2 缓存不区分指令缓存和数据缓存。这里需要注意,每一个 CPU Core 都有自己独立的 L1 缓存和 L2 缓存。

L3 缓存是三级 CPU 缓存中容量最大的,但也是访问速度最慢的。L3 缓存与 L1 缓存和 L2 缓存不一样,是多个 CPU Core 共享。

对于程序开发来说,尽量让数据可以在 L1 中访问到,能有效提高程序性能。对于存放在内存中的数据,CPU 处理相关数据一般需要先从内存取数据到 L3,再从 L3 取数据到 L2,再从 L2 取数据到 L1,最后将 L1 中的数据取到寄存器中,这时候 CPU 才能对相关数据进行处理。如果 CPU 下一次需要处理的数据都在 L1 中,显然这样程序的性能会优于数据都在内存中时的性能。而对于预取来说,又可以分为硬件预取和软件预取两种。硬件预取指的是由硬件根据访存的历史信息,对未来可能的访存单元预先取入 Cache,从而在数据真正被用到时不会造成 Cache 失效,具有通用性。而软件预取是指程序员通过在业务代码中编写预取指令,对特定位置进行预取,具有针对性。

7. 大小核(Big.Little)架构

Big.Little 架构主要用于多核 CPU 结构中,针对多核的处理能力不一样的异构多核结构。Big.Little 处理解决了当今行业面临的一个难题:如何创建既有高性能又有极佳节能效果的片上系统(SoC)以延长电池使用寿命。Big.Little 处理的设计旨在为适当的作业分配恰当的处理器。

ARM 早在 A7/A15 时代就推出了 Big.Little 架构:它组合两种不同架构的处理器以解决处理器耗电与性能之间的矛盾,一般是采用低功耗的小核心与高性能的大核心两组处理器,这样可以大幅降低处理器在低负载时的功耗,而在需要时再启用高性能核心发挥其应有的性能。例如,基于 Big.Little 技术的八核处理器,并没有将传统内核放在单一的处理器上,而是一分为二,其中一个使用了 4 个"小核心",另一个则使用了 4 个"大核心",这两个"核心"都有自己独立的速度和性能。通过两大核心自主运行,搭载 Big.Little 技术的处理器比之前的手机 CPU 更加高效,毕竟后者只有一个或者两个内核。当需要用智能手机打开一个网页时,手机就可以用一个大的内核来处理该任务,而用小的内核同时处理其他小任务,如查看电子邮件、拨打电话等。

8. 超线程技术

在多核处理器设计中,有种技术叫超线程技术,例如在选购多核 CPU 时,经常看到 4 核 8 线程和 8 核 16 线程的说明,这都使用到了超线程技术。

早期,大部分计算机在主板上装备了一块芯片,叫作微处理器或单核 CPU。这些处理器与主板上其他元件的通信通过一个连接器或 Socket 来完成。处理器之间通过系统总线进行通信是非常低效的,经常发生性能瓶颈,无法最大化利用 CPU 的计算能力。为了改善这个状况,诞生了超线程技术。超线程是复制一些 CPU 单元到同一块处理器上,例如寄存器或者一级缓存,两个执行线程可共享数据。这种方式加速多个被处理的进程,比传统的单个核心(未开启超线程)提供更高的整体性能。

2.1.2 智能系统涉及的芯片类型

一个智能系统常常会涉及嵌入式系统、PC 系统和服务器系统 3 种平台的内容,因此在芯片方面也主要涉及这 3 部分内容。

其中针对 PC 系统,主要还是 x86 架构的芯片,采用复杂指令集(CISC)和冯·诺依曼体系。目前主要有 Intel 公司和 AMD 公司推出的一系列 CPU 芯片,从最初的 8086、80x86 到现在常见的 Intel 酷睿 i7 多核多线程芯片,以及 AMD 锐龙系列多核多线程芯片,这些 CPU 的频率超过了 3GHz,通过采用多核多线程技术,例如 AMD 锐龙 9 5950X 处理器采用 7nm 16 核 32 线程,3.4GHz,极大提高了 CPU 的运算能力。但是 CPU 随着算力越大,其中功耗也越大,为了控制 CPU 的热量不能太高,需要在其上要加装散热片和风扇,因此不适合部署在移动平台上。

服务器目前也常常采用 x86 架构的芯片,CPU 的型号和 PC 系统的类似。但是由于这些 x86 芯片的功耗很大,所以长时间运行这些服务器消耗的电量也很大。针对这些问题,华为公司推出了基于 ARM 内核的鲲鹏芯片,内部集成了几十个 ARM 核并用于所推出的泰山系列的服务器上,大大降低了功耗。

嵌入式系统芯片种类很多,较早时每家嵌入式芯片公司都设计了自己的芯片内核,例如 Intel 公司的 51 内核、Atmel 公司的 AVR 内核、Motorola 公司的 MC68 芯片内核和 Microchip 公司的 PIC 芯片内核等。近年来随着 ARM 内核在嵌入式系统领域的快速发展,很多嵌入式芯片厂家都采用了 ARM 内核推出了一系列芯片产品,目前 90% 以上智能手机都采用了 ARM 内核的芯片。近年在嵌入式领域,开源的 RISC-V 架构被推出,因此也有很多厂家开始采用 RISC-V 内核开发出芯片。嵌入式系统芯片常常采用精简指令集(RISC)和哈佛结构。

由于智能系统对芯片的计算算力有一定要求,而传统的 CPU 体系架构主要采用冯·诺依曼体系结构或哈佛结构,对矩阵计算和神经网络计算并不擅长。因此,为了提高对这些计算的能力,设计了 GPU 和 NPU 等计算加速模块,和 CPU 一起构建出异构计算平台,从而提高计算算力。

◇ 2.2　常见芯片内核介绍

2.2.1　x86 架构

1978 年 6 月 8 日,Intel 公司发布了新款 16 位微处理器 8086,也同时开创了一个新时代:x86 架构诞生了。x86 泛指一系列基于 Intel 8086 且向后兼容的中央处理器指令集架构,包括 Intel 8086、80186、80286、80386 以及 80486,由于以 86 作为结尾,因此其架构被称为 x86。x86 的 32 位架构一般又被称为 IA-32,全名为"Intel Architecture,32-bit";其 64 位架构由 AMD 公司率先推出,并被称为 AMD64。

x86 架构 CPU 主要用于通用的 PC,一个基于 x86 的计算机体系架构如图 2.7 所示,其中 CPU 是这台计算机的大脑;总线组成 CPU 和其他设备的高速通道;内存是存储介质,保存 CPU 计算的中间结果;其他设备包括 USB 控制器、硬盘、网卡和显卡等。

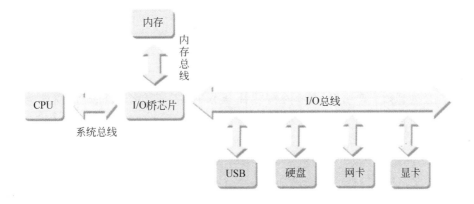

图 2.7　x86 计算机体系架构

x86 架构 CPU 主要应用在个人计算机和服务器等领域。在 PC 端市场,Intel 公司的产品占据了大部分江山,另外一部分由 ADM 公司占领。目前国内有上海兆芯从 AMD 和 VIA 获取授权,研发自己的 x86 CPU 架构 ZhangJiang、WuDaoKou 和 LuJiaZui,对应的国产 CPU 处理器可以用于教育和事业单位以及军工行业。

2.2.2　ARM 内核

ARM 公司自 1990 年正式成立以来,在 32 位 RISC(Reduced Instruction Set Computer)处理器领域不断取得突破,其结构已经从 V3 发展到 V8。ARM 公司总部在英国,自成立以来一直以 IP(Intelligence Property)提供者的身份向各大半导体制造商出售知识产权,ARM 公司从不介入芯片的生产销售,加上其设计的芯片内核具有功耗低、成本低等显著优点,因此获得众多半导体厂家和整机厂商的大力支持。

主流的 ARM 芯片十几年前开始进入中国,从最初的 ARM7、ARM9、ARM11 等系列的芯片发展到目前的 ARM Cortex 系列的芯片。在 ARM7~ARM11 这个阶段,ARM 芯片主要被用于嵌入式微处理的功能(MPU)。其中针对 ARM7 芯片,由于此结构没有内存管理单元(MMU),所以当时人们在编写逻辑程序的同时,主要使用一些不需要做内存地址映射的操作系统,例如 μC/OS 和 μClinux 等操作系统,所以也较好地推动了当时这种类型操作系统在嵌入式芯片上的发展。

针对 ARM9 芯片,由于有了内存管理单元,所以人们更喜欢在此系统上直接运行 Linux 系统,所以也推动了当时 ARM Linux 操作系统的发展。ARM11 对 ARM9 的功能进行了进一步的加强,添加了多媒体协处理器,所以有更好的人机交互功能。其中苹果手机第一代产品就是针对 ARM11 开发出来的一款嵌入式应用芯片。从 ARM11 芯片往下发展进入到了 ARM Cortex 系列芯片,其中包括 Cortex-A、Cortex-R 和 Cortex-M 3 个系列芯片。其中 Cortex-A 和 Cortex-R 系列的芯片还是保持嵌入式微处理的功能(MPU),通过扩展存储器可以运行 Linux、Android 和 iOS 等多种复杂的操作系统。本书主要针对 Cortex-A 系列芯片展开说明,其中目前常见的 Cortex-A 系列芯片有 Cortex-A5、Cortex-A7、Cortex-A8、Cortex-A9、Cortex-A15 和 Cortex-A17,这些芯片是 32 位处理器;Cortex-A53、Cortex-A55、Cortex-A57、Cortex-A72、Cortex-A73、Cortex-A75、Cortex-A76 和 Cortex-A77 这些芯片是 64 位处理器。而针对 Cortex-M 系列,ARM 公司为了占据单片机市场,把此类芯片用于一种 32 位单片机,所以,此类芯片具有丰富的外设接口,但并没有运行如 Linux、Android 和 iOS 等多种复杂操作系统的内存管理单元。

ARM 是受到知识产权保护的,在现代社会中任何公司和个人都不得随意侵犯他人的知识产权,所以强行使用 ARM 架构,并用于商业目的,自然会受到相关限制,当然 ARM 也是有免费授权模式的,这种授权就是学术授权,其主要是面向高校和科研机构。

第一种是处理器授权。这种模式中,ARM 设计好 CPU 或者 GPU,然后将其授权给对方,对方按照 ARM 设计的图纸进行生产。这种模式自由发挥的空间不大,被授权方只能进行模块、核心和缓存部分的调整,然后自己选择工艺和代工厂。

第二种是处理器优化包和物理 IP 包授权。这种模式中,ARM 提供了一系列的处理器设计方案,对方根据自己的需要,选取合适的设计方案进行生产。这种模式的自由度更低,因为处理器类型、代工厂和工艺都是 ARM 公司制定。

第三种是架构和指令集授权。这种模式的自由度最大,适合那些技术强劲的公司。比较典型的就是苹果公司,它们购买相关指令集后,自己去设计芯片;华为和飞腾购买的是 ARM V8 的架构和指令集,因此可以在其上对其进行修改,设计出自己的芯片。

2.2.3 RISC-V 内核

RISC-V 源于 2010 年,当时加州大学伯克利分校的一个研究团队要设计一款 CPU,在对比诸如 ARM 和 x86 等之后,觉得这些芯片指令集复杂且难以获取,因此设计了一套全新的指令集,即 RISC-V 指令集,其目标是能满足从微控制器到超级计算机等各种性能的处理器。

RISC-V 指令集具有基础模块 RV32I(32 位整数指令集)和 RV64I(64 位整数指令集)等,I 字母表示整数指令集,它是 RISC-V 最基本并唯一强制要求实现的指令集,其他的指令集部分均为可选的模块,其代表性的模块包括 M/A/F/D/C。比如某款 RISC-V

处理器内核是 RV32IMC,即表示实现 I/M/C 指令集,从而使得用户能够灵活选择不同的模块组合,以满足不同的应用场景。RISC-V 指令集简洁,相对 x86 足足几千页的指令集手册,当前版本只有 200 多页,在芯片设计中简洁就意味着出错的概率低,出成果的效率高。RISC-V 的指令集编码非常的规整,指令所需的通用寄存器的索引(Index)都被放在固定的位置,因此指令译码器(Instruction Decoder)可以非常便捷地译码出寄存器索引然后读取通用寄存器组(Register File,Regfile)。

同时 RISC-V 具有很好的生态圈。RISC-V 基金会成立于 2015 年,并于 2020 年 3 月完成在瑞士的注册。RISC-V 标准是免费和开放的,企业、学术界和机构可以自由地在 RISC-V 指令集架构上进行创新。

2.2.4　MIPS 内核

MIPS 架构(MIPS Architecture,Microprocessor without Interlocked Pipeline Stages(无内部互锁流水级的微处理器)的缩写,也是 Millions of Instructions Per Second 的相关语),是一种采取精简指令集(RISC)的处理器架构,1981 年出现,由 MIPS 科技公司开发并授权,广泛应用于电子产品、网络设备、个人娱乐装置与商业装置上。其机制是尽量利用软件办法避免流水线中的数据相关问题。它是在 20 世纪 80 年代初期由斯坦福大学 Hennessy 教授领导的研究小组研制出来的。MIPS 架构有多个版本,包括 MIPS Ⅰ、MIPS Ⅱ、MIPS Ⅲ、MIPS Ⅳ,以及 MIPS Ⅴ,它们各是 MIPS32/64(32 位、64 位的实现)发布的 5 个版本。早期的 MIPS 架构只有 32 位的版本,随后才开发了 64 位的版本。截至 2017 年 4 月,MIPS32/64 的当前版本是 MIPS32/64 Release 6。MIPS32/64 与 MIPS Ⅰ～MIPS Ⅴ 的主要区别是,它除了用户态架构外,还定义了特权内核模式的系统控制协处理器。2021 年 3 月,MIPS 宣布 MIPS 架构的开发已经结束,因为该公司正在向 RISC-V 过渡。

2.2.5　PowerPC 内核

PowerPC (Performance Optimization With Enhanced RISC-Performance Computing,有时简称 PPC)是一种精简指令集(RISC)架构的中央处理器(CPU)。20 世纪 90 年代,IBM、Apple 和 Motorola 公司开发 PowerPC 芯片成功,并制造出基于 PowerPC 的多处理器计算机。PowerPC 架构的特点是可伸缩性好、方便灵活。这种架构其基本的设计源自 IBM 公司的 POWER(Performance Optimized With Enhanced RISC,增强 RISC 性能优化)架构,并做了改动(包括消除故障,增加原先缺少的关键技术特色,去除某些指令,放宽技术条件),从而实现了更高的执行效率。PowerPC 是 3 家公司联盟推出的系列微处理器产品。尽管 PowerPC 产品具有基本一致的体系结构,但是具体规格型号却与制造公司有关,由制造公司决定。一般而言,IBM 公司生产的 PowerPC 芯片有 PPC 的简称,Motorola 公司生产的 PowerPC 芯片有 MPC 的简称。

2.2.6　Xtensa 架构

Xtensa 处理器架构是 Tensilica 公司开发的。与通用处理器架构相比,Xtensa 架构的特色在于它是可配置可扩展的微处理器架构。通俗地讲,将其与常见的 ARM 架构相比,Xtensa 架构的特色在于可以为不同种类的产品需求"定制化"SoC 系统,快速生成专用的处理器。Xtensa 指令集体系结构(Instruction Set Architecture,ISA)是一种新的后RISC 指令集体系结构,面向嵌入式、通信和消费类产品。例如在创客开发很有名的上海乐鑫出品的 ESP32 芯片就是采用 Xtensa 32 位 LX 6 单/双核处理器,运算能力高达600MIPS;但需要注意的是,目前上海乐鑫针对 ESP32 系列也推出了 RISC-V 内核的芯片。

2.2.7　Alpha 架构

Alpha 最初称为 Alpha AXP,是由 Digital Equipment Corporation (DEC) 开发的 64位 RISC 指令集架构(ISA),旨在取代 32 位 VAX CISC ISA 及其实现。具有 Alpha 架构的微处理器最初是由 DEC 开发和制造的。这些处理器主要用于 DEC 工作站和服务器,这恰好构成了公司中高端产品线的基础。其他一些公司也销售了 Alpha 处理器系统,包括 PC 外形规格的主板。国产申威多核 CPU 架构就是基于 Alpha 架构,指令集也是基于 Alpha 进行扩展,这款 CPU 用到了中国神威·太湖之光超级计算机上,搭载40960 块"申威 26010"高性能处理器。

2.2.8　龙芯内核

龙芯(Loongson)是由中国科学院计算技术研究所、龙芯中科、神州龙芯等机构、公司所设计的一系列芯片(包括通用中央处理器、SoC、微控制器、芯片组等),分别采用了MIPS、LoongISA 和 LoongArch 精简指令集架构。其中,龙芯 3A5000 处理器是采用LoongArch 指令系统的处理器芯片,LoongArch 基于龙芯 20 年的 CPU 研制和生态建设积累,从顶层架构到指令功能和 ABI 标准等,全部自主设计。LoongArch 充分考虑兼容生态的需求,融合主流指令系统的主要功能特性,并依托龙芯团队在二进制翻译方面十余年的技术积累创新,实现跨指令平台应用兼容。龙芯 3A5000 中包括 CPU 核心、内存控制器及相关 PHY、高速 I/O 接口控制器及相关 PHY、锁相环、片内多端口寄存器堆等在内的所有模块均自主设计,并在处理器核内支持操作系统内核栈防护等访问控制机制。龙芯 3A5000 处理器集成了安全可信模块,支持可信计算体系。

◇ 2.3　智能加速器和类脑芯片介绍

为了提高硬件运行智能算法的能力,常常利用 GPU、NPU 和 DSP 等加速器或者神经网络架构芯片来实现,这些加速芯片主要用于矩阵计算、深度学习神经元计算和信号处理方面的计算,在实现此类计算能力方面要远远高于传统的 CPU,但是这些芯片在逻辑操作方面又需要 CPU 的支持,离不开 CPU。因此,现在智能芯片把 CPU、NPU、GPU 和DSP 都集成在一起形成了异构架构芯片。

2.3.1　神经网络加速器

为了能有效地运行深度学习神经元单元的计算,需要构建适合神经元计算算子神经网络的加速核。目前国内已有较多的企业开发这方面的加速核,华为公司的昇腾系列芯片就是一款具有神经网络加速器的人工智能芯片,国内其他企业如寒武纪、瑞芯微等也有相应 NPU 加速模块。从事这方面芯片设计的企业较多,国外 Google 公司的 TPU 和英伟达公司的 DLA 都有类似的功能。

1. 华为达芬奇架构

达芬奇架构是华为公司自研的面向 AI 计算特征的全新计算架构,具备高算力、高能效、灵活可裁剪的特性。达芬奇架构采用 3D Cube 针对矩阵运算做加速,大幅提升单位功耗下的 AI 算力,每个核可以在一个时钟周期内实现 4096 个 MAC 操作,相比传统的 CPU 和 GPU 实现数量级的提升。同时,为了提升 AI 计算的完备性和不同场景的计算效率,达芬奇架构还集成了向量、标量、硬件加速器等多种计算单元。另外还支持多种精度计算,支撑训练和推理两种场景的数据精度要求,实现 AI 的全场景需求覆盖。

华为昇腾芯片的 AI Core 就是采用达芬奇架构,通常也被叫作 Da Vinci Core。有关达芬奇架构及其在昇腾处理器中的位置如图 2.8 所示。

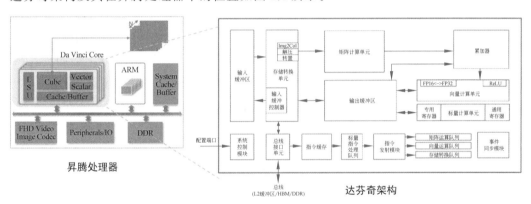

图 2.8　达芬奇架构及在昇腾处理器中的位置

达芬奇架构主要部分如下。

(1) 计算单元: 包含 3 种基础计算资源(矩阵计算单元、向量计算单元、标量计算单元)。

其中,矩阵计算单元和累加器主要完成矩阵相关运算,一拍完成一个 fp16 的 16×16 与 16×16 矩阵乘(4096);如果是 int8 输入,则一拍完成 16×32 与 32×16 矩阵乘(8192)。一般在矩阵较大时,由于芯片上计算和存储资源有限,往往需要对矩阵进行分块平铺处理(Tiling)。受限于片上缓存的容量,当一次难以装下整个矩阵 **B** 时,可以将矩阵 **B** 划分成为 B_0、B_1、B_2 和 B_3 等多个子矩阵。而每一个子矩阵的大小都可以适合一次性存储到芯片上的缓存中并与矩阵 **A** 进行计算从而得到结果子矩阵。这样做的目的是,充分利用数据的局部性原理,尽可能地把缓存中的子矩阵数据重复使用完毕并得到所有相关的子矩阵结果后再读入新的子矩阵开始新的周期。如此往复可以依次将所有的子矩阵都一一搬运到缓存中,并完成整个矩阵计算的全过程,最终得到结果矩阵 **C**。

向量计算单元实现向量和标量,或双向量之间的计算,功能覆盖各种基本的计算类型和许多定制的计算类型,主要包括 FP16/FP32/Int32/Int8 等数据类型的计算。一拍可以完成两个 128 长度 fp16 类型的向量相加/乘,或者 64 个 fp32/Int32 类型的向量相加/乘。

标量计算单元负责完成 AI Core 中与标量相关的运算。它相当于一个微型 CPU,控制整个 AI Core 的运行。标量计算单元可以对程序中的循环进行控制,可以实现分支判断,其结果可以通过在事件同步模块中插入同步符的方式来控制 AI Core 中其他功能性单元的执行流水。它还为矩阵计算单元或向量计算单元提供数据地址和相关参数的计算,并且能够实现基本的算术运算。其他复杂度较高的标量运算则由专门的 AI CPU 通过算子完成。在标量计算单元周围配备了多个通用寄存器和专用寄存器。这些通用寄存器可以用于变量或地址的寄存,为算术逻辑运算提供源操作数和存储中间计算结果。专用寄存器的设计是为了支持指令集中一些指令的特殊功能,一般不可以直接访问,只有部分可以通过指令读写。

(2) 存储系统:采用了大容量的片上缓冲区设计,通过增大的片上缓存数据量来减少数据从片外存储系统搬运到 AI Core 中的频次,从而可以降低数据搬运过程中所产生的功耗,有效控制了整体计算的能耗。

① 存储控制单元:通过总线接口直接访问 AI Core 之外的更低层级的缓存,也可以直通到 DDR 或 HBM 直接访问内存。其中还设置了存储转换单元,作为 AI Core 内部数据通路的传输控制器,负责 AI Core 内部数据在不同缓冲区之间的读写管理,以及完成一系列的格式转换操作,如补零、Img2Col、转置、解压缩等。存储单元由存储控制单元、缓冲、寄存器和数据通路组成。

② 输入缓冲区:用来暂时保留需要频繁重复使用的数据,不需要每次都通过总线接口到 AI Core 的外部读取,从而在减少总线上数据访问频次的同时也降低了总线上产生拥堵的风险,达到节省功耗、提高性能的效果。

③ 输出缓冲区:用来存放神经网络中每层计算的中间结果,从而在进入下一层计算时方便地获取数据。相比通过总线读取数据的带宽低、延迟大,通过输出缓冲区可以大大提升计算效率。

④ 寄存器:AI Core 中的各类寄存器资源主要是标量计算单元在使用。

⑤ 数据通路:是指 AI Core 在完成一次计算任务时,数据在 AI Core 中的流通路径。达芬奇架构数据通路的特点是多进单出,主要是考虑神经网络在计算过程中,输入的数据种类繁多并且数量巨大,可以通过并行输入的方式来提高数据流入的效率。与此相反,将多种输入数据处理完成后往往只生成输出特征矩阵,数据种类相对单一,单输出的数据通路可以节约芯片硬件资源。

(3) 控制单元:主要组成部分为系统控制模块、指令缓存、标量指令处理队列、指令发射模块、矩阵运算队列、向量运算队列、存储转换队列和事件同步模块。

① 系统控制模块:控制任务块(AI Core 最小任计算务粒度)的执行进程,在任务块执行完成后,系统控制模块会进行中断处理和状态申报。如果执行过程出错,会把执行的错误状态报告给任务调度器。

② 指令缓存:在指令执行过程中,可以提前预取后续指令,并一次读入多条指令进入缓存,提升指令执行效率。

③ 标量指令处理队列:指令被解码后便会被导入标量队列中,实现地址解码与运算

控制,这些指令包括矩阵计算指令、向量计算指令以及存储转换指令等。

④ 指令发射模块:读取标量指令队列中配置好的指令地址和参数解码,然后根据指令类型分别发送到对应的指令执行队列中,而标量指令会驻留在标量指令处理队列中进行后续执行。

⑤ 指令执行队列:指令执行队列由矩阵运算队列、向量运算队列和存储转换队列组成,不同的指令进入相应的运算队列,队列中的指令按进入顺序执行。

⑥ 事件同步模块:时刻控制每条指令流水线的执行状态,并分析不同流水线的依赖关系,从而解决指令流水线之间的数据依赖和同步的问题。

2. 寒武纪 NPU

寒武纪科技的 Cambricon-1A 是一款深度学习专用处理器芯片(NPU),其高性能硬件架构及软件支持 Caffe、TensorFlow、MXNet 等主流 AI 开发平台,Cambricon-1A 整个架构 Indexing 从输入神经元数据(input neurons)中挑选出非 0 权重对应的输入数据,按顺序排列好,传输给对应的 PE,然后,由 PE 去执行乘法/加法等操作。最大的不同是,设计了针对稀疏系数的矩阵计算架构,为了利用到稀疏系数带来的加速效果,首先就需要将系数为 0 的权重所对应的输入数据去掉,随着之后模型尺寸越来越大,计算量也越来越大,算力非常紧缺,研究稀疏性矩阵的计算,具有较好的应用前景。

3. Google 公司 TPU

张量处理单元(TPU)由 Google 公司设计并专门用于机器学习工作负载,是一种定制化的 ASIC 芯片,其中包括矩阵乘法器、指令缓存 Instr、PCIe 总线、DDR3 DRAM 存储单元和激活量 Systolic 单元等。目前 Google 公司 TPU 已经迭代到了第三代,性能亦不断跃升,随着研发的投入和广泛应用,Google 公司也逐步推出可扩展云端超级计算机 TPU Pod,以及 Edge TPU。其中,TPUv2 有两个矩阵单元(MXU),每个 MXU 都有 8GB 的专用高带宽内存(HBM)。其中 TPUv2 板卡包含 4 个 TPU 芯片。TPU3 通过对内部结构进行改进,运行速度有了提升,TPUv3 的板卡仍然包括 4 颗芯片,温度也不可避免变高,以致 Google 公司首次在其数据中心引入液体冷却技术。

4. 英伟达 NVDLA

英伟达公司为 NVIDIA 深度学习加速器(NVIDIA Deep Learning Accelerator, NVDLA)的硬件设计开源代码,以帮助推动在定制化硬件设计中采用高效的 AI 推理。同样的 NVDLA 也发布在 NVIDIA Jetson AGX Xavier 开发工具包中,它为 AI 提供了 7.9TOPS/W 的最佳峰值效率。

NVDLA 的内部结构与 NPU 和 TPU 有些相似,共同点是数据从存储器来,回存储器去,中间先进入乘法、加法逻辑,完成卷积计算,然后是执行激活、池化层和 BN(Batch Normalization)等操作。不同点主要区别在于卷积核(Convolution CORE)内部,NVDLA 采用两个卷积核,每个核中有 8 个乘累加器 MAC,每个 MAC 中有 64 个乘法单元 MUL,每个 MUL 就是一个 16 位的乘法逻辑。

2.3.2　GPU 图形加速器

GPU 即图形处理器(Graphics Processing Unit),对于 GPU 来说,它的任务是在屏幕上合成显示数百万个像素的图像——也就是同时拥有几百万个任务需要并行处理。因此,GPU 被设计成可并行处理很多任务,GPU 包含大量的运算单元(ALU),并以并行方式运行,擅长大规模并发计算;但是由于逻辑控制单元简单,缓存较小,故读取数据延时较高。GPU 在指令集方面,不像 CPU 领域有 ARM、x86 等向外授权的指令集,GPU 领域指令集为各公司自主研发,不对外授权,甚至不对外公布。硬件架构设计方面,巨头之间也是各自独立,互不相同,NVIDIA 的主要架构有 Ampere、Turing 等,AMD 的主要架构有 RDNA 等。国产景嘉微研发的 5 系、7 系和 9 系 GPU 芯片均为完全自主研发,采用正向设计,具有自主知识产权,在设计环节不会面临关键技术被国外"卡脖子"的问题。

1. NVIDIA GPU

NVIDIA 公司作为一家显卡厂商,发明了 GPU,重新定义了现代计算机图形技术,并改变了并行计算。其中在高性能计算领域推出了 Tesla 系列,以有限的体积和功耗实现了强大的处理能力。Tesla 系列包括以扩展卡形式安装的 C 系列,包含 2 个 GPU 的 D 系列和包含 4 个 GPU 的 S 系列,以及将 CPU 和 GPU 安装于同一单元内的 M 系列。D、S、M 系列适合作为集群或者超级计算机的基本单元,而 C 系列则可以为普通研究人员提供强大的计算能力。同时考虑到性价比,也可用面向娱乐应用 GeForce 系列显卡用于计算,例如 GTX1080Ti、GTX2080Ti 和 GTX3090 等。同时英伟达也推出了用于嵌入式系统开发的模块,Jetson Nano 硬件为四核 Cortex-A57 CPU,GPU 则是规模最小的 Maxwell 架构显卡,具有 128 个 CUDA 单元,配备了 4GB LPDDR4 内存以及 16GB 存储空间;以及基于 Volta 架构的 Jetson Xavier NX 和 Jetson AGX Xavier 开发模块,其中 Jetson Xavier NX 模块具有 384 个 NVIDIA CUDA 内核和 48 个 Tensor 内核,Jetson AGX Xavier 模块具有 512 个 NVIDIA CUDA 内核和 64 个 Tensor 内核。

2. AMD GPU

RDNA(Radeon DNA)是 AMD 公司开发的 GPU 微架构和配套指令集的代号。第一个采用 RDNA 的 GPU 产品系列是 AMD 公司于 2019 年 7 月 7 日推出的 Radeon RX 5000 系列 GPU。RDNA 2 是 RDNA 1 微架构的后续产品,于 2020 年 10 月 28 日发布。AMD GPU 的性能还是不错的,但是软件太弱。虽然有 ROCm 可以让 CUDA 转换成可移植的 C++ 代码,但是问题在于,移植 TensorFlow 和 PyTorch 代码库很难,这大大限制了 AMD GPU 的应用。TensorFlow 和 PyTorch 对 AMD GPU 有一定的支持,所有主要的网络都可以在 AMD GPU 上运行,但如果想开发新的网络,可能有些细节会不支持。

3. ARM Mali GPU

Mali GPU 主要应用于基于 ARM 体系结构的移动设备上,得益于 CPU 占有率发展迅猛。Mali GPU 最早由挪威科技大学项目独立出来成立的 Falanx 公司开发,在 2006 年被 ARM 公司收购,成为 ARM 公司一个 GPU 事业部,并在 2007 年 Mali GPU 作为 ARM 内核的一部分,发布了 Mali-200 GPU。Mali 的主要架构有两个:上一代架构是 Midgard;新一代架构是 Bifrost。Mali GPU 的核心是可配置的,生产商可以根据需求自行设计自己的核数。

4. 国产景嘉微 GPU

景嘉微公司是中国开发 GPU 芯片的佼佼者,根据官方规格来看,其性能可以达到 GTX 10 系显卡的水平。其中,JM9271 核心频率不低于 1.8GHz,支持 PCIe 4.0 x16,显存为 16GB HBM,带宽 512GB/s,浮点性能达到 8TFLOPS,表现还是相当不错的。

2.3.3　DSP

数字信号处理单元(DSP)芯片,其体系结构针对数字信号处理的操作需要进行了优化,其主要应用是实时快速地实现各种数字信号处理,是数字信号处理理论实用化过程的重要技术工具。在语音处理、图像处理等技术领域得到了广泛应用。快速的指令周期、哈佛结构、流水线操作、专用的硬件乘法器、特殊的 DSP 指令,再加上集成电路的优化设计可使 DSP 芯片具有较强的计算能力。在智能系统中也常常采用 DSP 芯片完成算法的计算功能。早期 DSP 主要是以单个芯片出现,例如 TI 公司的 C2000 到 C6000 系列的 DSP 芯片,分别擅长于控制、语音、图像等领域;以及 AD 公司的 16 位定点的 21xx 系列、32 位浮点(SHARC)ADSP21xxx 芯片和原 Motorola 公司的 DSP56F800 系列芯片。也有很多芯片方案把 DSP 模块集成到设计的芯片中,例如 ARM 内核的 M4 和 M7 都提供了 DSP 指令集,从而便于算法计算。国产芯片内核华为海思麒麟芯片具有 DSP 指令集,以及阿里巴巴公司推出的基于 RISC-V 的玄铁 907 也实现了 DSP 指令,拥有出色的计算能效,适用于存储、工业控制等对计算性能要求较高的实时计算场景。

2.3.4　ISP

ISP 即 Image Signal Processor(图像信号处理器)的缩写,是用来对前端图像传感器输出信号进行处理的单元。一个 ISP 其实是一个 SoC 核心,内部包含 CPU、SUP IP、IF 等单元,可以运行各种算法程序,实时处理图像信号。ISP 的控制结构由 ISP 逻辑和运行在上面的 Firmware 两部分组成,逻辑单元除了完成一部分算法处理外,还可以统计出当前图像的实时信息。Firmware 通过获取 ISP 逻辑的图像统计信息进行重新计算,反馈控制 Lens、Sensor 和 ISP 逻辑,以达到自动调节图像质量的目的。华为海思就是从麒麟 950 开始集成自研的 950 芯片,使得华为 P9 开始跻身主打摄影拍照手机的第一阵营,ARM 公司也在 2018 年推出了首款 ISP 芯片。图像信号处理和 AI 视觉处理正在协同发展,既要"可看"又要"看懂"的图像处理,成为未来视觉设备发展的关键。

2.3.5　FPGA

FPGA 被称为"万能芯片",作为可定制的芯片,它的灵活性和高效率是其他类型芯片无法比拟的,随着 AI 算法的进一步成熟固化,AI 芯片终会走向 ASIC,但 AI 算法迭代、应用创新的速度将持续很长一段时间,是 FPGA 发挥其灵活、可应变的大好舞台,是 ASIC 定性前的演练必经步骤。因此,FPGA 相对于 GPU、NPU、TPU 等加速单元方案,以灵活、低技术风险的优势与 ASIC 一争高下。目前国外的 FPGA 厂商主要有 Xilinx 公司(已被 AMD 公司收购)和 Altera 公司(已被 Intel 公司收购)两大家,其他公司如 Microchip、Lattice、Achronix、QuickLogic Corp 等市场份额较小;国产 FPGA 还处在起步阶段,产品主要是以 40nm、55nm 为主,主要有高云半导体、安路科技、智多晶、紫光同创、成都华微、上海复旦微电子、京微齐力、敖格芯和 771/772 所等公司和研究机构。

FPGA 芯片可以通过硬件逻辑语言 VHDL 或 Verilog 直接实现硬件功能。因此,可编程芯片在开发过程中有很大的灵活性,可以开发自己专有内核,即 IP 核。同时随着并行技术的发展,可编程逻辑芯片程序可以由任意多个进程控制模块组成,因此十分适合开发并行计算。但实际开发过程中,由于涉及硬件底层的时序问题,容易受到具体硬件的干扰(如竞争冒险现象),同时由于程序是多并行的需要解决同步问题,因此利用 VHDL 或 Verilog 语言设计 IP 核,难度很大。

2.3.6 神经网络类脑芯片

人类的神经结构——生物的神经网络由若干人工神经元结点互连而成,神经元之间通过突触两两连接,突触记录了神经元之间的联系,类人脑芯片就是尝试用电路模仿人类的神经元,把每个神经元抽象为一个激励函数,该函数的输入由与其相连的神经元的输出以及连接神经元的突触共同决定。

目前已有研究机构开发出这类芯片,但是目前还没有开始规模性的实际应用。

1. 真北芯片

真北(TrueNorth)芯片是由美国空军研究实验室与 IBM 公司合作研发的人工智能芯片,每个核都简化模仿了人类大脑神经结构,包含 256 个"神经元"(处理器)、256 个"轴突"(存储器)和 64 000 个突触(神经元和轴突之间的通信)。总体来看,TrueNorth 芯片由 4096 个内核、100 万个"神经元"、2.56 亿个"突触"集成。此外,不同芯片还可以通过阵列的方式互连。

2. Loihi 芯片

2017 年 9 月,Intel 公司发布了全新的神经拟态芯片 Loihi。据 Intel 公司称,Loihi 内部包含了 128 个计算核心,每个核心集成 1024 个人工神经元,总计 13.1 万个神经元,彼此之间通过 1.3 亿个突触相互连接。Loihi 芯片可以像人类大脑一样,通过脉冲或尖峰传递信息,并自动调节突触强度,通过环境中的各种反馈信息,进行自主学习、下达指令。

3. 达尔文芯片

来自浙江大学与杭州电子科技大学的研究者们研发出一款称为"达尔文"的类脑芯片。这款芯片是国内首款基于硅材料的脉冲神经网络类脑芯片。达尔文芯片面积为 $25mm^2$,比 1 元硬币还要小,内含 500 万个晶体管。芯片上集成了 2048 个硅材质的仿生神经元,可支持超过 400 万个神经突触和 15 个不同的突触延迟。

4. 天机芯片

"天机芯"是清华大学类脑计算研究中心研发的一款新型人工智能芯片。"天机芯"把人工通用智能的两个主要研究方向,即基于计算机科学和基于神经科学这两种方法,集成到一个平台,可以同时支持机器学习算法和现有类脑计算算法。天机芯片有多个高度可重构的功能性核,可以同时支持机器学习算法和类脑电路,它由 156 个 FCores 组成,包含约 40 000 个神经元和 1000 万个突触,采用 28nm 工艺制程,面积为 3.8mm×3.8mm。同时支持计算机科学模型和神经网络模型是天机芯片的一大特点。

◆ 2.4　芯片接口介绍

一个完整的芯片或芯片系统除了有内核外,还需要有各种接口才能形成一个完整的芯片。

2.4.1　基本接口电路

一个嵌入式系统电路正常工作至少需要电源电路、重启电路和时钟电路 3 部分。

1. 电源电路

电源电路为嵌入式系统提供工作电源,目前嵌入式系统芯片常用的电源为 5V 和 3.3V 两种电压,一般常用稳压芯片,例如 78xx 或 LM1113-xx 等系列稳压芯片产生供电电压。

2. 重启电路

重启电路主要包括上电重启电路和按钮重启电路,其中,上电重启电路是整个系统工作所必需的。通过上电重启电路,主要完成初始化芯片的状态,并且是芯片开始执行第一条指令的时刻。目前常采用专用的重启启动芯片实现上电重启功能,同时在嵌入式微控制器方面还经常采用电容瞬间上电导通及常态断开的特性,通过把电容和电阻串联起来,利用电容随着供电时间的变化,从而上电瞬间产生重启信号,随后恢复到正常工作状态。

3. 时钟电路

由于芯片都是时序型电路,需要一个标准的时钟源,因此需要一个专门的时钟电路提供基本时钟。目前常用外部有源时钟源或无源晶振振荡电路连接嵌入式芯片的时钟输入接口,从而提供工作时钟,根据芯片的特点时钟源一般从几千字节到几百兆字节。目前随着芯片技术的发展,为了避免外接高速时钟源对电路电磁兼容性带来影响,因此现在大多芯片经常外接的时钟源也就 8～12MB,通过芯片内部升频电路(锁相环电路 PLL)使其达到上百兆赫兹的主频率。目前也有很多芯片内部集成了电阻电容振荡模式的时钟电路,这样就不需要外接时钟,利用内部时钟即可。但内部时钟电路晶振频率十分不准确,用在对时钟精度要求不高的应用还可以。

2.4.2　存储模块

芯片需要存储程序和数据才能实现正常工作,所以存储电路也是必不可少的。存储芯片主要分为 RAM 和 ROM 两大类别,其中 RAM 主要用于存放数据,ROM 主要用于存放程序。常用的存储器分类如图 2.9 所示。

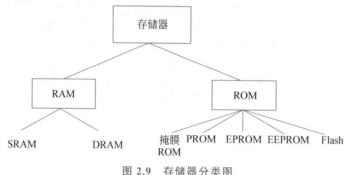

图 2.9　存储器分类图

1. 随机存储器

随机存储器(RAM)的任意存储单元都可以以任意次序进行读写操作。主要有静态 RAM(SRAM)和动态 RAM(DRAM)两种类型。其中,静态 RAM 采用标准并行总线模式,有地址线和数据线,其中地址线决定存储容量,数据线决定位宽,目前嵌入式微控制器内部集成的存储器主要是静态 RAM,但集成度相对较低,功耗也较大。动态 RAM 集成度高,成本较低,另外耗电也少,但它需要一个额外的刷新电路。动态 RAM 地址线一般分为行地址和列地址,并分时传送行地址和列地址,所以满足容量大的寻址空间,例如常见的同步动态内存(SDRAM)就是根据工作时钟分时送行和列地址,所以相对于 SRAM 来说 DRAM 需要相应的信号序列才能工作起来。

2. 只读存储器

只读存储器(ROM)主要有如下几种类型。

(1) 掩膜 ROM。掩膜 ROM 中的信息是厂家根据用户给定的程序或数据对芯片进行掩膜(一种半导体工艺)而制造出来的。根据制造技术,掩膜型 ROM 又可分为 MOS型和双极型两种。主要的优点是大批量生产时产品的成本较低。

(2) PROM。PROM 属于一次性编程的只读存储器。它出厂时处于未被编程的状态,里面的内容全是 1。在嵌入式系统中广泛使用的 PROM 称为 OTP(Once Time Program)。

(3) EPROM。EPROM 和 PROM 的编程方式几乎完全一样。但是,EPROM 是可以被擦除并且反复被编程的。EPROM 的擦除需要使用紫外线,把 EPROM 暴露在强紫外线光源下,可把整个芯片重置到初始状态,即未编程状态。

（4）EEPROM。EEPROM 是电可擦除可编程的。EEPROM 允许按字节进行擦除和编程，是具有灵活性的 ROM。EEPROM 通常用于系统的配置数据和参数的存储与备份。EEPROM 通常有 4 种工作方式，即读方式、写方式、字节擦除方式和整体擦除方式。除并行 EEPROM 外，广泛使用的还有串行 EEPROM。

（5）Flash 存储器。快闪存储器（Flash）技术是存储器技术的最新发展，使用标准电压擦写和编程。与传统存储器相比，Flash 的主要优势是非易失性和易更新性。Flash 主要有 NAND Flash 和 NOR Flash 两类。

NAND Flash 主要有两种用途：一种是用作存储卡；另一种是用作嵌入式系统的程序存储器。NAND Flash 使用复杂的 I/O 口来串行地存取数据，各个产品或厂商的方法可能各不相同，8 个引脚用来传送控制、地址和数据信息。一般嵌入式微处理器运行 Linux 系统，较大的文件系统需要较大的存储空间，因此需要外接 NAND Flash。在操作 NAND Flash 时需要有相应的驱动程序产生读写信号序列，这个驱动程序写在嵌入式微处理器 Bootloader 程序中，即在刚启动时实现对 NAND Flash 驱动的装载，从而可实现对 NAND Flash 读写。

NOR Flash 有两种形式：一种是嵌入式处理器上集成了 Flash；另一种是片外扩展 Flash，操作包括写入和读出。NOR Flash 带有 SRAM 接口，有足够的地址引脚来寻址，可以很容易地存取其内部的每一字节。嵌入式微控制器内部集成 NOR Flash，用于存储程序。

当选择存储解决方案时，设计师必须权衡以下的各项因素。NOR Flash 的读速度比 NAND Flash 稍快一些；NAND Flash 的写入速度比 NOR Flash 快很多；NAND Flash 的擦除速度远比 NOR Flash 快；NAND Flash 的擦除单元更小，相应的擦除电路更加简单；NAND Flash 的实际应用方式要比 NOR Flash 复杂得多；NOR Flash 可以直接使用，并在上面直接运行代码，而 NAND Flash 需要 I/O 口，因此使用时需要驱动。

2.4.3　常见接口

芯片内部主要有如下接口。

1. 定时器

芯片工作运行过程中都有定时或外部时钟信号计数的功能，因此常常会被应用于定时控制、程序延时、对外部脉冲计数和检测等方面，例如汽车轮速计算过程就是定时一段时间内对轮子转动产生的脉冲进行计数。微控制器的定时器其实是一个计数装置，用于对芯片的机器周期或者外部输入的时钟信号进行计数：当对芯片的机器周期进行计数时叫定时器（Timer），对外部输入的时钟信号进行计数时叫计数器。因此，定时器/计数器是一起提出的，早期的定时器主要就是用来进行定时和计数的，但随着一些应用方案的提出，在定时和计数的基础上，又发展出了输入捕获模式、输出 PWM 模式、输出比较模式和 PWM 输入捕获模式等功能。输入捕获对输入信号进行捕获，可用于对外部输入信号脉冲宽度的测量；输出 PWM 将计数器的当前计数值和设定值比较，根据比较结果输出不同电平，从而在一个周期内可产生出不同宽度的脉冲。

2. 通用输入输出接口

GPIO(General-Purpose Input/Output),通用输入输出接口的简称,其引脚可以供芯片控制器自由使用,引脚可作为通用输入(GPI)或通用输出(GPO)。常见的输入模式如下。

(1) 数字输入模式。通过一个带有施密特触发的缓冲器,将缓慢变化或畸变的输入脉冲信号整形成比较理想的矩形脉冲信号,其中 GPIO 输入模式把数据输入到输入寄存器中,复用功能输入模式把数据输入到此复用功能的片上外设,并且根据软件配置,可以配置为浮空输入、上拉输入和下拉输入模式。

(2) 模拟输入模式。模拟输入模式直接接收模拟电压信号,其中模拟电压输入范围为 0V～Vref(标准参考电压)。

(3) 推挽输出模式。推挽电路是指两个参数相同的 MOS 管或晶体管,分别受两个互补信号的控制,在一个晶体管导通时,另一个截止;由于每次只有一个管导通,所以导通损耗小,效率高。推挽电路既可以向负载灌电流,也可以从负载抽取电流,推挽式输出既提高电路的负载能力,又提高开关速度。推挽输出包括:通用推挽输出,用于 GPIO 输出;复用推挽输出,此模式供片内外设引脚使用。

(4) 开漏输出模式。就是不输出电压,低电平时接地,高电平时不接地。如果外接上拉电阻,则在输出高电平时,电压会拉到上拉电阻的电源电压。开漏输出若没有外接上拉电阻只能输出低电平,若外接上拉电阻则可以通过改变外接上拉电源的电压来改变输出电平大小,适合于做电流型的驱动,其吸收电流的能力相对强(一般 20mA 以内)。其中,通用开漏输出,GPIO 输出 0 时引脚接 GND,GPIO 输出 1 时引脚悬空,该引脚需要外接上拉电阻,才能实现输出高电平;复用开漏输出,此模式供片内外设使用。

3. 芯片中断

中断系统是计算机的重要组成部分。实时控制、故障自动处理、计算机与外围设备间的数据传送往往采用中断系统。中断系统的应用大大提高了计算机的效率。芯片中断(Interrupt)是微控制器中的重要组成部分,加强了 CPU 对多任务事件的处理能力,通过中断 CPU 可以暂时停止当前程序的执行转而执行处理新情况的程序和执行过程。

中断是 CPU 对系统发生的某个事件做出的一种反应。引起中断的事件称为中断源。中断源向 CPU 提出处理的请求称为中断请求。发生中断时被打断程序的暂停点称为断点。CPU 暂停现行程序而转为响应中断请求的过程称为中断响应。处理中断源的程序称为中断处理程序。CPU 执行有关的中断处理程序称为中断处理。而返回断点的过程称为中断返回。中断的实现由软件和硬件综合完成,硬件部分称为硬件装置,软件部分称为软件处理程序。

中断优先级是指几个中断请求可能同时出现,但中断系统只能按一定的次序来响应和处理。可最先被响应的中断具有最高优先权,其后依次按优先级别顺序进行处理。优先权高低是由中断部件的中断排队线路确定的。

中断屏蔽是对应于各中断级设置相应的屏蔽位。只有屏蔽位为 1 时,该中断级才能参加中断优先权排队。中断屏蔽位可由专用指令建立,因而可以灵活地调整中断优先权。有些机器针对某些中断源也设置屏蔽位,只有屏蔽位为 1 时,相应的中断源才起作用。

每种芯片有相应的中断向量表,包括中断名称、中断优先级和中断的物理地址。中断向量表是由芯片厂家来确定的,根据中断向量表可以找到中断响应程序添加的位置以及优先级别方面的信息。

4. 异步串行通信

串行通信(Serial Communication)是指在计算机总线或其他数据通道上,每次传输一个位元数据,并连续进行以上单次过程的通信方式。与之对应的是并行通信,它在串行端口上通过一次同时传输若干位元数据的方式进行通信。串行通信被用于长距离通信及大多数计算机网络,在普通应用场合,电缆和同步化使并行通信面临实际应用问题。

异步串行通信(UART)所传输的数据格式(也称为串行帧)由 1 个起始位、7~9 个数据位、1~2 个停止位(含 1.5 个停止位)和 1 个校验位组成。起始位约定为 0,空闲位约定为 1。在异步通信方式中,接收器和发送器有各自的时钟,它们的工作是非同步的,如图 2.10 所示。

图 2.10　异步串行通信示意图

由于异步串行通信没有同步时钟,所以通过波特率来实现数据通信的同步。波特率是每秒传送二进制数的位数,单位为位/秒(bit per second,bps),即 1bps＝1b/s。异步通信时可能会出现帧格式错、超时错等传输错误。在具有串口单片机的开发中,应考虑在通信过程中对数据差错进行校验,因为差错校验是保证准确无误通信的关键。

UART(Universal Asynchronous Receiver/Transmitter)串行通信方式称为异步串行通信,主要通过两个引脚发送(TXD)和接收(RXD)实现数据的发送和接收,由于没有时钟线,所以是一种全双工的异步串行通信接口,通信数据的同步利用设置好的波特率来实现,波特率的最大速率传统上是 115 200b/s 但现在对于一些微控制器芯片其波特率可以达到 2Mb/s。UART 串行通信电路连接示意图如图 2.11 所示。

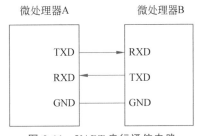

图 2.11　UART 串行通信电路

1) RS-232

UART 可通过 RS-232 标准与计算机实现数据通信。RS-232 是个人计算机上的通信接口之一,是由电子工业协会(Electronic Industries Association,EIA)制定的异步传输标准接口。RS-232C 标准规定逻辑 1 的电平范围是 $-3 \sim -15\text{V}$;逻辑 0 的电平范围是 $+3 \sim +15\text{V}$。介于 $-3 \sim +3\text{V}$ 的电压无意义,低于 -15V 或高于 $+15\text{V}$ 的电压也认为无意义,因此,实际工作时,应保证电平在 $-3 \sim -15\text{V}$ 或 $+3 \sim +15\text{V}$。由于 RS-232C 是用正负电压来表示逻辑状态,与 TTL 以高低电平表示逻辑状态的规定不同。因此,为了能够同计算机接口或终端的 TTL 器件连接,必须在 RS-232C 与 TTL 电路之间进行电平和逻辑关系的变换。实现这种变换的方法可用分立元件,也可用集成电路芯片。目前较为广泛地使用集成电路转换器件,MAX232 芯片可完成 TTL↔RS-232C 双向电平转换。

2) RS-485

UART 也可通过 RS-485 标准实现 RS-485 总线通信。在工业控制场合,RS-485 总线因其接口简单、组网方便、传输距离远等特点而得到广泛应用。RS-485 接口组成的半双工网络,一般是两线制(以前有四线制接法,只能实现点对点的通信方式,现很少采用),多采用屏蔽双绞线传输。在 RS-485 通信网络中一般采用的是主从通信方式,即一个主机带多个从机。连接 RS-485 通信链路时,只是简单地用一对双绞线将各个接口的 A、B 端连接起来。RS-485 采用差分信号,$+2 \sim +6\text{V}$ 表示 0,$-6 \sim -2\text{V}$ 表示 1。RS-485 有两线制和四线制两种接线,四线制是全双工通信方式,两线制是半双工通信方式。RS-485 最大的通信距离约为 1219m,最大传输速率为 10Mb/s,传输速率与传输距离成反比,在 100kb/s 的传输速率下,才可以达到最大的通信距离,如果需传输更长的距离,需要加 RS-485 中继器。RS-485 总线一般最大支持 32 个结点,如果使用特制的 RS-485 芯片,可以达到 128 个或者 256 个结点,最大的可以支持到 400 个结点。RS-485 总线电路主要是 UART 接口通过连接 RS-485 电平转换芯片(如 MAX487)把 TTL 电平转为 RS-485 差分信号,输出为 A 和 B。

3) 无线通信串口模块

很多无线通信都可以通过串行 UART 接口和微控制器进行通信。程序开发过程都是直接用串口通信程序代码就行,在软件层不用修改什么,主要是硬件模块不同。

(1) 移动通信。

早期有 GPRS 通信模块(例如 MC35 模块)支持 GPRS 和短消息双通道传输数据。主芯片可以通过串行接口连接 GPRS 通信模块,利用运营商 GPRS 网络为用户提供无线长距离数据传输功能。利用运营商 GPRS 网络为用户提供无线长距离数据传输功能,提供 TTL 串口和微控制器芯片连接。在微控制器芯片编写串口驱动,发送和接收相应的 AT 指令集,从而实现 GPRS 数据通信的功能。GPRS 模块连接示意图如图 2.12 所示。

图 2.12   GPRS 模块连接示意图

随着移动通信技术 2G 和 3G 退出主流通信市场,当前比较常采用 4G LTE 标准实现移动通信。例如,广和通 4G CAT1 通信模块 L610,通过其模块上串行通信接口和 STM32 芯片控制板进行串行通信,可以实现微控制器通过 4G 通信网络的数据收发。L610 4G 通信模块如图 2.13 所示。L610 模块提供 TTL 串口和微控制器芯片连接。在微控制器芯片编写串口驱动,发送和接收相应的 AT 指令集,从而实现 4G LTE 数据通信的功能。

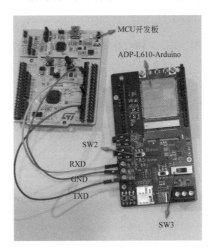

图 2.13　L610 4G 通信模块

(2) 蓝牙串口。

蓝牙(BlueTooth)串口是基于 SPP(Serial Port Profile)协议,能在蓝牙设备之间创建串口进行数据传输的一种设备。蓝牙串口的目的是针对如何在两个不同设备(通信的两端)上的应用之间保证一条完整的通信路径。典型蓝牙串口通信如图 2.14 所示。

 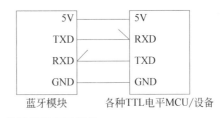

图 2.14　典型蓝牙串口通信

(3) 串口无线网络(WiFi)。

串口转 WiFi 模块是新一代嵌入式 WiFi 模块,体积小,功耗低。采用 UART 接口,内置 IEEE 802.11 协议栈以及 TCP/IP 协议栈,能够实现用户串口到无线网络之间的转换。串口转 WiFi 模块 ESP8266 支持串口透明数据传输模式并且具有安全多模能力,使传统串口设备更好地加入无线网络。ESP8266 串口转 WiFi 连接图如图 2.15 所示。

(4) ZigBee 通信。

ZigBee 技术是一种短距离、低数据速率、低功耗、低成本的双向无线通信技术。ZigBee 技术适用于短距离的无线控制系统,为自动控制和远程控制领域的技术发展提供了有效的协议标准。目前微控制芯片主要通过串口连接 ZigBee 模块,从而实现 ZigBee

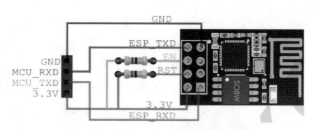

图 2.15 ESP8266 串口转 WiFi 连接图

无线组网和通信,所以在程序开发中主要是通过串口发送和接收数据来完成。如图 2.16 所示是一款 ZigBee 通信模块,可以连接微控制器。

图 2.16 某款 ZigBee 模块说明

5. SPI 接口

串行外设接口(Serial Peripheral Interface,SPI)总线系统是一种同步串行外设接口,它可以使芯片与各种外围设备以串行方式进行通信。SPI 有主从两种方式,主模式在 SCK 引脚产生时钟;从模式 SCK 引脚用来接收从主设备传来的时钟。引脚 MISO 在主设备表示输入,在从设备表示输出;引脚 MOSI 在主设备表示输出,在从设备表示输入;SCK 时钟,由主设备输出从设备输入;NSS 在从设备表示选择,作为"片选引脚"。其中,NSS 引脚有两种模式:硬件 NSS 模式和软件 NSS 模式,图 2.17 为 SPI 接口示意图。

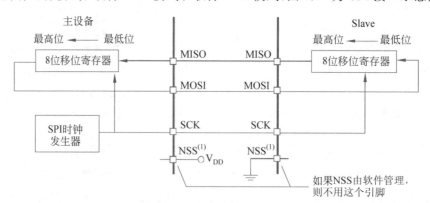

图 2.17 SPI 接口示意图

6. ADC 接口和 DAC 接口

由于环境中信号常常是利用模拟信号来表征的,例如,大多数的传感器都是把环境信息转为模拟电压信号,另外有些数据接口也是模拟信号的,如音频信号以及模拟视频信号等。而处理芯片都是基于数字信号的,因此,芯片若需要处理这些模拟信号则需要模拟量到数字量或者数字量到模拟量的转换接口。

其中将模拟量转换为数字量的过程称为模数(A/D)转换,ADC 接口就是为了实现模拟到数字的转换。将数字量转换为模拟量的过程称为数模(D/A)转换,DAC 接口就是为了实现数字到模拟的转换。

数字量用位数来表示,例如 8 位、10 位和 12 位等;模拟量用电压来表示,例如 $0 \sim 3.3\mathrm{V}$;模拟量和数字量之间的转换也就是把 n 位数 2^n 个数值对应一定范围的电压值(例如 $0 \sim 3.3\mathrm{V}$ 范围间的电压值);它们之间可以利用正比例函数实现计算。其中, n 位数表示了转换的精度, n 越大表示转换的精度越高。还有同时在转换的过程中也常常需要考虑转换时间的大小。

7. I²C 总线

I²C 总线是由 Philips 公司开发的一种简单、双向二线制同步串行总线 SDA(串行数据线)和 SCL(串行时钟线),它只需要两根线即可在连接于总线上的器件之间传送信息。SDA 和 SCL 都是双向 I/O 线,接口电路为开漏输出,需通过上拉电阻接电源 V_{cc}。当总线空闲时,两根线都是高电平。连接总线的外部器件都是 CMOS 器件,输出级也是开漏电路,在总线上消耗的电流很小。总线上扩展的器件数量主要由电容负载来决定,因为每个器件的总线接口都有一定的等效电容,而线路中电容会影响总线传输速度,当电容过大时,有可能造成传输错误,所以,其负载能力为 400pF。因此,可以估算出总线允许长度和所接器件数量。其典型的接口连线如图 2.18 所示。

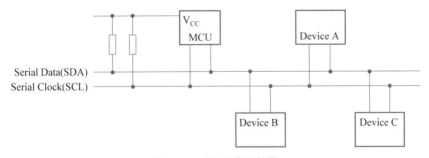

图 2.18　I²C 总线连接图

8. CAN 总线

CAN(Controller Area Network)是 ISO 国际标准化的串行通信协议。在汽车产业中,出于对安全性、舒适性、方便性、低公害、低成本的要求,各种各样的电子控制系统被开发了出来。由于这些系统之间通信所用的数据类型及对可靠性的要求不尽相同,由多条总线构成的情况很多,线束的数量也随之增加。为适应"减少线束的数量""通过多个LAN,进行大量数据的高速通信"的需要,1986 年德国电气商博世公司开发出面向汽车的CAN 通信协议。此后,CAN 通过 ISO 11898 及 ISO 11519 进行了标准化,在欧洲已是汽车网络的标准协议。

CAN 的高性能和可靠性已被认同,并被广泛地应用于工业自动化、船舶、医疗设备、工业设备等方面。现场总线是当今自动化领域技术发展的热点之一,被誉为自动化领域的计算机局域网。它的出现为分布式控制系统实现各结点之间实时、可靠的数据通信提供了强有力的技术支持,相对于 RS-485 总线,结点之间的数据通信实时性更强。

CAN 网拓扑结构如图 2.19 所示。

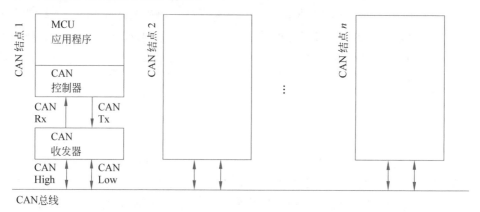

图 2.19　CAN 网络拓扑结构

9. USB 接口

USB(Universal Serial Bus,通用串行总线)是一个外部总线标准,用于规范计算机与外围设备的连接和通信,是应用在 PC 领域的接口技术。USB 接口支持设备的即插即用和热插拔。最新一代是 USB 3.1,传输速率为 10Gb/s,三段式电压 5V/12V/20V,最大供电 100W,新型 Type C 插头不再分正反。

USB 接口的 4 根线一般如下分配,需要注意的是千万不要把正负极弄反了,否则会烧掉 USB 设备或者电脑的南桥芯片:黑线:gnd;红线:vcc;绿线:data+;白线:data−。

USB 设备分为 Host(主设备)和 Slave(从设备),只有当一台 Host 与一台 Slave 连接时才能实现数据的传输。USB 接口类型如下。

1) USB Host(USB 主设备)

USB Host 的意思是该设备可以作为 USB 主机连接 USB 外围设备,如连接 U 盘、键盘、鼠标等。一般的 PC 的 USB 接口都是 USB Host Only 的模式,手机则不一定。

2) USB Slave(USB 从设备)

USB 外围设备接口,例如 U 盘、键盘和鼠标等,用来与 USB Host 接口连接。

3) USB OTG

OTG 设备就是使我们的 EX,既能充当 Host,亦能充当 Slave。USB OTG 标准在完全兼容 USB 2.0 标准的基础上,增添了电源管理(节省功耗)功能,它允许设备既可作为主机,也可作为外设操作(两用 OTG)。OTG 两用设备完全符合 USB 2.0 标准,并可提供一定的主机检测能力,支持主机通令协议(HNP)和对话请求协议(SRP)。在 OTG 中,初始主机设备称为 A 设备,外设称为 B 设备。可用电缆的连接方式来决定初始角色。

两用设备使用新型 mini-AB 插座,从而使 mini-A 插头、mini-B 插头和 mini-AB 插座增添了第 5 个引脚(ID),以用于识别不同的电缆端点。mini-A 插头中的 ID 引脚接地,mini-B 插头中的 ID 引脚浮空。当 OTG 设备检测到接地的 ID 引脚时,表示默认的是 A 设备(主机);而检测到 ID 引脚浮空的设备,则认为是 B 设备(外设)。

USB 2.0 是向下兼容 USB 1.x 的,即 USB 2.0 支持高速、全速、低速的 USB 设备(High-Speed、Full-Speed、Low-Speed),而 USB 1.x 不支持高速设备。因此,如果高速设备接在 USB 1.x 的 Hub 上,也只能工作在全速状态。USB 3.0 是一种 USB 规范,该规范由 Intel 等公司发起。现已被 USB IF 更新至 USB 3.1。USB 2.0 的最大传输带宽为 480Mb/s,而 USB 3.0 的最大传输带宽高达 5.0Gb/s。

10. I²S 总线

I²S(Inter—IC Sound)总线是 Philips 公司为数字音频设备之间的音频数据传输而制定的一种总线标准,该总线专用于音频设备之间的数据传输,广泛应用于各种多媒体系统。I²S 采用了独立的导线传输时钟与数据信号的设计,通过将数据和时钟信号分离,避免了因时差诱发的失真,为用户节省了购买抵抗音频抖动的专业设备的费用。标准的 I²S 总线电缆是由 3 根串行导线组成的。

(1) 时分多路复用(TDM)数据线。串行数据(SD),用二进制补码表示的音频数据。I²S 格式的信号无论有多少位有效数据,数据的最高位总是被最先传输(在 WS 变化(也就是一帧开始)后的第 2 个 SCK 脉冲处)。因此,最高位拥有固定的位置,而最低位的位置则是依赖于数据的有效位数。

(2) 时钟线。串行时钟(SCK),对应数字音频的每一位数据,SCK 都有 1 个脉冲。SCK 的频率=2×采样频率×采样位数。

(3) 字选择线(Word Select,WS)。字段(声道)选择,WS 为 1 表示正在传输的是左声道的数据,WS 为"0"表示正在传输的是右声道的数据。用于切换左右声道的数据,WS 的频率=采样频率。

11. 看门狗

看门狗(WatchDog)定时器(Watch Dog Timer,WDT)集成在嵌入式系统芯片中,它实际上是一个计数器,一般给看门狗一个数字,程序开始运行后看门狗开始倒计数。如果程序运行正常,过一段时间 CPU 应发出指令让看门狗复位,重新开始倒计数。如果看门狗减到 0,就认为程序没有正常工作,强制整个系统复位。

12. 实时时钟 RTC

RTC(Real-Time Clock)实时时钟为操作系统提供了一个可靠的时间,并且在断电的情况下,RTC 实时时钟也可以通过电池供电,一直运行下去。RTC 模块之所以具有实时时钟功能,是因为它内部维持了一个独立的定时器,通过配置,可以让它准确地每秒中断一次。例如一个 32 位的计数器,从 0 向上计数,假设每加一就是 1s,那么一个 32 位的计数器跑到溢出需要 100 多年,已经很长了,这里时钟自带一个秒中断,当每加一时就会触发一次秒中断,通过往秒中断中写更新时间的函数来达到时间同步的效果。

13. 系统滴答定时器(SysTick)

大多操作系统需要一个硬件定时器来产生操作系统需要的滴答中断,作为整个系统的时基。例如,操作系统可以为多个任务许以不同数目的时间片,确保没有一个任务能霸占系统;或者把每个定时器周期的某个时间范围赐予特定的任务等,还有操作系统提供的各种定时功能,这都与这个滴答定时器有关。因此,需要一个定时器来产生周期性的中断,而且最好还让用户程序不能随意访问它的寄存器,以维持操作系统"心跳"的节律。因此,很多芯片内部专门集成了这种定时器 SysTick。

14. DMA

直接存储器存取(Direct Memory Access,DMA)是一种可以大大减轻 CPU 工作量的数据存取方式,因而被广泛使用。

在硬件系统中,主要由 CPU(内核)、外设、内存(SRAM)、总线等结构组成,数据经常要在内存与外设之间转移,或从外设 A 转移到外设 B。DMA 是一种可以大大减轻 CPU 工作量的数据转移方式。CPU 有转移数据、计算、控制程序转移等很多功能,但其实转移数据(尤其是转移大量数据)可以不需要 CPU 参与。例如,希望外设 A 的数据复制到外设 B,只要给两种外设提供一条数据通路,再加上一些控制转移的部件就可以完成数据的复制。DMA 就是基于以上设想设计的,它的作用就是解决大量数据转移过度消耗 CPU 资源的问题。有了 DMA,使 CPU 更专注于计算、控制等更加实用的操作。

DMA 的作用就是实现数据的直接传输,而去掉了传统数据传输需要 CPU 寄存器参与的环节,主要涉及 4 种情况的数据传输,但本质上是一样的,都是从内存的某一区域传输到内存的另一区域(外设的数据寄存器本质上就是内存的一个存储单元)。4 种情况的数据传输如下:外设到内存、内存到外设、内存到内存、外设到外设。当用户将参数设置好,主要涉及源地址、目标地址、传输数据量这 3 个,DMA 控制器就会启动数据传输,传输的终点就是剩余传输数据量为 0(循环传输不是这样的)。换句话说只要剩余传输数据量不是 0,而且 DMA 是启动状态,那么就会发生数据传输。

15. 以太网总线

以太网(Ethernet)是一种计算机局域网技术。IEEE 组织的 IEEE 802.3 标准制定了以太网的技术标准,它规定了包括物理层的连线、电子信号和介质访问层协议的内容。1983 年,电气与电子工程师协会(IEEE)组织的 IEEE 802.3 标准制定了以太网的技术标准,该标准定义了有线以太网的物理层和数据链路层的介质访问控制(MAC),这两层是 OSI 参考模型中的前两层,物理层包括电缆和设备两部分。

以太网电缆有以下几种：同轴电缆、双绞线和光缆。最常见的线缆是双绞线,包括速率高达 1Gb/s 的 6 类线,速率高达 10Gb/s 的超 6 类线和 7 类线,5 类和超 5 类线仍在许多现有应用中使用,但速率较低,在 10Mb/s 至 100Mb/s,而且更容易受到噪声的干扰。以太网根据传输速率进行分类,有标准以太网、快速以太网、千兆以太网和吉比特以太网。RJ-45 接口是常用的以太网接口。

16. PCIe 总线

PCIe(Peripheral Component Interconnect Express)是一种高速串行计算机扩展总线标准,它原来的名称为 3GIO,是由 Intel 在 2001 年提出的,旨在替代旧的 PCI、PCI-X 和 AGP 总线标准。PCIe 属于高速串行点对点双通道高带宽传输,所连接的设备分配独享通道带宽,不共享总线带宽,主要支持主动电源管理、错误报告、端对端的可靠性传输、热插拔以及服务质量(QoS)等功能。

PCIe 也有多种规格,从 PCIe x1 到 PCIe x32,PCIe 规格从 1 条通道连接到 32 条通道连接,有非常强的伸缩性,以满足不同系统设备对数据传输带宽不同的需求,从而满足将来一定时间内出现的低速设备和高速设备的需求。

第 1 个 PCIe 总线规范为 v1.0,到后来的 PCIe 3.0、PCIe 4.0 和 PCIe 5.0 标准规范,PCIe 数据的带宽在不断的提高,最近 PCIe 6.0 也发布出来,带宽翻倍至每通道 64GB/s 原始数据速率,x16 配置下可达成 256GB/s 带宽。

◇ 2.5 芯片种类介绍

数字计算机系统可分成通用计算机和嵌入式系统两大类,通用计算机是指如微型计算机(PC)、大型计算机、服务器等,除此之外的计算机称为嵌入式系统。

2.5.1 通用计算机系统

当前主要用 x86 CPU 系列构成微型计算机、大型计算机和服务器等,因此目前 PC、大型计算机和服务器还主要是采用 Intel 公司或 AMD 公司的芯片。但是随着多核 ARM CPU 的性能不断增强,应用领域不断扩展,例如华为、阿里平头哥、飞腾、高通、CAVIUM 和 AMPERE 等公司设计和推出了基于 ARM 的多核服务器芯片。同时在微型计算机领域,苹果公司在 2020 年推出基于 ARM 内核的 MacBook Air 笔记本电脑。

2.5.2 嵌入式微控制器

微控制器的最大特点是单片化,体积大大减小,从而使功耗和成本下降、可靠性提高,因此也称为单片机。从 20 世纪 70 年代末单片机出现到今天,虽然已经经过了 40 多年的历史,但这种 8 位的电子器件在嵌入式设备中仍然有着极其广泛的应用。微控制器芯片内部集成 ROM/EPROM、RAM、总线、总线逻辑、定时/计数器、看门狗、I/O、串行口、脉宽调制输出、A/D、D/A、Flash RAM、EEPROM 等各种必要功能和外设。微控制器是目前嵌入式系统工业的主流。微控制器的片上外设资源一般比较丰富,适合于控制,因此称微控制器。由于 MCU 低廉的价格,优良的功能,所以拥有的品种和数量最多,比较有代表性的包括如下一些。

1. 51 系列单片机(8 位单片机)

最早内核是由 Intel 公司(80C31、80C51、87C51,80C32、80C52、87C52) 提出,后来衍生出多家公司的 51 单片机。例如,STC51 系列宏晶科技(国产)目前出货量很大;ATMEL 公司 89C51、89C52、89C2051 等;还有恩智浦(NXP)系列、华邦、Dallas、Siemens(Infineon)等公司的许多产品

2. AVR 系列单片机(www.atmel.com)

1997 年,由 ATMEL 公司挪威设计中心的 A 先生与 V 先生利用 ATMEL 公司的 Flash 新技术,共同研发出 RISC 精简指令集的高速 8 位单片机,简称 AVR。相对于出现较早也较为成熟的 51 系列单片机,AVR 系列单片机片内资源更为丰富,接口也更为强大,同时由于其价格低等优势,在很多场合可以替代 51 系列单片机。很多机器人控制板以及 Arduino 平台都经常采用 AVR 8 位单片机,如 ATmega8/16/32/64/128 芯片等。近年来,ATMEL 公司也推出了 AVR 32 位 UC3 微控制器,简称 AVR32。目前 ATMEL 公司已被美国微芯(Microchip)公司收购。

3. PIC 系列单片机(www.microchip.com)

美国微芯(Microchip)公司设计生产 PIC 单片机,主要包括 8 位、16 位和 32 位单片机,其中 8 位单片机包括 PIC10、PIC12、PIC16 和 PIC18 等系列芯片,指令十分精简,只有 35 个,简单易学,故执行速度比 8051 快;16 位单片机包括 PIC24 系列、dsPIC 微控制器等;32 位芯片包括 PIC32 系列芯片,采用 MIPS 的 M4K 内核。目前已收购 ATMEL 公司。

4. 飞思卡尔(Freescale)系列 8 位和 16 位单片机

由美国飞思卡尔公司(原 Motorola 公司) 生产,包括 8 位微控制器(单片机)、16 位微控制器(单片机)、32 位 ARM Cortex-M 架构微控制器(单片机)——Kinetis 系列芯片。飞思卡尔 8 位单片机系列主要包括 RS08 类、HCS08 类、HC08 类、HC08 汽车类、HCS08 汽车类;MC9S12G 系列是一个专注于低功耗、高性能、低引脚数量的高效汽车级 16 位微控制器产品。2015 年 3 月,飞思卡尔公司被恩智浦半导体收购。

5. 恩智浦(NXP)系列单片机

恩智浦(NXP)是 2006 年末从 Philip 公司独立出来的半导体公司,其业务已拥有 50 年的悠久历史,主要提供各种半导体产品与软件,为移动通信、消费类电子、安全应用、非接触式付费与连线,以及车内娱乐与网络等产品带来更优质的感知体验。芯片内核主要采用 51 单片机核(如 P89LPC 系列)和 ARM 内核(如 LPC1100、LPC1200、LPC1300 等系列)。

6. TI MSP430 系列单片机

TI MSP430 系列单片机是一个 16 位的单片机,具有硬件乘法器(能实现乘加运算),能实现数字信号处理的某些算法;同时由于其在降低芯片的电源电压和灵活而可控的运行时钟方面都有其独到之处,因此具有超低功耗的特性,常常用于需要低功耗的三表(电表、水笔和天然气表)的远程抄表系统中。

7. ST 公司 STM8 系列单片机

STM8 系列是意法半导体公司生产的 8 位单片机。该型号单片机分为 STM8A、STM8S、STM8L 3 个系列。STM8A 为汽车级应用;STM8S 为标准系列;STM8L 为超低功耗 MCU。高级 STM8 内核,具有 3 级流水线的哈佛结构。

8. ARM 系列单片机

ARM 单片机是以 ARM 处理器(Cortex-M 系列)为核心的一种单片微型计算机,是近年来随着电子设备智能化和网络化程度不断提高而出现的新兴产物。Cortex-M 系列针对成本和功耗敏感的 MCU 和终端应用(如智能测量、人机接口设备、汽车和工业控制系统、大型家用电器、消费性产品和医疗器械)的混合信号设备进行过优化。目前 Cortex-M 系列主要包括 Cortex-M0、M3、M4 和 M7 等系列芯片,当前大部分单片机公司都有采用 ARM 内核的单片机。

由于 ARM 公司推出了专门用于微控制器的 Cortex-M 内核,对于很多微控制器芯片开发厂家就不需要专门开发自己的内核以及配套的指令集、交叉编译器等开发工具,直接采用 ARM 提供的内核和开发工具链,并配合芯片厂商自己定制的各种外设,就可以实现一个嵌入式微控制器芯片的设计,从而降低了芯片厂商在嵌入式系统芯片设计方面的难度,推动了嵌入式芯片的发展。因此,针对 Cortex-M 内核开发的芯片厂商,有国外的 ST、NXP 和 TI 等公司,同时国内也有兆易创新、洪芯、灵动、极海、雅特力、航顺等公司。

9. RISC 系列单片机

中国企业在 RISC-V 处理器开发与应用上非常积极,国内芯来科技设计基于 RISC-V 处理器 IP,已衍生出多个系列芯片型号,并联合兆易创新等公司推出了基于 RISC-V 的量产通用 MCU——GD32VF103 系列;华为海思开发的 Hi3861V100 微控制器芯片;乐鑫推出 WiFi+BLE5.0 芯片 ESP32-C3 芯片;嘉楠科技的 K210 AIOT 芯片;沁恒微电子的 RISC-V 系列蓝牙微控制器芯片;紫光展锐推出的基于 RISC-V 内核的常春藤 5882 芯片等。虽然目前比较适合 RISC-V 使用的领域还是对于生态依赖比较小的深嵌入式或者新兴的 IoT、边缘计算、人工智能领域,但 RISC-V 得到了产业界和社区的广泛支持,积极性高涨。

2.5.3 嵌入式微处理器

嵌入式微处理器是由通用计算机中的 CPU 演变而来的。它的特征是具有 32 位以上的处理器,具有较高的性能,当然其价格也相应较高。但与计算机处理器不同的是,在实际嵌入式应用中,只保留和嵌入式应用紧密相关的功能硬件,去除其他的冗余功能部分,这样就以最低的功耗和资源实现嵌入式应用的特殊要求。与工业控制计算机相比,嵌入式微处理器具有体积小、重量轻、成本低、可靠性高等优点。

嵌入式微处理器芯片采用外部的 DDR SDRAM 内存存储数据,外部的 NAND Flash 存储器来存储程序,并且嵌入式微处理器芯片内部集成了内存管理单元(MMU),所以嵌入式微处理器芯片可以运行 Linux 系统、Harmony 系统、Android 系统、苹果系统等大型嵌入式操作系统。相对于传统的微处理器芯片,嵌入式微处理器芯片内部又集成了各种接口模块,所以外部接口电路相对简单;同时在设计上又充分考虑低功耗的要求,所以便于应用于性能要求高且需要低功耗便携性的场合,例如目前智能手机就主要采用嵌入式微处理器作为主芯片。当前在嵌入式微处理器方面有基于 ARM 内核的,也有基于 RISC-V 内核的。

其中华为公司推出的鸿蒙和昇腾芯片的逻辑处理器都是基于 ARM 内核的,会在 2.6 节详细说明。

瑞芯微公司的 RK3399 芯片也是一款基于 ARM 内核嵌入式微处理器芯片,该芯片基于 Big.Little 架构,即具有独立的 NEON 协同处理器的双核 Cortex-A72 及四核 Cortex-A53 组合架构,同时内部也集成了 2 个 Cortex-M0 核,内置多个高性能硬件处理引擎,能够支持多种格式的视频解码,如 4K * 2K@60fps 的 H.264/H.265/VP9,也支持 1080P@30fps 的 H.264/MVC/VP8 以及高质量的 JPEG 编解码和图像的前后处理器。RK3399 内置 3D GPU,能够完全兼容 OpenGL ES1.1/2.0/3.0/3.1、OpenCL 和 DirectX 11.1。特殊的 MMU 2D 硬解码器能最大限度地提高显示性能,提供流畅的体验操作。RK3399 具有高性能的双通道存储器接口(DDR3/DDR3L/LPDDR3/LPDDR4),能够提供高内存带宽,同时为应用提供了一套完整的外设接口。

D1-H 是全志科技首款基于 RISC-V 指令集的芯片,集成了阿里平头哥 64 位 C906 核心,支持 RVV,1GHz+主频,可支持 Linux、RTOS 等系统。同时支持最高 4K 的 H.265/H.264 解码,内置一颗 HiFi4 DSP,最高可外接 2GB DDR3,可以应用于智慧城市、智能汽车、智能商显、智能家电、智能办公和科研教育等多个领域。具体参数:CPU 是阿里平头哥玄铁 C906 主核,64 位 RISC-V 指令集;32KB I-cache + 32KB D-cache。DSP 是 HiFi4 DSP 600MHz,32KB I-cache + 32KB D-cache,64KB I-ram + 64KB D-ram。存储器支持 DDR2/DDR3,可达到 2GB;支持 SD 3.0/eMMC 5.0 和 SPI Nor/Nand Flash。提供了视频编解码引擎;引出 USB 2.0 接口、SD 接口、SPI、UART、I²C 和以太网等接口。

◆ 2.6 具体芯片案例介绍

华为公司为服务器、嵌入式系统和智能计算提供了一系列芯片,例如针对 ARM 服务器级别处理器有华为鲲鹏系列芯片;针对智能计算华为公司也推出了面向推理场景 Ascend310 芯片,面向训练场景的 Ascend 910 芯片,华为对外称昇腾系列芯片;针对嵌入式微控制器系统,华为公司推出了基于 RISC-V 内核的 Hi3861V100 芯片。以下依次对这 3 种芯片进行介绍。

2.6.1　鲲鹏芯片

鲲鹏 920 处理器是兼容 ARM 64 位指令集的多核处理器芯片,目前主要用于服务器领域,基于华为公司自研的具有完全知识产权的 ARMv8 架构,采用业界领先的 7nm 制程。

1. ARMv8-A 介绍

2011 年 11 月,ARM 公司发布首款支持 64 位指令集的新一代 ARMv8 处理器架构,引入了一系列新特性,也成为 ARM 处理器进军服务器处理器市场的技术基础。

ARMv8-A 架构属于 64 位处理器架构,向下兼容 ARMv7 架构。ARMv8-A 架构增加的 A64 指令集是全新设计的 64 位指令集。仍然支持 ARMv7 体系结构的 32 位 A32 指令集(之前被称为"ARM 指令集"),并且保留或扩展了 ARMv7 架构的 TrustZone 技术、虚拟化技术及增强的 SIMD(NEON)技术等所有特性。

ARMv8-A 架构引入了两种执行状态(Execution state):AArch64(64 位 ARM 体系结构)执行状态支持 A64 指令集,可以在 64 位寄存器中保存地址,并允许指令使用 64 位寄存器进行计算;AArch32(32 位 ARM 体系结构)执行状态则保留了与 ARMv7-A 体系结构的向后兼容性。

2. 鲲鹏芯片

鲲鹏处理器是基于 ARM 架构的企业级处理器产品。在通用计算处理器领域,华为公司于 2014 年发布了第一颗基于 ARM 的 64 位 CPU 鲲鹏 912 处理器;2016 年发布的鲲鹏 916 处理器是业界第一颗支持多路互连的 ARM 处理器;2019 年 1 月发布的第三代鲲鹏 920 处理器则是业界第一颗采用 7nm 工艺的数据中心级 ARM 架构处理器。

鲲鹏 920 提供强大的计算能力,具有完全知识产权的 ARMv8 架构,最多支持 64 Core、数据率最高 3200MT/s(MT/s 表示每秒兆次)的 DDR4 接口,全面提升芯片的计算能力和一致性总线性能。支持 CPU Core 虚拟化、内存虚拟化、中断虚拟化、I/O 虚拟化等多项虚拟化技术,使得系统的资源共享更加灵活、系统的迁移过程变得相对简单。鲲鹏 920 同样具有丰富且强大的 I/O 能力。芯片集成以太网控制器,用于提供网络通信功能;提供 SAS 控制器,用于扩展存储介质;集成 PCIe 控制器,用于扩展用户特性化功能,并可被用于不同 CPU 之间连接。芯片集成安全算法引擎、压缩解压缩引擎、存储算法引擎等加速引擎进行行业业务加速。

1) 鲲鹏 920 芯片结构

鲲鹏 920 芯片内核采用华为公司自研的 Taishan v110 内核,此内核支持 ARMv8-A 架构规范。每个 Taishan 核包含 CPU core 部分、64KB L1I(L1 指令缓存)、64KB L2D(L2 数据缓存)、512KB L2(L2 缓存)、1 个 L3 Tag Partition。

鲲鹏芯片由若干处理器内核集群(CCL)和 I/O 集群(ICL)等部件通过边上总线互连而成。每个处理器内核集群包含 4 个处理器内核及其相应的 L1 Cache,以及每个处理器内核私有的 L2 Cache。典型的 I/O 集群通常包含以下部件。

（1）多种设备（Device）。此处的设备指的是处理器内核以外的物理组件，例如 I/O 部件、片上加速器、DDR 控制器和管理设备等。鲲鹏 920 处理器片上系统上的每个设备都被赋予一个唯一的设备标识（Device ID）。

（2）一个系统总线接口。

（3）一个可选的系统存储管理单元（SMMU），为设备提供地址转换和地址保护等功能。

（4）用于初始化和常规配置的系统控制/子系统控制部件。该部件主要由固件（Firmware）使用。

（5）分发器（Dispatch）部件。该部件的功能是对物理地址（Physical Addresses，PA）译码，以便每个设备访问设备寄存器空间。

（6）若干调度器（Scheduler）。可选的调度器的功能是在存在大量设备时汇聚这些设备的访存流量。

超级内核集群（Super Core CLuster，SCCL）由物理位置接近并共享其他资源的多个内核集群组成，并可能会包含一组 L3 Cache、若干 DDR 控制器和 I/O 集群。其中 L3 Cache 在物理上被分为两部分：L3 Cache TAG 和 L3 Cache DATA。L3 Cache TAG 集成在每个内核集群中，以降低监听延迟。L3 Cache DATA 则直接连接片上总线。鲲鹏 920 处理器片上系统的每个超级内核集群包含 6 个内核集群、2 个 I/O 集群和 4 个 DDR 控制器。

超级 I/O 集群（Super I/O CLuster，SICL）由物理位置接近的若干个 I/O 集群和一个 Hydra 接口部件组成，提供 I/O 接口和加速及管理功能。在需要时，一个超级 I/O 集群也可以包含一个内核集群。超级 I/O 集群提供了 PCIE 接口和 Hydra 接口，是系统必备的集群。鲲鹏 920 处理器片上系统的超级 I/O 集群由 4 个 I/O 集群、一个 Hydra 接口模块和一个独立的智能管理单元（Intelligent Management Unit，IMU）组成。

鲲鹏 920 芯片包含 2 个超级内核集群、一个超级 I/O 集群。

2）鲲鹏 920 存储器系统

鲲鹏 920 采用 NUMA（非同一内存访问）架构，NUMA 架构很好地解决了对称多处理器结构（Symmetric Multi-Processing，SMP）技术对 CPU 核数的制约，因此拥有更多的核心是鲲鹏处理器的一大优势。NUMA 架构将多个核结成一个结点（Node），每一个结点相当于是一个对称多处理机（SMP），一块 CPU 的结点之间通过 On-chip Network 通信，不同的 CPU 之间采用 Hydra Interface 实现高带宽低时延的片间通信。在 NUMA 架构下，整个内存空间在物理上是分布式的，所有内存的集合就是整个系统的全局内存。每个核访问内存的时间取决于内存相对于处理器的位置，访问本地内存（本结点内）会更快一些。Linux 内核从 2.5 版本开始支持 NUMA 架构，现在的操作系统也提供了丰富的工具和接口，帮助完成访问内存的优化和配置。鲲鹏处理器支持 NUMA 架构，使用鲲鹏处理器所实现的计算机系统，通过适当的性能调优，既能够达成很好的性能，又能够解决 SMP 架构下的总线瓶颈问题，提供更强的多核扩展能力，以及更好、更灵活的计算能力。NUMA 架构和 SMP 架构对比如图 2.20 所示。

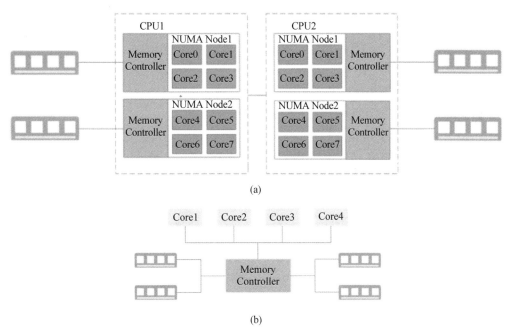

(a)

(b)

图 2.20 NUMA 架构和 SMP 架构对比图

3）鲲鹏 920 流水线结构

鲲鹏 920 处理器采用八级流水线结构（见图 2.21），首先是提取指令，然后通过解码、寄存器重命名和调度阶段。一旦完成调度，指令将无序发射到 8 个执行管道中的一个，每个执行管道每个周期都可以接受并完成一条指令，最后就是访存和回写操作。

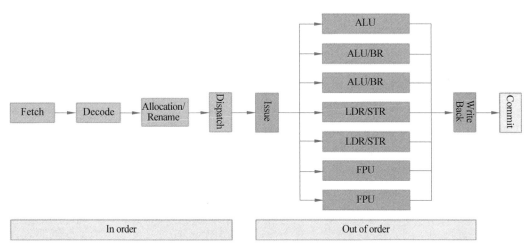

图 2.21 鲲鹏 920 处理器的流水线结构

4）鲲鹏 920 缓存

鲲鹏架构和 x86 架构服务器基本上都是采用 L1～L3 三层缓存。但每层缓存的大小和访问速度不完全一样。对于程序开发来说，尽量让数据可以在 L1 中访问到，能有效提高程序性能。良好的数组访问顺序、结构体数据成员对齐、结构体布局优化都是基于CPU 缓存原理提高程序性能的有效方法。

2.6.2　昇腾芯片

为了满足当今飞速发展的深度神经网络对芯片算力的需求,华为公司于 2018 年推出了昇腾系列 AI 处理器,可以对整型数或浮点数提供强大高效的乘加计算力。由于昇腾AI 芯片具有强大的算力并且在硬件体系结构上对于深度神经网络进行了特殊的优化,从而使之能以极高的效率完成目前主流深度神经网络的前向计算。

昇腾 AI 芯片本质上是一个片上系统(System on Chip,SoC),主要可以应用在与图像、视频、语音、文字处理相关的应用场景。其主要的架构组成部件包括特制的计算单元、大容量的存储单元和相应的控制单元。该芯片大致可以划为芯片系统控制 CPU(Control CPU)、AI 计算引擎(包括 AI Core 和 AI CPU)、多层级的片上系统缓存(Cache)或缓冲(Buffer)、数字视觉预处理模块(Digital Vision Pre-Processing,DVPP)等。芯片可以采用LPDDR4 高速主存控制器接口,价格较低。目前主流 SoC 芯片的主存一般由 DDR(Double Data Rate)或 HBM(High Bandwidth Memory)构成,用来存放大量的数据。HBM 相对于 DDR 存储带宽较高,是行业的发展方向。其他通用的外设接口模块包括USB、磁盘、网卡、GPIO、I^2C 和电源管理接口等。当该芯片作为计算服务器的加速卡使用时,会通过 PCIe 总线接口和服务器其他单元实现数据互换。以上所有这些模块通过基于 CHI 协议的片上环形总线相连,实现模块间的数据连接通路并保证数据的共享和一致性。

昇腾 AI 芯片集成了多个 ARM 公司的 CPU 核心,每个核心都有独立的 L1 和 L2缓存,所有核心共享一个片上 L3 缓存。集成的 CPU 核心按照功能可以划分为专用于控制芯片整体运行的主控 CPU 和专用于承担非矩阵类复杂计算的 AI CPU。两类任务占用的 CPU 核数可由软件根据系统实际运行情况动态分配。

除了 CPU 之外,该芯片真正的算力担当是采用了达芬奇架构的 AI Core。这些 AICore 通过特别设计的架构和电路实现了高通量、大算力和低功耗,特别适合处理深度学习中神经网络必需的常用计算,如矩阵相乘等。目前该芯片能对整型数(INT8、INT4)或对浮点数(FP16)提供强大的乘加计算力。由于采用了模块化的设计,可以很方便地通过叠加模块的方法提高后续芯片的计算力。

针对深度神经网络参数量大、中间值多的特点,该芯片还特意为 AI 计算引擎配备了容量为 8MB 的片上缓冲区(On-Chip Buffer),提供高带宽、低延迟、高效率的数据交换和访问。能够快速访问到所需的数据对于提高神经网络算法的整体性能至关重要,同时将大量需要复用的中间数据缓存在片上对于降低系统整体功耗意义重大。为了能够实现计算任务在 AI Core 上的高效分配和调度,还特意配备了一个专用 CPU 作为任务调度器(Task Scheduler,TS)。该 CPU 专门服务于 AI Core 和 AI CPU,而不承担任何其他的事务和工作。

数字视觉预处理模块主要完成图像视频的编解码,支持 4K 分辨率,视频处理,对图像支持 JPEG 和 PNG 等格式图像的处理。来自主机端存储器或网络的视频和图像数据,在进入昇腾 AI 芯片的计算引擎处理之前,需要生成满足处理要求的输入格式、分辨率等,因此需要调用数字视觉预处理模块进行预处理以实现格式和精度转换等要求。数字视觉预处理模块主要实现视频解码(Video Decoder,VDEC)、视频编码(Video Encoder,VENC)、JPEG 编解码(JPEG Decoder/Encoder,JPEGD/E)、PNG 解码(PNG Decoder,PNGD)和视觉预处理(Vision Pre-Processing Core,VPC)等功能。图像预处理可以完成对输入图像的上/下采样、裁剪、色调转换等多种功能。数字视觉预处理模块采用了专用定制电路的方式来实现高效率的图像处理功能,对应于每一种不同的功能都会设计一个相应的硬件电路模块来完成计算工作。在数字视觉预处理模块收到图像视频处理任务后,会读取需要处理的图像视频数据并分发到内部对应的处理模块进行处理,待处理完成后将数据写回到内存中等待后续步骤。

华为昇腾 AI 芯片(Ascend)主要有面向推理场景的 Ascend 310 芯片和面向训练场景的 Ascend 910 芯片,它们都采用了华为达芬奇 NPU 架构。

1. 昇腾 Ascend 310 芯片

Ascend 310 具体参数如下。架构:达芬奇。半精度 (FP16):8 Tera-FLOPS。整数精度 (INT8):16 Tera-OPS。16 通道,全高清,视频解码器-H.264/265。1 通道,全高清,视频编码器-H.264/265.最大功耗:8W;12nm FFC。

Ascend 310 处理器逻辑架构主要架构组成:芯片系统控制 CPU(Control CPU);AI计算引擎(包括 AI Core 和 AI CPU);多层级的片上系统缓存(Cache)或缓冲区(Buffer);数字视觉预处理模块(Digital Vision Pre-Processing,DVPP)等,如图 2.22 所示。

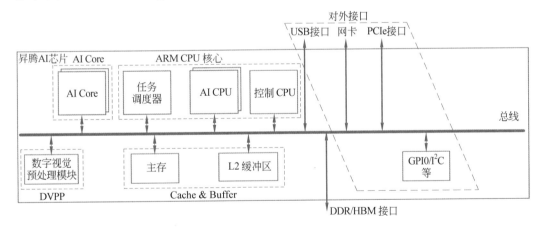

图 2.22　昇腾 AI 处理器芯片主要架构

AI Core:昇腾 AI 芯片的计算核心,负责执行矩阵、向量、标量计算密集的算子任务,采用达芬奇架构。Ascend 310 集成了 2 个 AI Core。

ARM CPU 核心:集成了 8 个 ARM A55。其中一部分部署为 AI CPU,负责执行不适合跑在 AI Core 上的算子(承担非矩阵类复杂计算);一部分部署为专用于控制芯片整体运行的控制 CPU。两类任务占用的 CPU 核数可由软件根据系统实际运行情况动态分配。此外,还部署了一个专用CPU作为任务调度器(Task Scheduler,TS),以实现计算任务在AI Core上的高效分配和调度;该CPU专门服务于AI Core和AI CPU,不承担任何其他的事务和工作。

DVPP:数字视觉预处理子系统,完成图像视频的编解码。用于将从网络或终端设备获得的视觉数据,进行预处理以实现格式和精度转换等要求,之后提供给AI计算引擎。

Cache & Buffer:SoC片内有层次化的Memory结构,AI Core内部有两级Memory Buffer,SoC片上还有8MB L2 Buffer,专用于AI Core、AI CPU,提供高带宽、低延迟的Memory访问。芯片还集成了LPDDR4x控制器,为芯片提供更大容量的DDR内存。

针对Ascend 310处理器华为公司推出了相应的开发平台,可以用于实现深度学习推理计算,其中Atlas 200DK(开发者套件)主要面向开发者开发使用,具体参数:16TOPS INT8 @ 24W。1× USB type-C│2×CCM接口│1×GE网口│1×SD卡插槽。8GB内存,外形如图2.23所示。

图2.23　Atlas 200DK 外形

2. 昇腾Ascend 910芯片

Ascend 910具体参数如下。架构:达芬奇。半精度(FP16):256 Tera-FLOPS。整数精度(INT8):512 Tera-OPS。128通道,全高清,视频解码器-H.264/265。最大功耗:350W。它是一款具有超高算力的AI处理器,其最大功耗为310W,华为公司自研的达芬奇架构大大提升了其能效比。8位整数精度(INT8)下的性能达到640TOPS,16位浮点数(FP16)下的性能达到320 TFLOPS。

Ascend 910内部主要组成如下。

CPU子系统:集成16个TaishanV110 Core(4个Core构成一个Cluster)。这些Taishan Core一部分部署为AI CPU,承担部分AI计算功能(负责执行不适合跑在AI Core上的算子);一部分部署为Ctrl CPU,负责整SoC的控制功能。两类CPU占用的CPU核数由软件分配。

TS CPU:一个独立的4核A55 Cluster(ARMv8 64位架构),负责任务调度,把算子任务切分之后,通过硬件调度器(HWTS),分发给AI Core或AI CPU。

AI Core:昇腾AI芯片的计算核心,主要负责执行矩阵、向量计算密集的算子任务,采用达芬奇架构。Ascend 910集成了32个AI Core。

Cache & Buffer:片内有层次化的Memory结构,AI Core内部有两级Memory Buffer,SoC片上还有64MB L2 Buffer,专用于AI Core、AI CPU,提供高带宽、低延迟的Memory访问。Virtruvian连接4个HBM 2.0颗粒,总计32GB容量。芯片还集成了DDR 4.0控制器,为芯片提供的DDR内存。

Nimbus:提供x16 PCIe 4.0接口,和Host CPU对接,提供100G NIC(支持ROCE v2协议)用于跨服务器传递数据;集成一个A53 CPU核,执行启动、功耗控制等硬件管理任务。

DVPP:数字视觉预处理子系统,完成图像视频的编解码等预处理操作。

针对Ascend 910处理器华为公司推出了相应的深度学习训练平台,其中Atlas 800 AI

服务器(训练平台)采用了 8 个 Ascend 910 芯片并配有 4 个鲲鹏 920 芯片来构成,如图 2.24 所示。

图 2.24　Atlas 800 AI 服务器(训练平台)

2.6.3　Hi3861 芯片

Hi3861 芯片是华为公司推出的一款微控制器芯片,该芯片内核采用高性能 32 位 RISC-V 微处理器,最大工作频率 160MHz,内嵌 SRAM 352KB、ROM 288KB,内嵌 2MB Flash。整个芯片包括电源管理(PMU)、时钟管理(CMU)、System 管理和 JTAG 下载。提供了 GPIO 接口、定时器 Timer、UART 接口、PWM、ADC 输入、SPI 接口、I^2C 接口、SDIO 接口、I^2S 接口、报警狗 WDG 和 WLAN 模块。Hi3861 芯片架构如图 2.25 所示。

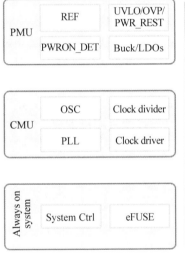
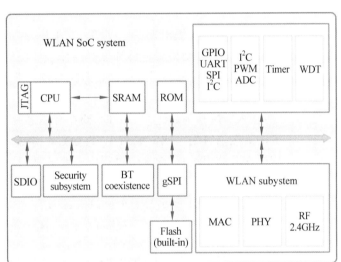

图 2.25　Hi3861 芯片架构

芯片具有灵活的组网能力:支持 256 结点 Mesh 组网,支持标准 20M 带宽组网和 5M/10M 窄带组网。完善的网络支持:支持 IPv4/IPv6 网络功能,支持 DHCPv4/DHCPv6 Client/Server,支持 DNS Client 功能,支持 mDNS 功能和支持 CoAP/MQTT/HTTP/JSON 基础组件。强大的安全引擎:硬件实现 AES128/256 加解密算法,硬件实现 HASH-SHA256、HMAC_SHA256 算法,硬件实现 RSA、ECC 签名校验算法,硬件实现真随机数生成,满足 FIPS140-2 随机测试标准,硬件支持 TLS/DTLS 加速,内部集成 EFUSE,支持安全存储、安全启动、硬件 ID 和动、硬件 ID 内部集成 MPU 特性,支持内存隔离特性。支持开放操作系统 Huawei LiteOS,提供开放、高效、安全的系统开发、运行环境。

芯片开发环境:DevEco Device Tool 以插件方式提供,基于 Visual Studio Code 进行扩展。编译器采用 GCCRISCV32。

第3章

编 译 系 统

◆ 3.1 编译系统概述

第一台计算机出现在 20 世纪 40 年代,它使用由 0、1 序列组成的机器语言编程,这个序列明确地告诉计算机以什么样的顺序执行哪些技术。人们就开始了机器语言的程序设计:指定数据区编制一条条指令。由于任何人也无法记住并自如地编排二进制码(只有 1 和 0 的数字串),所以用八进制、十六进制数写程序,输入后转换为二进制。因此,要在智能芯片上运行智能算法,需要先把开发者的高级语言编译成汇编指令,再通过汇编器最终生成二进制机器码,才能使程序在芯片上运行,在这个过程中主要是靠编译器来完成。

机器语言是用二进制代码表示的计算机能直接识别和执行的一种机器指令集合,如图 3.1 所示是一个机器语言例子。

图 3.1　机器语言

机器语言的缺点是可读性很差,难以理解。编程人员要首先熟记所用计算机的全部指令代码和代码的含义,编程困难并且效率低,缺少移植性。不同型号的计算机其机器语言是不同的。

汇编语言用字母和数字表示对应的 0、1 串指令及数据。如用"MOV A,16"表示"0000,0000,00000010000";汇编语言和机器语言一一对应,比机器语言可读性好、编程效率高、调试性好。但汇编语言仍不具有移植性,且与人类语言差异很大。

因此,计算机公司提出了多种高级语言,从而便于开发人员开发程序,常见的开发语言有 C、C++、Python 和 Java 等。而如何把高级语言对应到汇编语言和机器语言这些低级语言,就需要编译器来完成。

编译器可以把高级语言编译成目标文件,并通过连接器把多个目标文件连接起来,从而产生出可执行文件,如图 3.2 所示。

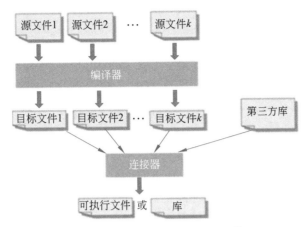

图 3.2 编译器产生出可执行文件

3.2 编 译 器

3.2.1 编译器流程说明

高级语言编译生成可以在芯片上运行二进制机器码的过程如图 3.3 所示。

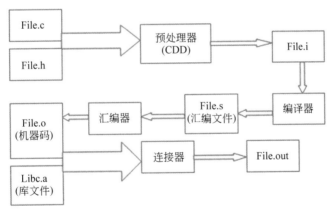

图 3.3 编译器流程图

(1) 编译器(Compiler)：将源语言翻译成目标语言。重要任务是在翻译过程中发现源语言中存在的错误。相比于解释器,目标语言执行的速度快。

编译器逐行扫描高级语言程序源程序,编译的过程如下。

① 词法分析(Lexical Analysis)。识别关键字、字面量、标识符(变量名、数据名)、运算符、注释行(给人看的,一般不处理)、特殊符号(续行、语句结束、数组)等 6 类符号,分别归类等待处理。

② 语法分析(Syntax Analysis)。一个语句看作一串记号(Token)流,由语法分析器进行处理。按照语言的文法检查判定是否是合乎语法的句子。如果是合法句子就以内部

格式保存,否则报错。直至检查完整个程序。

③ 语义分析(Semantic Analysis)。语义分析器对各句子的语法做检查:运算符两边类型是否相兼容;该做哪些类型转换(例如,实数向整数赋值要"取整");控制转移是否到不该去的地方;是否有重名或者使语义含糊的记号,等等。如果有错误,则转出错处理,否则可以生成执行代码。

④ 中间代码生成。中间代码是向目标码过渡的一种编码,其形式尽可能和机器的汇编语言相似,以便下一步的代码生成。但中间码不涉及具体机器的操作码和地址码。采用中间码的好处是可以在中间码上做优化。

⑤ 优化。对中间码程序做局部优化和全局(整个程序)优化,目的是使运行更快,占用空间最小。局部优化是合并冗余操作,简化计算,例如 x:=0 可用一条"清零"指令替换。全局优化包括改进循环、减少调用次数和快速地址算法等。

⑥ 代码生成。由代码生成器生成目标机器的目标码(或汇编)程序,其中包括数据分段、选定寄存器等工作,然后生成机器可执行的代码。

(2) 解释器(Interpreter):利用用户的输入执行源程序中指定的操作。相比于编译器,错误诊断效果好,解释器是逐条语句执行。

第一步先作词法分析,建立内部符号表;再作语法和语义分析,并进行类型检查(解释语言的语义检查一般比较简单,因为它们往往采用无类型或动态类型系统)。完成检查后把每一语句压入执行堆栈,并立即解释执行。因为解释执行时只看到一条语句,无法对整个程序进行优化。但是解释执行占用空间很少。

操作系统的命令、Visual Basic、Java、JavaScript 都是解释执行的(其中有些语言也可以编译执行)。解释器不大,工作空间也不大,不过,解释执行难于优化、效率较低,这是这类语言的致命缺点。

(3) 预处理器(Preprocessor):把源程序聚合在一起,把宏的缩写转换为源语言的语句。预处理器是由特殊的预处理器命令行控制的,例如在 C 语言中它们是以"♯"符号开头的源文件行。预处理器的一般操作:从源文件中删除所有的预处理器命令行,并在源文件中执行这些预处理器命令所指定的转换操作。

(4) 汇编器(Assembler):将汇编语言程序处理后生成可重定位的机器代码。汇编语言是一种以处理器指令系统为基础的低级语言,采用助记符表达指令操作码,采用标识符表示指令操作数。

(5) 连接器(Linker):解决外部内存地址问题。将多个可重定位的目标文件以及库文件连接到一起,形成真正在机器上运行的代码。

高级语言源程序经编译后得到目标码程序,还不能立即装入机器执行,因为程序中如果用到标准函数(它们生成的目标码已存放在模块库中),还需对编译后得到的目标模块进行连接。连接程序(Linker)找出需要连接的外部模块,然后到模块库中找出被调用的模块,调入内存并连接到目标模块上,形成可执行程序。

(6) 加载器(Loader):把所有的可执行目标文件放到内存中执行。

执行时,把可执行程序加载到内存中合适的位置(此时得到的是内存中的绝对地址)即可执行。

传统的三段编译器设计中,前端负责解析源码、检查源码错误以及建立抽象语法树来生成编译中间件(IR);优化器负责将中间件进行逻辑重组以及优化;后端负责按照代码运行环境生成机器码并进行连接优化,libc 参与静态库连接以及运行时的动态库调用,如图 3.4 所示。

图 3.4　三段式编译器架构

3.2.2　连接过程说明

连接过程是将多个可重定位的目标文件以及库文件连接到一起,形成真正在机器上运行的代码。

1. 目标文件

以 Linux 系统为例,目标文件有如下几类。

(1) 可重定位文件。如 .o 文件,包含代码和数据,可以被连接成可执行文件或共享目标文件,静态连接库属于这一类。

(2) 可执行文件。如/bin/bash 文件,包含了可以直接执行的程序,一般没有扩展名。

(3) 共享目标文件。如.so 文件,包含代码和数据,可以跟其他可重定位文件和共享目标文件连接产生新的目标文件,也可以跟可执行文件结合作为进程映像的一部分。

目标文件由许多段组成,其中主要的段如下。

(1) 代码段(.text)。保存编译后得到的指令数据。

(2) 数据段(.data)。保存已经初始化的全局静态变量和局部静态变量。

(3) 只读数据段(.rodata)。保存只读变量和字符串常量,有些编译器会把字符串常量放到".data"段。

(4) BSS 段(.bss)。保存未初始化的全局变量和局部静态变量。

(5) 重定位表。连接器在处理目标文件时,需要对目标文件中某些部位进行重定位,即代码段和数据段中那些绝对地址的引用位置,这些重定位信息记录在重定位表里。每个需要重定位的代码段或数据段都会有一个相应的重定位表,如.rel.text 是针对".text"段的重定位表,".rel.data"是针对".data"段的重定位表。

2. 静态连接

几个目标文件进行连接时,每个目标文件都有其自身的代码段、数据段等,连接器需要将它们各个段合并到输出文件中,具体有两种合并方法。

(1) 按序叠加。将输入的目标文件按照次序叠加起来。这种方法会产生很多零散的段,而且每个段有一定的地址和空间对齐要求,会造成内存空间大量的内部碎片。所以这个方法现在较少用。

（2）第二种方法分为两个步骤进行。

① 空间与地址分配。扫描所有输入的目标文件，获得各个段的长度、属性和位置，收集它们符号表中所有的符号定义和符号引用，统一放到一个全局符号表中。此时，连接器可以获得所有输入目标文件的段长度，将它们合并，计算出输出文件中各个段合并后的长度与位置并建立映射关系。

② 符号解析与重定位。经过步骤①后，输入文件中的各个段在连接后的虚拟地址已经确定了，连接器开始计算各个符号的虚拟地址。各个符号在段内的相对地址是固定的，连接器只需要给它们加上一个偏移量，调整到正确的虚拟地址即可。

3. 可执行文件的装载

可执行文件只有被装载到内存以后才能运行，最简单的办法是把所有的指令和数据全部装入内存，但这可能需要大量的内存。为了更有效地利用内存，根据程序运行的局部性原理，可以把程序中最常用的部分驻留内存，将不太常用的数据放在硬盘中，即动态装入。

现在大部分操作系统采用的是页映射的方法进行程序装载，将内存和所有硬盘中的数据和指令按页为单位划分成若干个页，以后所有的装载和操作的单位就是页。

4. 动态连接

静态连接有如下缺点。

（1）浪费内存和磁盘空间。在多进程操作系统下，每个程序内部都保留了公用的库函数及其他数量可观的库函数及辅助数据结构，浪费大量空间。

（2）程序开发和发布困难。一个程序如果使用了很多第三方的静态库，那么程序中一旦有任何库的更新，整个程序就要重新连接并重新发布给客户，非常不方便。

动态连接可以解决空间浪费和更新困难的问题，程序运行时才对目标文件进行连接。使用了动态连接之后，系统会首先加载该程序依赖的其他的目标文件，如果其他目标文件还有依赖，系统会按照同样方法将它们全部加载到内存。当所需要的所有目标文件加载完毕之后，如果依赖关系满足，系统开始进行连接工作，包括符号解析及地址重定位等。完成之后，系统把控制权交回给原程序，程序开始运行。此时如果运行第二个程序，它依赖于一个已经加载过的目标文件，则系统不需要重新加载目标文件，而只要将它们连接起来即可。

◈ 3.3 常见编译器

3.3.1 GCC 编译器介绍

GCC(GNU Compiler Collection,GNU 编译器套件)是由 GNU 开发的编程语言编译器。GNU 编译器套件包括 C、C++、Objective-C、FORTRAN、Java、Ada 和 Go 语言前端，也包括了这些语言的库(如 libstdc++、libgcj 等)。

GCC 编译器是 Linux 系统下最常用的 C/C++ 编译器,大部分 Linux 发行版中都会默认安装。

GCC 最基本的用法是:gcc [options] [filenames]。其中,options 就是编译器所需要的参数,filenames 给出相关的文件名称。

-c,只编译,不连接成为可执行文件,编译器只是由输入的.c 等源代码文件生成扩展名的目标文件,通常用于编译不包含主程序的子程序文件。

-o output_filename,确定输出文件的名称为 output_filename,同时这个名称不能和源文件同名。如果不给出这个选项,gcc 就给出预设的可执行文件 a.out。

-g,产生符号调试工具(GNU 的 gdb)所必要的符号信息,要想对源代码进行调试,我们就必须加入这个选项。

-O,对程序进行优化编译、连接,采用这个选项,整个源代码会在编译、连接过程中进行优化处理,这样产生的可执行文件的执行效率可以提高,但是,编译、连接的速度就相应地要慢一些。

-O2,比-O 更好的优化编译、连接,当然整个编译、连接过程会更慢。

-Idirname,将 dirname 所指出的目录加入到程序头文件目录列表中,是在预编译过程中使用的参数。

GCC 编译器可以在 x86 平台上面运行,也可以在 ARM 和 RISC-V 平台上应用,其编译的指令如下。

```
在 x86 平台上: gcc main.c -o main
在 ARM 平台上:arm-linux-gcc main.c -o main
在 RISC-V 平台上:riscv-gcc  main.c -o main
```

以上若只有一个文件,可直接用后缀-o 生成可执行文件 main;但若是几个文件时,需要先单独编译各个文件,然后再通过连接产生出可执行文件 main,如下。

```
gcc -o a.o -c a.c
gcc -o main.o -c main.c
gcc -o main a.o main.o
```

GCC 也支持华为公司的 openEuler 操作系统,GCC 针对 openEuler 支持基于开源 GCC-10.3 版本(https://gcc.gnu.org,2021 年 4 月发行)开发,并进行了优化和改进,实现软硬件深度协同优化,挖掘 OpenMP、SVE 向量化、数学库等领域极致性能,是一种 Linux 下针对鲲鹏 920 处理器的高性能编译器。GCC 针对 openEuler 默认使用场景为 TaiShan 服务器、鲲鹏 920 处理器、ARM 架构,操作系统为 CentOS 7.6、openEuler 20.09 等。GCC 是一个单一的可执行程序编译器,前段、IR 和后端没有明确的分界,耦合严重,难以独自发展,在整个编译过程中,中间诸多信息都无法被其他程序重用。

3.3.2　LLVM 编译器介绍

LLVM(http://llvm.org/)是构架编译器的框架系统,用 C++ 编写而成,用于优化以任意程序语言编写的程序的编译时间、连接时间、运行时间以及空闲时间,对开发者保持开放,并兼容已有脚本。LLVM 核心库提供了与编译器相关的支持,可以作为多种语言编译器的后台来使用。能够进行程序语言的编译期优化、连接优化、在线编译优化、代码生成。LLVM 的项目是一个模块化和可重复使用的编译器和工具技术的集合。LLVM 是伊利诺伊大学的一个研究项目,计划启动于 2000 年,提供一个现代化的、基于 SSA 的编译策略,能够同时支持静态和动态的任意编程语言的编译目标。目前 LLVM 已经被苹果公司 iOS 开发工具、Xilinx Vivado、Facebook、Google 等各大公司采用。

LLVM 在继承了传统三段式设计的情况下,将优化器的输入输出接口、数据进行归一,即不同语言的前端解析后生成相同语法规则的中间件,经过优化后输出通用的代码给不同的后端进行目标代码生成。由于代码目标运行平台有限,后端相对固定,前端的输入格式固定,所以对于一门新语言的编译器开发,LLVM 具有方便快捷的集成能力,同样还有多种的前端作为开发的样例和对比,进而推动了 LLVM 框架的繁荣发展。LLVM 相对 GCC 编译器有着较快的编译速度,目标程序有着较好的性能表现,在编译错误上也有着更加友好的提示。

前端:LLVM 最初被用来取代 GCC 中的代码产生器,许多 GCC 的前端已经可以与其运行,LLVM 目前支持 Ada、C 语言、C++、D 语言、FORTRAN、Haskell、Julia、Objective-C、Rust 及 Swift 的编译,它使用许多的编译器,有些来自 4.0.1 及 4.2 版本的 GCC。

中间端:LLVM 的核心是中间端表达式(Intermediate Representation,IR),是一种类似汇编的底层语言。IR 是一种强类型的精简指令集(Reduced Instruction Set Computing,RISC),并对目标指令集进行了抽象。例如,目标指令集的函数调用惯例被抽象为 call 和 ret 指令加上明确的参数。另外,IR 采用无限个数的暂存器,使用如%0、%1 等形式表达。LLVM 支持 3 种表达形式:人类可读的汇编,在 C++ 中对象形式和序列化后的 bitcode 形式。

后端:LLVM 已经支持多种后端指令集,包括 ARM、Qualcomm Hexagon、MIPS、NVIDIA(LLVM 中称为 NVPTX)、PowerPC、AMD TeraScale、AMDGPU、SPARC、SystemZ、RISC-V、WebAssembly、x86、x86-64 和 XCore。

3.3.3　TVM 编译器

有关深度学习编译器框架,近年有名的是华盛顿大学陈天奇提出的 TVM(Tensor Virtual Machine)框架,它旨在缩小以生产力为中心的深度学习框架与以性能和效率为中心的硬件后端之间的差距。TVM 与深度学习框架合作,为不同的后端提供端到端编译。TVM 与 LLVM 的架构非常相似。TVM 针对不同的深度学习框架和硬件平台,实现了统一的软件栈,以尽可能高效的方式,将不同框架下的深度学习模型部署到硬件平台上。TVM 的设计目的是分离算法描述、调度和硬件接口。该原则受到 Halide 的计算/调度分离思想的启发,而且通过将调度与目标硬件内部函数分开而进行了扩展。这一额外分离使支持新型专用加速器及其对应新型内部函数成为可能。TVM 具备两个优化层:一个是计算图优化层,用于解决第一个调度挑战;另一个是具备新型调度基元的张量优化层,以解决剩余的 3 个挑战。通过结合这两个优化层,TVM 从大部分深度学习框架中获取模型描述,执行高级和低级优化,生成特定硬件的后端优化代码,如 CPU、GPU 和基于 FPGA 的专用加速器。实现了如下功能。

(1) 构建了一个端到端的编译优化堆栈,允许将高级框架(如 Caffe、MXNet、PyTorch、Caffe2、CNTK)专用的深度学习工作负载部署到多种硬件后端上(包括 CPU、GPU 和基于 FPGA 的加速器)。

(2) 提供深度学习工作负载在不同硬件后端中的性能可移植性的主要优化挑战,并引入新型调度基元(Schedule primitive)以利用跨线程内存重用、新型硬件内部函数和延迟隐藏。

(3) 在基于 FPGA 的通用加速器上对 TVM 进行评估,以提供关于如何最优适应专用加速器的具体案例。

3.3.4 方舟编译器

方舟编译器改变了系统及应用的编译和运行机制,直接将高级语言编译成机器码,让手机能直接听懂"高级语言",消除了虚拟机动态编译的额外开销,提升了手机运行效率。同时,方舟编译器还能够理解程序特征、使用适合的指令来执行程序,因此能够极大程度地发挥出芯片的能力。目前,方舟编译器聚焦在 Java 代码性能上,未来,方舟编译器将覆盖多种编程语言(包括 C/C++、JS 等),多种芯片架构(包括 CPU、GPU、IPU 等),覆盖更广的业务场景。

方舟编译器主要有如下特点。

(1) 方舟编译器将手机开发中的多种语言 Java/C/C++ 实现了统一的中间表示 IR,将 Java/C/C++ 等混合代码一次编译成机器码直接在手机上运行,告别 Java 的 JNI 额外开销,使得不同语言代码在开发者环境中能够统一编译成同一套可直接执行的机器码,从而彻底消除混合语言互相调用的开销。

(2) 方舟编译器直接将代码优化从手机环节搬到了开发者环境,利用开发者环境更强大的算力,可以实现更先进和精细的优化算法,来达到更强大的优化效果。

(3) 方舟编译器采用了引用计数法(Reference Counting,RC)来进行内存的实时回收,并且配合使用了专门的消除环算法(消除对象互相引用带来的无法回收问题),来避免 Android 虚拟机集中式回收带来的系统卡顿。相比 Android 虚拟机集中式内存回收,方舟编译器的内存回收是实时的而非集中式的,且不需要暂停应用进程,这样便大大消除了卡顿。

方舟编译器整体架构分为编译器输入、编译器处理和编译器输出。编译器处理采用了目前业界主流的三阶段设计。方舟编译器的整体架构如图 3.5 所示。

方舟编译器(OpenArkCompiler)是为支持多种编程语言、多种芯片平台的联合编译、运行而设计的统一编程平台,包含编译器、工具链、运行时等关键部件,并在 https://gitee.com/openarkcompiler 网站进行开源。

OpenArkCompiler 2.0 主要提供对 Java、C 语言的编译和运行支持,代码仓为 https://gitee.com/openarkcompiler/OpenArkCompiler。

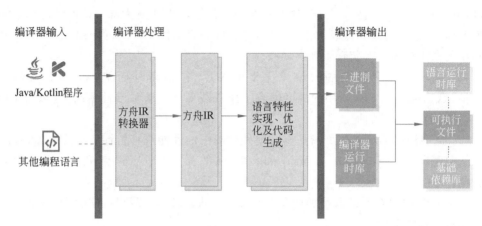

图 3.5   方舟编译器的整体架构

OpenArkCompiler 3.0 主要结合 OpenHarmony 和 HarmonyOS 面向多设备开发和运行的多语言应用的需求,新增对 JavaScript/TypeScript 语言、平台无关的应用分发格式、跨设备轻量级运行时的支持。目前在 OpenHarmony 开放的代码仓如下。

运行时公共组件:https://gitee.com/openharmony/ark_runtime_core。

JavaScript 运行时:https://gitee.com/openharmony/ark_js_runtime。

JavaScript/TypeScript 前端编译器:https://gitee.com/openharmony/ark_ts2abc。

3.3.5   毕昇编译器

毕昇编译器是华为编译器实验室针对鲲鹏等通用处理器架构场景,打造的一款高性能、高可信及易扩展的编译器工具链,增强和引入了多种编译优化技术,支持 C/C++ / FORTRAN 等编程语言。

毕昇编译器基于开源 LLVM 开发,并进行了优化和改进,LLVM 是一种涵盖多种编程语言和目标处理器的编译器,毕昇编译器聚焦于对 C、C++、FORTRAN 语言的支持,利用 LLVM 的 Clang 作为 C 和 C++ 的编译和驱动程序,Flang 作为 FORTRAN 语言的编译和驱动程序。

毕昇编译器的运行平台是鲲鹏 920 硬件平台,支持的操作系统有 openEuler 21.03、openEuler 20.03(LTS)、CentOS 7.6、Ubuntu 18.04、Ubuntu 20、麒麟 v10 和 UOS 20。

使用毕昇编译器,例如编译运行 C/C++ 程序,命令如下。

```
clang   [command line flags]  main.c  -o  main.o
clang++  [command line flags]  main.cpp  -o  main.o
```

毕昇编译器的默认选项:支持 LLVM 的所有优化等级(O0/O1/O2/O3/Ofast),支持 Clang 的默认编译选项和 Flang 的默认编译选项,支持 fsanitize = address/leak/memory 等选项。

毕昇编译器除 LLVM 通用功能和优化外,对中端及后端的关键技术点进行了深度优化,并集成 Autotuner 特性支持编译器自动调优。初始编译阶段发生在调优开始之前,

Autotuner 首先会让编译器对目标程序代码做一次编译,在编译的过程中,毕昇编译器会生成一些包含所有可调优结构的 YAML 文件,告诉我们在这个目标程序中哪些结构可以用来调优,例如文件(Module)、函数(Function)、循环(Loop)。例如,循环展开是编译器中最常见的优化方法之一,它通过多次复制循环体代码,达到增大指令调度的空间,减少循环分支指令的开销等优化效果。若以循环展开次数(Unroll factor)为对象进行调优,编译器会在 YAML 文件中生成所有可被循环展开的循环作为可调优结构。当可调优结构顺利生成之后,调优阶段便会开始:①Autotuner 首先读取生成好的可调优结构的 YAML 文件,从而产生对应的搜索空间,也就是生成针对每个可调优代码结构的具体的参数和范围;②调优阶段会根据设定的搜索算法尝试一组参数的值,生成一个 YAML 格式的编译配置文件(Compilation config),从而让编译器编译目标程序代码产生二进制文件;③最后 Autotuner 将编译好的文件以用户定义的方式运行并取得性能信息作为反馈;④经过一定数量的迭代之后,Autotuner 将找出最终的最优配置,生成最优编译配置文件,以 YAML 的形式存储。

第4章

操 作 系 统

◆ 4.1 操作系统概述

操作系统(Operating System,OS)是管理计算机硬件与软件资源的计算机程序。操作系统需要处理如管理与配置内存、决定系统资源供需的优先次序、控制输入设备与输出设备、操作网络与管理文件系统等基本事务。操作系统也提供一个让用户与系统交互的操作界面。操作系统是在人们使用计算机的过程中,为了满足两大需求:提高资源利用率、增强计算机系统性能,伴随着计算机技术本身及其应用的日益发展,而逐步地形成和完善起来的。

针对不同的硬件平台和功能,操作系统主要分为两种类型:一种是针对具有内存管理单元(MMU),主要在微处理器平台上(x86、ARM Cotex-A 系列和RISC-V64)运行的操作系统,常见的有 Windows、macOS、UNIX 和 Linux 操作系统等。从开源性和生态圈方面来看,Linux 操作系统吸引了众多开发者的青睐,很多智能系统也是基于 Linux 操作系统开发实现的。

另一种是可以运行在没有 MMU 的微控制器平台上,例如 LiteOS、μCOS-Ⅱ、FreeRTOS 和 RT-thread 等实时操作系统,这类操作系统主要用于微控制器方面的应用。随着微控制器的性能越来越强,机器学习在微控制器上也进行了较为广泛的应用,如近年来针对微控制器平台的机器学习研究 TinyML 也成为研究热点,很多基于微控制器的智能系统也在这些类型的操作系统上运行起来,并作为一个物联网的智能结点用于各种类型的物联网应用中。

◆ 4.2 操作系统基础

4.2.1 操作系统内核架构

操作系统具有合理的层级结构,对于降低操作系统复杂度,提升操作的可靠性具有重要意义。

1. 微内核架构

由于宏内核中集成了太多模块,系统的复杂度持续增加,因此需要将单个功能或模块从内核中拆分出来,作为一个独立的服务部署到独立的运行空间中;内核仅仅保留为这些服务提供通信等基础能力,使其能够互相协作以完成操作系统所必需的功能,这种架构称为微内核。但是微内核架构最大的问题就是高度模块化带来的交互的冗余和效率的损耗。基于微内核的操作系统有 Mash、MINIX3、seL4 和 Fuchsia 等。一个微内核架构如图 4.1 所示。

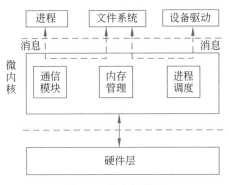

图 4.1　微内核架构

2. 宏内核架构

宏内核又称为单内核,其所有模块包括进程调度、内存管理、文件系统和设备驱动等,均运行在内核态,具备直接操作硬件的能力,例如操作系统 Linux、UNIX 和 FreeBSD 都属于这类操作系统,会有类似 arch/arm/的目录,用于封装与体系结构相关的功能实现。

例如,典型的 Linux 内核架构是一种宏内核架构,如图 4.2 所示。

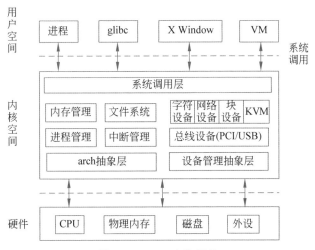

图 4.2　Linux 内核概貌

其中硬件包括 CPU、物理内存、磁盘和相应的外设等;内核空间包括 Linux 内核的核心部件,如 arch 抽象层、设备管理抽象层、内存管理、进程管理、中断管理、总线设备、字符设备、文件系统以及应用程序交互的系统调用层等。用户空间包括进程、glibc 和虚拟机

(VM)等。由于各个模块都运行在内核态,Linux已经演进成一个超过2800万行代码的复杂系统,因此进行创新也变得越来越困难。

Linux内核在发展过程中借鉴了微内核的一些优点,Linux内核中很多核心的实现或者设备驱动的实现都可以编译成一个个单独的模块,并且可以在运行的内核中动态加载和卸载。

3. 简要内核结构

当前小型嵌入式操作系统如μCOS-Ⅱ和FreeRTOS虽然很小,但是不具备现代意义上的操作系统功能,包括虚拟内存、用户态和内核态分类等,因此它们并不是微内核架构,可以归类为简要结构。此结构没有分离开用户态和内核态,内核作为一个API接口文件,通过主程序调用相应内核接口函数实现操作系统的管理。此结构的优势在于,应用程序对操作系统服务的调用无须切换地址空间和权限层级,因此更加高效,但是缺点是任何一个操作系统模块或应用出现了问题,均可能使整个系统崩溃。一些面向微控制器的小型的嵌入式操作系统,完成的任务较为单一,整个系统架构较为简单,因此常常采用这种结构。简要内核结构如图4.3所示。

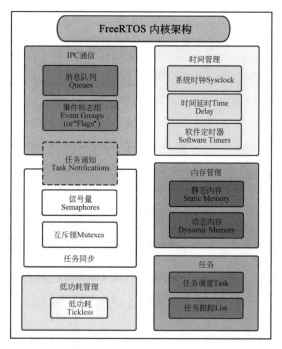

图 4.3　简要内核结构

4.2.2　操作系统调用 POSIX 标准

在通用的操作系统中(除简要内核结构外),内核空间和用户空间多了一个中间层,这一层次称为系统调用层。这就把用户态和内核态做了较好的隔离,有如下好处。

（1）应用程序开发者可以从硬件设备底层解脱出来，不用关心硬件结构是什么，只要调用接口函数即可。

（2）内核可以通过系统调用层对应用程序访问进行约束，从而避免应用程序不正确地访问内核。

（3）可以一套应用程序在不修改代码的情况下，在不同的操作系统或者拥有不同硬件架构的系统中重新编译并且运行，因此具有很好的移植性。

在 UNIX/Linux 生态中，最通用的系统调用层接口是 POSIX（Portable Operating System Interface of UNIX）标准，POSIX 标准定义了操作系统应该为应用程序提供的接口标准。Linux 基本上逐步实现了 POSIX 兼容，Linux 操作系统的 API 是以 C 标准库的方式提供的，其中 C 标准库提供了 POSIX 的绝大部分 API 的实现。

兼容 POSIX 标准的优势，可以让各种应用软件更加容易在本操作系统上进行移植，从而可以扩大操作系统的开发生态圈。因此，那些不兼容 POSIX 标准的简要结构操作系统内核，有的已开始兼容 POSIX 标准的开发工作。

4.2.3　进程管理

操作系统需要同时运行多个程序，为了管理这些程序的运行，人们提出了进程（Process）的概念，每个进程对应一个运行的程序。进程通常可以有 5 种状态。

（1）创建状态：刚创建一个新进程，还未完成初始化，并不能被调度执行。

（2）就绪状态：新进程在经过初始化后，进程进入就绪状态。由于 CPU 数量可能小于进程数量，在某时刻只有部分进程能被调度到 CPU 上执行，此状态表示正等待 CPU 调用，但是还没有被调用。

（3）运行状态：该状态表示进程正在 CPU 上运行。调度器可以选择中断它的执行把它迁移到就绪状态；当进程运行结束时，它会被迁移至终止状态。

（4）阻塞状态：该状态表示进程因为等待某个外部事件（例如某个设备请求的完成），暂时无法被调度。当进程等待的外部事件完成后，会迁移到就绪状态。

（5）终止状态：该状态表示进程已经完成了执行，不会再被调度。

进程在不同状态之间的切换如图 4.4 所示。

图 4.4　进程在不同状态之间的切换

Linux 的进程创建方式一般通过调用 fork 接口，从已有的进程"分裂"出来，因此 fork 接口非常简单，不接收任何参数。当一个进程调用 fork 时，操作系统会为该进程创建一个几乎一摸一样的新进程，一般将调用 fork 的进程称为父进程，将新创建的进程称为子进程,在 fork 完成后它们会各自独立地执行,互不干扰。每个进程的 task_struct 都会记录自己的父进程和子进程,进程间构成进程树结构。处于进程根部的是 init 进程,它是操作系统创建的第一个进程,之后所有进程由它直接或间接创建出来。

在小型嵌入式操作系统中,常采用类似 CreateTask 名称的函数,创建出一个进程也常称为任务的函数,在创建的函数参数中,有任务的名称、回调函数名称(地址)和任务的优先级;当任务创建成功并启动后,会自动执行回调函数的程序。

4.2.4　内存管理

每个进程运行都要占用一定的内存空间,如何做到针对有限内存空间满足每个进程的需求,并且能尽量优化地使用内存,是一个重要的问题。

1. 固定内存和动态分区管理

针对硬件没有内存管理单元(MMU)简要结构的嵌入式操作系统来说,常采用固定分区和动态分区的思路来进行内存分配。

(1)固定分区就是在系统编译阶段主存被划分成许多静态分区,进程可以装入大于或等于自身大小的分区。固定分区的缺点是程序大小和分区的大小必须匹配;活动进程的数目比较固定;地址空间无法增长。

(2)动态分区就是在一整块内存中首先划出一块内存给操作系统本身使用,剩下的内存给用户进程使用。当第一个进程 A 运行时,先从空闲内存中划出一块与进程 A 大小一样的内存给进程 A 使用。当第二个进程 B 准备运行时,可以从剩下的空间内存中继续划出一块和进程 B 大小相等的内存给进程 B 使用。以此类推,进程 A 和进程 B 以及后面进来的进程就可以实现动态分区了。但动态分区会随着时间的推移产生很多内存空洞,从而使内存的利用率下降,即常说的内存碎片。

2. 虚拟内存管理

Linux 操作系统可以在具有内存管理单元(MMU)的微处理器上运行,因此可以通过把真实运行的物理内存转化为虚拟内存(Virtual Memory)的技术实现内存管理。如图 4.5 所示,其中 TLB 指转址旁路缓存(Translation Lookaside Buffer),它属于 MMU 内部的单元,用于加速地址转换的过程。

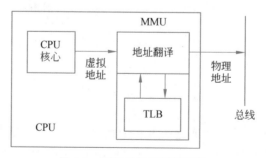

图 4.5　CPU 地址翻译示意图

Linux 程序在 CPU 上运行时,对于进程来说不用关心分配的内存在哪个地址,它只管分配使用,最终由处理器的 MMU 来处理进程对内存的请求,中间进行转换,把进程请求的虚拟地址转换成物理地址。虚拟内存机制可以使每个进程都能感觉自己拥有整个地址空间,可以随意访问,然后由处理器转换到实际的物理地址。

MMU 将虚拟地址翻译为物理地址的主要机制有两种:分段机制和分页机制。

(1) 在分段机制下,操作系统以一段连续的物理内存的形式管理/分配物理内存,应用程序的虚拟地址空间由若干个不同大小的端组成,例如代码段、数据段等。当 CPU 访问虚拟地址空间中的某一个段时,MMU 会通过查询段表得到该段对应的物理内存区域。虚拟地址由两部分构成:第一个部分表示段号,标识着该虚拟地址属于整个空间的哪一段;第二个部分表示段内地址,即相对于该段起始地址的偏移量。MMU 首先通过段表基址寄存器找到段表的位置,结合虚拟地址中的段号,可以在段表中定位到对应段的信息,然后取出该段的起始地址(物理地址),加上待翻译虚拟地址中的段内地址(偏移量),就能得到最终的物理地址。在段表中还存有段长(可用于检查虚拟地址是否超出合法范围)等信息。

(2) 在分页机制下,将应用程序的虚拟地址空间划分为连续的、等长的虚拟页,同时物理内存也被划分为连续的、等长的物理页,虚拟页和物理页的页长固定且相等,从而使得操作系统能够为每个应用程序构造页表,即虚拟页到物理页的映射关系表。虚拟地址由虚拟页号和页内偏移量两部分组成。在地址转换过程中,MMU 首先解析得到虚拟地址中的虚拟页号,并通过虚拟页号在该应用程序的页表中找到对应条目,然后取出条目中存储的物理页号,最后用该物理页号对应的物理页起始地址加上虚拟地址中的页内偏移量得到最终的物理地址。

3. 内存堆栈管理

程序的函数、全局变量和静态变量经过编译后,分别以 section 的形式存储在可执行文件的代码段、数据段和 BSS 段中。当程序运行时,可执行文件首先被加载到内存中,各个 section 分别加载到内存中对应的代码段、数据段和 BSS 段中。需要动态连接的动态库也被加载到内存中,完成代码的连接和重定位操作,以保证程序的正常运行。一个可执行文件加载到内存中运行时,它在内存空间的分布如图 4.6 所示。

在一个进程的地址空间中,代码段、数据段、BSS 段在程序加载运行后,地址在整个程序运行期间不再发生变化,这部分内存称为静态内存。而在程序中使用 malloc 申请的内存、函数调用过程中的栈在程序运行期间是不断变化的,这部分内存称为动态内存。其中,用户使用 malloc 申请的内存一般被称为堆内存(heap),函数过程中使用的内存一般称为栈内存(stack)。

Linux 进程的栈空间是固定大小的,一般是 8MB,当在函数

图 4.6　程序运行时的
　　　　内存分布

内定义了一个数组,系统就会在栈上给这个数组分配存储空间,函数运行结束时,栈空间随之被释放。

当使用 malloc()、calloc()还有 realloc()函数时,属于堆内存管理,当申请的内存使用结束后,都要通过 free()函数释放掉,将这块内存还给系统,否则会造成内存泄漏。

4.2.5 操作系统调度

操作系统调度的目的是在有限的资源下,通过对多个程序执行过程的管理,尽可能满足系统和应用的指标。其中常用的调度指标包括:与性能相关的吞吐量、相应时间、周转时间;某些任务特有的需求,例如任务的实时性;一些非性能指标,例如公平性、资源利用率。操作系统调度的策略有先到先得(First Come First Serve,FCFS)、最短任务优先(Shortest Job First,SJF)、最短完成时间任务优先(Shortest Time-to-Completion First,STCF)、时间片轮转(Round Robin,RR)策略等。

4.2.6 进程间通信

进程间通信机制可采用消息队列、信号量、共享内存、管道通信和套接字通信这 5 种方式来进行。

1. 消息队列

不同的进程间可以通过消息队列来发送消息和接收消息,发送和接收的接口是内核提供的,消息队列支持同时存在多个发送者和多个接收者。消息队列在内核中的表示是队列的数据结构,当创建新的消息队列时,内核将从系统内存中分配一个队列数据结构,作为消息队列的具体内容。

2. 信号量

与消息队列"传递消息"的方案不同,信号量主要用作进程间的"同步"。信号量的主要操作是两个原语:P 和 V。P 表示减少,在信号量中是将一个计数器减 1;V 表示增加,在信号量中是将一个计数器加 1,但是最终的计数不能超过 1。该设计足够支持简单的进程同步,例如有任务 1 和任务 2 两个进程,希望能够在任务 1 执行完后任务 2 再执行,就可以通过共享信号量来实现。具体过程:设置信号量初始值为 0,首先任务 1 执行,当任务 1 执行完后对信号量加 1 操作,而任务 2 进程会在执行代码前,执行一个对信号量的减 1 操作,若当信号量初始值为 0 减 1 会使信号量为-1,此时任务 2 不能执行进入阻塞状态;只有当任务 1 执行完通过加 1 操作后再唤醒任务 2 开始执行,因此保证了先执行任务 1 后执行任务 2 的操作。用如下 μC/OS-Ⅱ 操作系统实例来说此过程,创建两个任务,一个任务向串口分别发送 A 和 B,另一个任务向串口发送 C 和 D。

没有使用信号量实现同步如图 4.7 所示,用信号量实现同步如图 4.8 所示。

图 4.7 没有使用信号量实现同步

图 4.8 用信号量实现同步

```
OS_STK    Stk1[TASK_STK_SIZE];          //<定义 Task1 堆栈
OS_STK    Stk2[TASK_STK_SIZE];          //<定义 Task2 堆栈
OS_EVENT * psem;                         //<定义信号量指针
//任务 1 实现内容
static void task_1(void * pdata){
INT8U err;
psem=OSSemCreate(1);                     //创建信号量,初始化为 1
while(1){
OSSemPend(psem,0,&err);                  //信号量减 1 操作
usart_send_char('A');                    //向串口终端发送 A
OSTimeDly(1);                            //延时
usart_send_char('B');                    //向串口终端发送 B
OSTimeDly(1);                            //延时
OSSemPost(psem);                         //信号量加 1 操作
}
}
//任务 2 实现内容
static void task_2(void * pdata){
  INT8U err;
  while(1){
    OSSemPend(psem,0,&err);              //信号量减 1 操作
    usart_send_char('C');                //向串口终端发送 C
    OSTimeDly(2);                        //延时
    usart_send_char('D');                //向串口终端发送 D
    OSTimeDly(2);                        //延时
    OSSemPost(psem);                     //信号量加 1 操作
  }
}
int main(void){
```

```
    ⋮
OSInit();
OSTaskCreate(task_1,(void*)0,Stk1+(TASK_STK_SIZE-1),6);    //创建任务 1
OSTaskCreate(task_2,(void*)0,Stk2+(TASK_STK_SIZE-1),8);    //创建任务 2
OSStart();                                                  //启动所有任务
return 0;
}
```

3. 共享内存

共享内存的思路是内核为需要通信的进程建立共享区域,通信多方既可以直接使用共享区域上的数据,也可以将共享区域当成消息缓冲。操作系统将不同进程之间共享内存安排为同一段物理内存,进程可以将共享内存连接到它们自己的地址空间中,如果某个进程修改了共享内存中的数据,其他的进程读到的数据也将会改变。需要注意的是,共享内存并未提供锁机制,也就是说,在某一个进程对共享内存进行读写的时候,不会阻止其他的进程对它的读写。

对于简要结构内核的嵌入式操作系统例如 μC/OS-Ⅱ,可以直接通过定义一个全局的数组或者指针地址区域作为共享内存区域,实现数据的交互。Linux 中提供了一组函数用于操作共享内存,例如,shmget 函数用来获取或创建共享内存;shmat 函数把共享内存连接到当前进程的地址空间;shmdt 函数用于将共享内存从当前进程中分离,相当于 shmat 函数的反操作;shmctl 函数删除共享内存。

4. 管道进程间通信

管道是两个进程间的一条通道,一端负责投递,另一端负责接收。管道是 Linux/UNIX 系统提供的一种通信机制。管道又分为无名管道和有名管道,无名管道只能用于有亲缘关系的进程间通信,有名管道则可以用于非亲缘进程间的通信。Linux 系统 Shell 命令中因为我们通常通过符号“|”来使用管道,它通常用来把一个进程的输出通过管道连接到另一个进程的输入。

5. 套接字进程间通信

套接字(Socket)是一种既可用于本地,又可跨网络使用的通信机制。在进程通信中,可以使用基于 IP 地址和端口的组合的地址,通信双方通信使用本地回环地址(127.0.0.1),然后各自绑定在不同的端口上。操作系统网络协议栈会识别回环地址,将通信消息转发到目标端口对应的进程。

4.2.7 进程间同步

编写代码常常需要对共享资源的保护,例如针对一个进程在访问临界区时,不容许同时被另一个进程访问,防止共享资源被并发访问。所谓并发访问是指多个内核路径(包括内核执行路径、中断处理程序或内核线程等)同时访问和操作数据,有可能发生相互覆盖共享数据的情况,造成被访问数据的不一致。在编写代码时,应该考虑采取哪些保护机制,防止共享资源临界区被多个进程同时访问。

操作系统中常常采用互斥锁和信号量来解决进程间同步问题,实现对资源的独占式访问。

1. 互斥锁同步

通过 μC/OS-II 操作系统实例来说此过程,有两个任务 Task1 和 Task2,它们都调用 SendBuf() 函数向串口发送出"hello/r/n"(注/r/n 表示换行符)。在这个过程中需要用到互斥信号量。没用互斥信号量的结果如图 4.9 所示,用互斥信号量的结果如图 4.10 所示。

图 4.9 没用互斥信号量的结果

图 4.10 用互斥信号量的结果

```
//任务 1
static void task_1(void * pdata){
    INT8U err;
    pmutex=OSMutexCreate(MUTEX_PRIO,&err);   //创建互斥信号量
    while(1){
        send_buf();
        OSTimeDly(1);
    }
}
//任务 2
static void task_2(void * pdata){
while(1){
    send_buf();
    OSTimeDly(1);
  }
}
//临界共享区 send_buf(void)函数
static void send_buf(void){
INT8U err;
OSMutexPend(pmutex,0,&err);                 //等待互斥信号量
usart_send_char('H');                       //发送字符 H
OSTimeDly(10);                              //因为延时导致系统切换另一个任务
```

```
usart_send_char('e');
OSTimeDly(10);
usart_send_char('l');
OSTimeDly(10);
usart_send_char('l');
OSTimeDly(10);
usart_send_char('o');
OSTimeDly(10);
usart_send_char('\r');
usart_send_char('\n');
OSTimeDly(1);
OSMutexPost(pmutex);                              //发送互斥信号量
}
//主程序
int main(void){
⋮
OSInit();
OSTaskCreate(task_1,(void*)0,Stk1+(TASK_STK_SIZE-1),6);      //创建 task_1
OSTaskCreate(task_2,(void*)0,Stk2+(TASK_STK_SIZE-1),8);      //创建 task_2
OSStart();
    return 0;
}
```

2. 信号量同步

通过给共享区信号量操作加个锁,只有拿到钥匙(当信号量大于或等于0)时才能进入临界区。利用上面同样的例子结合信号量来说明如何实现同步,如下。

```
//创建任务 1
static void task_1(void * pdata){
INT8U err;
psem=OSSemCreate(1);                    //创建信号量,初始化为 1
while(1){
send_buf();
OSTimeDly(1);
}
}
//创建任务 2
static void task_2(void * pdata){
while(1){
send_buf();
OSTimeDly(1);
}
```

```
}
static void send_buf(void){
INT8U err;
OSSemPend(psem,0,&err);            //信号量减 1 操作
...                                //发送"hello/r/n",前面同步实例一致
OSSemPost(psem);                   //信号量加 1 操作
}
```

主程序和前面同步实例一致。

其中对于 Linxu 操作系统除了可以通过互斥锁实现同步外,还可以通过原子操作、自旋锁机制、读写锁、RCU(读-复制-更新,Read-Copy Update)和条件变量等方式实现同步操作。

3. 同步带来的问题

同步给开发者带来便利的同时,也带来了一些系列问题。

1)死锁

当有多个(两个及以上)线程为有限的资源竞争时,有的线程就会因为在某一时刻没有空闲的资源而选择等待。当这一组中的每一个线程都在等待组内其他线程释放资源从而造成的无限等待,称为死锁。

2)活锁

出现活锁时,锁的竞争者很长一段时间都无法获取锁进入临界区,出现每个线程都无法进入临界区的情况。

3)优先级反转

优先级反转时由于同步导致线程执行顺序违反预设优先级的问题,即先执行了低优先级任务而没有执行高优先级的任务。

这些由于同步带来的问题,在开发过程中要注意避免,很多操作系统教材中提出了很多避免的方法,可以参考。

4.2.8 中断管理

中断最初用来替换 I/O 检测操作的轮询处理方式,以提高 I/O 口处理的效率。中断使得 CPU 可以在事件发生时才予以处理,而不必让微处理器连续不断地查询是否有事件发生。中断在操作系统管理框架下具有硬中断和软中断。

硬中断就是外部接口及内核产生的真实中断,对这部分中断的管理如下。

(1)针对运行微控制器芯片上的简要结构内核来说,直接调用芯片的中断处理库函数,实现对中断的设置和相应。

(2)Linux 操作系统通过建立自身定义的中断号和真实硬件中断号映射表,使得在针对不同的硬件时只需更改此映射表,从而对不同硬件有很好的兼容性。

软中断通过处理器的软件指令来产生,产生中断的时机是预知的,可根据需要在程序中进行设定。软中断的处理程序以同步的方式执行,是一种非常重要的机制。

中断管理有一个很重要的设计理念——上下半部机制,其中硬件中断管理基本属于上半部的范畴,上半部通常完成整个中断任务中的一小部分,例如响应中断等,这些工作对时间比较敏感。此外中断处理还有计算时间比较长的数据处理等,这些任务可以放到中断下半部来执行。Linux 实现下半部机制主要有软中断,tasklet(小任务)和工作队列 3 种方式。

4.2.9 时钟管理

在实时系统中,时钟具有非常重要的作用,时钟管理一般具有以下功能:维持日历时间,任务有限等待的计时,软定时器的定时管理和维持系统时间片轮转调度。所以操作系统层提供时钟管理函数,这些时钟管理函数一般是基于 CPU 芯片的 Systick 滴答定时器或通用定时器来实现的,从而为操作系统管理提供时间函数。

4.2.10 文件系统

文件是操作系统在进行存储时使用最多的手段之一,每个文件实质上是一个有名字的字符序列。序列的内容为文件数据(File Data),而序列长度、序列修改时间等描述文件数据的属性、支撑文件功能的其他信息称为文件元数据(File Metadata)。文件系统是操作系统中文件的管理者,文件系统将文件保存在存储设备中,操作系统将这些存储设备抽象为块设备(Block Device),以方便文件系统使用统一的接口访问。块设备上的存储空间在逻辑上被划成固定大小的块(Block),块的大小一般是 512B 或 4KB,是块设备读写的最小单元。常见的有 FAT 文件系统、NTFS 文件系统和 EXT3 文件系统等。

4.2.11 设备管理

设备管理是操作系统的重要职责,一个真实的硬件开发板都有真实的硬件接口电路,如 LED 灯、按键、USB 接口和以太网口等,CPU 会收到来自这些物理设备的信号,并通过驱动程序对这些信号进行处理,实现与这些设备的交互,实现对设备的控制。

针对运行微控制器芯片上的简要结构内核来说,直接调用芯片的外部接口库函数,实现对中断的设置和相应。

针对例如 Linux 操作系统,CPU 调用设备主要有如下方式。

(1) 总线,例如 AMBA 总线(ARM 核总线)、PCI 总线等。

(2) 可编程 I/O 口。

(3) 直接内存访问(DMA)。

(4) 输入输出内存管理单元(Input-Output Memory Management Unit,IOMMU)负责将总线地址翻译成物理地址。同时操作系统需要一定机制可以识别当前已经连接的设备,常见的设备识别机制有设备树和高级配置与电源接口(Advanced Configuration and Power Interface),简称 ACPI。

◆ 4.3　Linux 操作系统

Linux 系统诞生于 1991，Linus Torvalds 动手实现了一个新的操作系统，然后在 comp.os.minix 新闻组上发布了第一个版本的 Linux 内核；1993 年有大约 100 名程序员参与了 Linux 内核代码的编写，Linux 0.99 的代码已经有大约 10 万行，初成规模。到现在为止，国内外的科技巨头都已投入到 Linux 内核的开发当中，例如华为公司的 openEular 操作系统。

Linux 经历的发行版很多，如 openEuler、RedHat、Debian、SuSE、Ubuntu、CentOS、蓝点 Linux、红旗 Linux 和优麒麟 Linux 等，如图 4.11 所示。

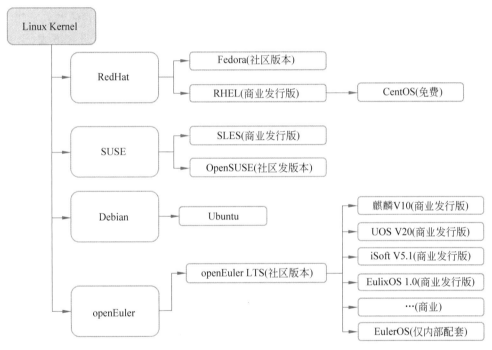

图 4.11　Linux 发行版本图

1. RedHat Linux

RedHat Linux 是由 RedHat 公司发行的一个 Linux 发行包，其 1.0 版本于 1994 年 11 月 3 日发行。RedHat Linux 拥有一个图形化的安装程序 Anaconda，目的是为了令新手更容易使用。同时，它有一个内置的防火墙设置工具 Lokkit。由 RedHat Linux 8.0 开始，UTF-8 成为系统默认的字符编码设置。自从 RedHat 9.0 版本发布后，RedHat 公司就不再开发桌面版的 Linux 发行包，而将全部力量集中在服务器版的开发上，也就是 RedHat Enterprise Linux(RHEL)版。

Fedora 是主要的项目,创建于 2003 年,它是一个基于社区的免费发行版,专注于快速发布新功能。Fedora 是新技术/功能的试验场,它的一些功能也会被其他发布版所采用。Fedora 是由 RedHat 公司提供支持,对于企业需要的稳定和有用的所有内容,都可以逐步移交给 RHEL 发行版。它的特点如下:社区驱动;发行周期短(6 个月);专注于功能和新技术;在台式机上常见;Fedora 8.0 版本亦是第一个使用 Bluecurve 桌面主题的发行版本。

RHEL 是基于 Fedora 的企业发行版,发行速度较慢,为用户提供支持,但并不是免费的。与 Fedora 的主要区别是 RHEL 更关注稳定性。它的特点如下:聚焦稳定性;由 RedHat 公司支持;收费;通常作为服务器。

CentOS 应该是日常中我们见到的最普遍的版本,于 2004 年 5 月发布,CentOS 是基于 RHEL 的社区版本,基于相同的代码库,已经重新编译了所有源码包,所以和 REHL 是非常相似的版本,如果你想使用稳定版本且降低成本,可以考虑使用 CentOS,它是免费的,支持来自社区,而不是 RedHat 本身,每个版本将会维持 10 年。它的特点如下:基于 RHEL;社区驱动;聚焦稳定性;免费;CentOS 并未得到 RedHat 公司官方支持,并不适合部署于关键设施和服务。

2. SUSE Linux

SUSE(发音 /ˈsuːsə/)是指 SUSE Linux,是德国 SuSE Linux AG 公司发行维护的 Linux 发行版。第一个版本出现在 1994 年年初。2004 年这家公司被 Novell 公司收购。

openSUSE 项目是由 Novell 公司资助的全球性社区计划,旨在推进 Linux 的广泛使用。这个计划提供免费的 openSUSE 操作系统。这里是一个由普通用户和开发者共同构成的社区,openSUSE 是 Novell 公司发行的 SUSE Linux 企业版的系统基础。openSUSE 有两种版本发布方式:一种是 Leap,另一种是 Tumbleweed。

SUSE Linux Enterprise(SLE)主要有 Server 和 Desktop 两款产品,分别针对服务器系统和桌面操作系统。SUSE Linux Enterprise Server (SLES)是一个多模式服务器操作系统。SLES 提供多个平台的版本,包括 x86_64、IBM Power、IBM System Z 和 LinuxONE、ARM 等平台。同时有专门针对高性能计算(HPC)的版本发布,为高性能数据分析工作负载(如人工智能和机器学习)提供并行计算平台。SUSE Linux Enterprise Desktop (SLED)是一款可以与 Windows、macOS、UNIX 和其他操作系统和谐共存的桌面操作系统。

3. Debian

Debian 是完全由自由软件组成的类 UNIX 操作系统,其包含的多数软件使用 GNU 通用公共许可协议授权,并由 Debian 计划的参与者组成团队对其进行打包、开发与维护。Debian 以其坚守 UNIX 和自由软件的精神,以及其给予用户的众多选择而闻名。

作为一个大的系统组织框架,Debian 旗下有多种不同操作系统核心的分支计划,主要为采用 Linux 核心的 Debian GNU/Linux 系统,其他还有采用 GNU Hurd 核心的 Debian GNU/Hurd 系统、采用 FreeBSD 核心的 Debian GNU/kFreeBSD 系统等。众多知名的 Linux 发行版,例如 Ubuntu、Knoppix 和 Deepin,也都基于 Debian GNU/Linux。

Ubuntu 是一个以桌面应用为主的 Linux 操作系统,其名称来自非洲南部祖鲁语或豪萨语的 ubuntu 一词。Ubuntu 基于 Debian 发行版和 Gnome 桌面环境,而从 11.04 版起,Ubuntu 发行版放弃了 Gnome 桌面环境,改为 Unity。Ubuntu 也拥有庞大的社区力量,用户可以方便地从社区获得帮助。自 Ubuntu 18.04 LTS 起,Ubuntu 发行版又重新开始使用 Gnome3 桌面环境。

Ubuntu 适用于笔记本计算机、桌面计算机和服务器,特别是为桌面用户提供尽善尽美的使用体验。Ubuntu 几乎包含了所有常用的应用软件:文字处理、电子邮件、软件开发工具和 Web 服务等。用户下载、使用、分享未修改的原版 Ubuntu 系统,以及到社区获得技术支持,无须支付任何许可费用。

机器人操作系统(ROS)就是支持在 Ubuntu 上进行安装,并且相应的版本和 Ubuntu 版本也对应,例如 ROS Melodic Morenia 版本安装在 Ubuntu 18.04(Bionic) Release 版本上。

Ubuntu 官方网站提供了丰富的 Ubuntu 版本及衍生版本,根据中央处理器架构划分,有对 i386 32 位系列、AMD 64 位 x86 系列、ARM 系列、PowerPC 系列以及 RISC-V 处理器支持的版本;根据发布版本用途划分,可分为 Ubuntu 桌面版(Ubuntu Desktop)、Ubuntu 服务器版(Ubuntu Server)、Ubuntu 云操作系统(Ubuntu Cloud)和 Ubuntu 移动设备系统(Ubuntu Touch)。根据开发项目划分,还有些分支版本:使用 KDE 桌面管理器 Kubuntu,专门为中文用户定制的 Ubuntu 版本 Ubuntu Kylin(优麒麟);使用 Mate 桌面的 Ubuntu 分支 Ubuntu MATE 等。

4.3.2　openEular 操作系统

openEular 操作系统是华为公司推出的一款基于 Linux 内核的开源操作系统,支持服务器、云计算、边缘计算、嵌入式等应用场景,支持多样性计算,致力于提供安全、稳定、易用的操作系统。openEuler 是一个面向全球的操作系统开源社区,通过社区合作,打造创新平台,构建支持多处理器架构、统一和开放的操作系统,推动软硬件应用生态繁荣发展。

1. openEuler 发展历程

从 EulerOS 到 openEuler:EulerOS 是一款基于 Linux 内核的服务器操作系统,在近十年的发展中成功支持了华为公司的各种产品解决方案。随着云计算的兴起和鲲鹏芯片的发展,EulerOS 成为与鲲鹏芯片配套最合适的软件基础设施。为推动鲲鹏生态的发展,繁荣国内和全球的计算产业,2019 年 9 月宣布开源,2019 年 12 月代码开源上线,命名为 openEuler。

从基础版本到全场景支持:2020 年 3 月,首个 LTS 版本发布(基础版本);2020 年 9 月,创新版本发布(多样性算力释放);2021 年 3 月,创新版本发布(内核创新);2021 年 9 月,创新版本发布(服务器、云计算、边缘计算、嵌入式全场景支持);2022 年 3 月,LTS 版本发布(全场景融合)。

2. openEuler 平台框架

openEuler 具有通用的 Linux 系统架构,包括内存管理子系统、进程管理子系统、进程调度子系统、进程间通信(IPC)、文件系统、网络子系统、设备管理子系统和虚拟化与容器子系统等。同时,openEuler 又不同于其他通用操作系统,openEuler 从 OS 内核、可靠性、安全性和生态使能等方面做了特性增强。

1) 轻量级虚拟机引擎(StratoVirt)

轻量级虚拟机引擎 StratoVirt 是计算产业中面向云数据中心的企业级虚拟化 VMM(Virtual Machine Monitor),实现了一套架构统一支持虚拟机、容器、Serverless 3 种场景。StratoVirt 在轻量低噪、软硬协同、Rust 语言级安全等方面具备关键技术竞争优势。StratoVirt 在架构设计和接口上预留了组件化拼装的能力及接口,StratoVirt 可以按需灵活组装高级特性直至演化到支持标准虚拟化,在特性需求、应用场景和轻快灵巧之间找到最佳的平衡点。

StratoVirt 核心架构自顶向下分为 3 层。

(1) OCI 兼容接口: 兼容 QMP(QEMU Machine Protocol)协议,具有完备的 OCI 兼容能力。

(2) BootLoader: 抛弃传统 BIOS + GRUB 的启动模式,实现了更轻更快的 Bootloader。

(3) MicroVM: 虚拟化层,充分利用软硬协同能力,精简化设备模型;低时延资源伸缩能力。

2) 轻量级容器引擎(iSula)

Docker 是一个开源的 Linux 容器引擎项目,用以实现应用的快速打包、部署和交付。Docker 的英文本意是码头工人,码头工人的工作就是将商品打包到 container(集装箱)并且搬运 container、装载 container。对应到 Linux 中,Docker 就是将 App 打包到 container,通过 container 实现 App 在各种平台上的部署、运行。Docker 通过 Linux Container 技术将 App 变成一个标准化的、可移植的、自管理的组件,从而实现应用的"一次构建,到处运行"。Docker 技术的特点就是:应用快速发布、部署简单、管理方便、应用密度更高。

轻量级容器引擎 iSula 是一种新的容器解决方案,提供统一的架构设计来满足 CT 和 IT 领域的不同需求。相比 Golang 编写的 Docker,轻量级容器使用 C/C++ 实现,具有轻、灵、巧、快的特点,不受硬件规格和架构的限制,底噪开销更小,可应用领域更为广泛。

3) AI 智能调优引擎(A-Tune)

操作系统作为衔接应用和硬件的基础软件,如何调整系统和应用配置,充分发挥软硬件能力,从而使业务性能达到最优,对用户至关重要。然而,运行在操作系统上的业务类型成百上千,应用形态千差万别,对资源的要求各不相同。当前硬件和基础软件组成的应用环境涉及高达 7000 多个配置对象,随着业务复杂度和调优对象的增加,调优所需的时间成本呈指数级增长,导致调优效率急剧下降,调优成为一项极其复杂的工程,给用户带来巨大挑战。其次,操作系统作为基础设施软件,提供了大量的软硬件管理能力,每种能力适用场景不尽相同,并非对所有的应用场景都通用有益,因此,不同的场景需要开启或关闭不同的能力,组合使用系统提供的各种能力,才能发挥应用程序的最佳性能。另外,实际业务场景成千上万,计算、网络、存储等硬件配置也层出不穷,实验室无法遍历穷举所有的应用和业务场景,以及不同的硬件组合。

为了应对上述挑战,openEuler 推出了 A-Tune。A-Tune 是一款基于 AI 开发的系统性能优化引擎,它利用人工智能技术,对业务场景建立精准的系统画像,感知并推理出业务特征,进而做出智能决策,匹配并推荐最佳的系统参数配置组合,使业务处于最佳运行状态。

4) 跨平台机密计算框架(secGear)

随着云计算的快速发展,越来越多的企业把计算业务部署到云上,对数据的保护变得更加复杂,同时,数据泄露是云计算面临的重大安全问题。因此,如何保障用户数据在云上的安全变得尤为重要。当前对数据的保护通常注重离线存储安全和网络传输安全,缺乏对数据运行时的安全防护。

为了保障云端数据运行时的安全性,方便开发者开发云上应用,openEuler 推出了secGear。secGear 是统一机密计算编程框架,提供了易用的开发套件,包括安全区(使用secGear 编程会将系统区分为安全区域和非安全区域)生命周期管理、安全开发库、代码辅助生成工具、代码构建与签名工具、安全能力和安全服务组件实现方案。可用于信任环、密态数据库、多方计算、AI 安全保护等多种场景。

5) 可信计算

可信就是系统按照预定的设计和策略运行,不做其他事情。一个可信计算系统由信任根、可信硬件平台、可信操作系统和可信应用组成,它的基本思想是首先创建一个安全信任根(TCB),然后建立从硬件平台、操作系统到应用的信任链,在这条信任链上从安全信任根开始,前一级认证后一级,实现信任的逐级扩展,从而实现一个安全可信的计算环境。

完整性度量架构(Integrity Measurement Architecture,IMA)是内核中的一个子系统,能够基于自定义策略对通过 execve()、mmap() 和 open() 系统调用访问的文件进行度量,度量结果可被用于本地/远程证明,或者和已有的参考值比较以控制对文件的访问。

内核完整性子系统的功能可以被分为 3 部分。

(1) 度量(Measure):检测对文件的意外或恶意修改,无论远程还是本地。

(2) 评估(Appraise):度量文件并与一个存储在扩展属性中的参考值做比较,控制本地文件完整性。

(3) 审计(Audit):将度量结果写到系统日志中,用于审计。

可以看到,相比于 IMA 度量,作为一个“只记录不干涉”的观察员,IMA 评估更像是一位严格的保安人员,它的职责是拒绝对所有“人证不一”的程序的访问。

6) 鲲鹏加速引擎(Kunpeng Accelerator Engine,KAE)

KAE 加速引擎为 openEuler 的一个软件加速库,搭载在 Kunpeng 920 处理器上联合提供硬件加速引擎功能,包含了对称加密、非对称加密和数字签名,用于加速 SSL/TLS应用,可以显著降低处理器消耗,提高处理器效率。此外,用户通过 OpenSSL 标准接口可实现业务快速迁移。

KAE 加速引擎支持以下算法。

(1) 摘要算法 SM3,支持异步模式。

(2) 对称加密算法 SM4,支持异步模式,支持 CTR/XTS/CBC 模式。

(3) 对称加密算法 AES,支持异步模式,支持 ECB/CTR/XTS/CBC 模式。

(4) 非对称算法 RSA,支持异步模式,支持 Key Sizes 1024/2048/3072/4096。

(5) 密钥协商算法 DH,支持异步模式,支持 Key Sizes 768/1024/1536/2048/3072/4096。

7) MPAM

如何处理诸如 L3 Cache 等内存系统资源竞争的问题一直是业界研究的焦点,MPAM(Memory System Resource Partitioning and Monitoring)是 ARM Architecture v8.4 的 Extension 特性,其目的是用于解决服务器系统中,处理不同类型业务时,由于 CPU 访存过程中共享资源的竞争带来的某些关键应用性能下降或者系统整体性能下降的问题。MPAM 最显著的特征是:①提供更多控制手段,针对 Cache 资源以及访存通道,增加了对访存流的优先级控制和完全隔离控制;②基于 Cache way(路)为粒度,以 bitmap(位图)的形式分配 Cache way,不要求所分配的 Cache way 在 bitmap 中连续;③MPAM 支持在虚拟机内部划分共享资源;④MPAM 增加了对 SMMU 的支持,可以限制 I/O 设备对 Cache 和相关内存系统资源的使用;⑤从体系结构角度优化最佳配置,在对访存流的限制上,MPAM 流控方式可精确控制访存流百分比,可以确定性地保障访存敏感型业务的性能。

openEuler kernel 已于 openEuler 21.03 创新版本开始支持 MPAM,成为首个同时支持 x86 RDT 和 MPAM 的开源平台,解决了不同虚拟机因为 Cache 和访存干扰带来的性能干扰问题。

8) 毕昇 JDK

毕昇 JDK 是华为公司内部 OpenJDK 定制版 Huawei JDK 的开源版本,是一个高性能、可用于生产环境的 OpenJDK 发行版。Huawei JDK 运行在华为内部 500 多个产品上,Huawei JDK 团队积累了丰富的开发经验,解决了业务实际运行中遇到的多个问题,并在 ARM 架构上进行了性能优化,毕昇 JDK 运行在大数据等场景下可以获得更好的性能。毕昇 JDK 8 与 Java SE 标准兼容,目前支持 Linux/AArch64 和 Linux/x86_64 平台。毕昇 JDK 同时是 OpenJDK 的下游,现在和未来也会持续稳定为 OpenJDK 社区做出贡献。

4.3.3　Linux 系统

本节主要以基于 ARM 的嵌入式 Linux 操作系统来说明 Linux 系统的开发,类似主板上通过 BIOS 程序提供内存和硬盘的驱动,并启动操作系统。嵌入式 Linux 操作系统通过 BootLoader 提供内存和 Flash 存储器的驱动,并启动系统,ARM 芯片是从嵌入式微处理器芯片发展起来的,所以常采用 BootLoader 方式启动 Linux 操作系统。

嵌入式 Linux 操作系统主要包括 BootLoader、内核和文件系统 3 部分内容,如图 4.12 所示。在开发方面有如下 4 个层次。

（1）引导加载程序。包括固化在芯片中的启动（Boot）代码和 BootLoader 代码。

（2）嵌入式 Linux 内核。特定于嵌入式板子的定制内核以及内核启动参数，内核的启动参数可以是默认的，也可以是 BootLoader 传递给它。内核中可以装载外设相应的驱动模块。

（3）文件系统。根文件系统和建立于 Flash 内存设备之上的文件系统，其中包含了 Linux 系统能够运行所必需的应用程序、库等，例如动态连接的程序运行时需要的 glibc 库等。

（4）用户应用程序。用户开发的应用程序，例如各种智能算法，有时还会包括一个嵌入式图形用户界面，常用的嵌入式 GUI 有 Qtopia 等。

在 BootLoader 中有个 Boot parameters 子分区，存放一些可设置参数，如 IP 地址、串口波特率、要传递给内核的命令行参数等。

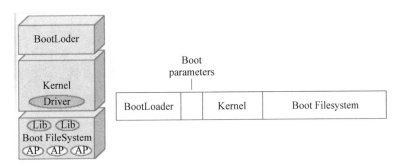

图 4.12　嵌入式 Linux 系统构成

在系统运行中，BootLoader 首先运行，然后它将内核复制到内存中，并且在内存某个固定的地址设置好要传递给内核的参数，最后运行内核。内核启动之后，它会挂载根文件系统，启动文件系统中的应用程序。

4.3.4　基于 BootLoader 方式的 Linux 系统启动

BootLoader 在操作系统内核运行之前初始化硬件设备、建立内存空间映射图，从而将系统的软硬件环境带到一个合适状态，以便为最终调用操作系统内核准备好正确的环境。

1. BootLoader 运行流程

BootLoader 启动大多都是两阶段启动过程：第一阶段使用汇编来实现，完成一些依赖于 CPU 体系结构的初始化，并调用第二阶段的代码；第二阶段实现更为复杂的功能，采用 C 语言来实现从而使代码有较好的可读性和可移植性。

通常这两个阶段完成的功能如下。

（1）BootLoader 第一阶段的功能主要包括：硬件设备初始化，包括关闭 WATCHDOG、关中断、设置 CPU 的速度和时钟频率、RAM 初始化等；为加载 BootLoader 第二阶段代码准备 RAM 空间并把第二阶段代码复制到 RAM 空间中（对于 Nor Flash 等静态 ROM 类型的存储设备可以不用复制而直接在其上运行）；设置好堆栈跳转到第二阶段代码的 C 入口点。

（2）BootLoader 第二阶段的功能主要包括：初始化本阶段要用到的硬件设备；检测系统内存映射；将内核映像和根文件系统映像从 Flash 读到 RAM 空间中；为内核设置启动参数；调用内核。

2. BootLoader 与内核的交互

BootLoader 与内核的交互过程是 BootLoader 把参数放在某个约定的位置后启动内核，内核启动时自动从这个位置获取参数。除了约定好参数存放的位置外，还要规定参数的结构，Linux 2.4 以后的内核主要以标记列表（Tagged List）的形式来传递启动参数，这些参数主要包括系统的根设备标志、页面大小、内存的起始地址和大小、RAMDISK 的起始地址和大小、压缩的 RAMDISK 根文件系统的起始地址和大小、内核命令参数等，标记列表以标记 ATAG_CORE 开始，以标记 ATAG_NONE 结束。这里的 ATAG_CORE、ATAG_NONE 是各个参数的标记，本身是一个 32 位的值，其他的参数标记还包括 ATAG_MEM32、ATAG_INITRD、ATAG_RAMDISK、ATAG_COMDLINE 等。

基于 ARM 体系结构的 zImage 映像启动来分析 Linux 内核是怎样接收 BootLoader 传递过来的内核参数，在文件 arch/arm/boot/compressed/head.S 中 start 为 zImage 的起始点，部分代码如下。

```
start:
mov r7, r1
mov r8, r2
 ⋮
mov r0, r4
mov r3, r7
bl decompress_kernel
bl cache_clean_flush
bl cache_off
mov r1, r7
mov r2, r8
...
```

首先将 BootLoader 传递过来的 r1（机器编号）、r2（参数链表的物理地址）的值保存到 r7、r8 中，再将 r7 作为参数传递给解压函数 decompress_kernel()。在解压函数中，再将 r7 传递给全局变量 __machine_arch_type。在跳到内核（vmlinux）入口之前再将 r7、r8 还原到 r1、r2 中。

在文件 arch/arm/kernel/head.S 中，内核（vmlinux）入口的部分代码如下。

```
mrcp15, 0, r9, c0, c0@ get processor ID
```

首先从处理器内部特殊寄存器（CP15）中获得 ARM 内核的类型，从处理器内核描述符(proc_info_list)表(__proc_info_begin—__proc_info_end)中查询有无此 ARM 内核的类型,如果无就出错退出。

接着跳转到 init/main.c 的 start_kernel(初始化系统在 init/main.c 中),函数 start_kernel()的部分代码如下。

```
{
    ...
    setup_arch(&command_line);
    ...
}
```

在 arch/arm/kernel/setup.c 中,函数 setup_arch()的部分代码如下。

```
{
    ...
    setup_processor();
    mdesc = setup_machine_fdt(__atags_pointer);
    ...
}
```

setup_processor()函数从处理器内核描述符表中找到匹配的描述符,并初始化一些处理器变量。setup_machine_fdt()用机器编号(在解压函数 decompress_kernel 中被赋值)作为参数返回机器描述符。从机器描述符中获得内核参数的物理地址,这样内核就收到了 BootLoader 传递的参数,实现启动。

3. U-Boot 介绍

U-Boot 是一个主要用于嵌入式系统的引导加载程序,可以支持多种不同的计算机系统结构,包括 ARM、RISC-V、x86、AVR32、PowePC、MIPS、68K、Nios 与 MicroBlaze 等。这也是一套在 GNU 通用公共许可证之下发布的自由软件。目前很多 BootLoader 都是采用 U-Boot 来实现,完成 BootLoader 启动过程。

U-Boot 工程的特性如下。

(1) 开放源码。

(2) 支持多种嵌入式操作系统内核,如 Linux、NetBSD、VxWorks、QNX、RTEMS、ARTOS、LynxOS、Android。

(3) 高度灵活的功能设置,适合 U-Boot 调试、操作系统不同引导要求、产品发布等,尤其对 Linux 支持最为强劲。

(4) 支持多个处理器系列,如 PowerPC、ARM、AVR32、MIPS、x86、68K、Nios 与 MicroBlaze 等。

(5) 高度灵活的功能设置,适合 U-Boot 调试、操作系统不同引导要求、产品发布等。

(6) 丰富的设备驱动源码,如串口、以太网、SDRAM、Flash、LCD、NVRAM、EEPROM、RTC、键盘等。

（7）较为丰富的开发调试文档与强大的网络技术支持。

（8）支持 NFS 挂载，支持 RAMDISK（压缩或非压缩）形式的根文件系统，支持从 Flash 中引导压缩或非压缩系统内核。

（9）支持目标板环境变量多种存储方式，如 Flash、NVRAM、EEPROM。

（10）CRC32 校验，可校验 Flash 中内核、RAMDISK 镜像文件是否完好。

（11）上电自检功能：SDRAM、Flash 大小自动检测、SDRAM 故障检测、CPU 型号。

4.3.5　Linux 内核

Linux 最早是由芬兰 Linus Torvalds 为尝试在 Intel x86 架构上提供自由的类 UNIX 操作系统而开发的。www.kernel.org 是免费向公众分发 Linux 内核和其他开源软件的网站。该网站提供内核源码，任何人都可以下载源代码。

下载嵌入式 RK3399 开发板运行的 Linux 内核源代码，内核的版本号可以从源代码的顶层目录下的 Makefile 中看到，比如下面几行构成了 Linux 的版本号：4.4.126。

```
VERSION = 4
PATCHLEVEL = 4
SUBLEVEL = 126
```

从 3.x.x 开始，VERSION 没有特殊含义。PATCHLEVEL 为主要版本，当内核增加新特性及功能变更时，该编号增加。SUBLEVEL 为次要版本，当内核功能不变，仅进行缺陷修复时该编号增加。

通常，主线会每隔几个月推出一个主要版本成为稳定版（Stable）。稳定版将会不断发布修补版本，直至下一个稳定版推出后宣告结束维护（End of Life）。但是，Linux 内核社区会定期选择一个主要版本成为长期维护版本（Long-Term Maintenance）。长期维护版本将在将来数年继续移植主线的缺陷修复补丁，以供其他下游软件、硬件厂商使用。

1. Linux 内核源代码结构

Linux 内核源代码主要由以下文件构成。

-arch：包含与硬件体系结构相关的代码，每种平台占一个相应的目录，如 i386、arm、arm64、powerpc、mips 等。Linux 内核目前已经支持 30 种左右的体系结构。在 arch 目录下，存放的是各个平台以及各个平台的芯片对 Linux 内核进程调度、内存管理、中断等的支持，以及每个具体的 SoC 和电路板的板级支持代码。

-block：块设备驱动程序 I/O 调度。

-crypto：常用加密和散列算法（如 AES、SHA 等），还有一些压缩和 CRC 校验算法。

-documentation：内核各部分的通用解释和注释。

-drivers：设备驱动程序，每个不同的驱动占用一个子目录，如 char、block、net、mtd、i2c 等。

-fs：所支持的各种文件系统，如 EXT、FAT、NTFS、JFFS2 等。

-include：头文件，与系统相关的头文件放置在 include/linux 子目录下。

-init：内核初始化代码。著名的 start_kernel() 就位于 init/main.c 文件中。

-ipc：进程间通信的代码。

-kernel：内核最核心的部分，包括进程调度、定时器等，而与平台相关的一部分代码放在 arch/＊/kernel 目录下。

-lib：库文件代码。

-mm：内存管理代码，与平台相关的一部分代码放在 arch/＊/mm 目录下。

-net：网络相关代码，实现各种常见的网络协议。

-scripts：用于配置内核的脚本文件。

-security：主要是一个 SELinux 的模块。

-sound：ALSA、OSS 音频设备的驱动核心代码和常用设备驱动。

-usr：实现用于打包和压缩的 cpio 等。

-include：内核 API 级别头文件。

-virt：提供虚拟机技术（KVM 等）的支持。

-firmware：保存用于驱动第三方设备的固件。

-samples：一些示例代码。

-tools：一些常用工具，如性能剖析、自测试等。

Kconfig、Kbuild、Makefile：用于内核编译的配置文件、脚本等。

COPYING：版权声明。

MAINTAINERS：维护者名单。

CREDITS：Linux 主要的贡献者名单。

REPORTING-BUGS：Bug 上报的指南。

README：说明文档。

2. 内核配置及编译

在编译 Linux 内核时，需要配置内核，可以使用如下命令中的一个。

make config（基于文本的配置界面）

make menuconfig（基于文本菜单的配置界面）

make xconfig（需要 QT 安装）

make gconfig（需要 GTK＋安装）

其中值得推荐的是 make menuconfig，它使用 ncurses 库，可以在终端呈现图形化的配置菜单，且配置直观方便。

内核配置过程中，arch/arm/configs/xxx_defconfig 文件包含了许多电路板的默认配置，只需要运行 make ARCH＝arm xxx_deconfig 就可以为 xxx 开发板配置内核。

编译内核和模块的方法如下。

```
make zImage
make modules
```

若对于 ARM 系列芯片，需要 ARCH＝ arm 作为环境变量导出，执行命令后在源代码的根目录下会得到未压缩的内核映像 vmlinux 和内核符号表文件 System. map,在 arch/arm/boot/目录下会得到压缩的内核映像 zImage,在内核各对应目录内得到选中的内核模块。

Linux 内核的配置系统由以下 3 部分组成。

（1）Makefile:分布在 Linux 内核源代码中,定义编译规则。

（2）Kconfig(配置文件):给用户提供配置选择的功能。

（3）配置工具:包括配置命令解释器(对配置脚本中使用的配置命令进行解释)和配置用户界面(提供字符界面和图形界面),这些配置工具使用的都是脚本语言,如 Tcl/TK、Perl 等。

使用 make menuconfig 命令后,会生成一个.config 配置文件,记录哪些被编译入内核及哪些部分被编译为内核模块;在此过程中配置工具首先与体系结构对应的/arch/xxx/Kconfig 文件(xxx 即为传入的 ARCH 参数),/arch/xxx/Kconfig 文件中除本身包含一些与体系结构相关的配置项和配置菜单以外,还通过 source 语句引入一系列 Kconfig 文件,而这些 Kconfig 又可能再次通过 source 引入下一层的 Kconfig,配置工具依据 Kconfig 包含的菜单和条目即可描绘出一个如图 4.13 所示的分层结构。

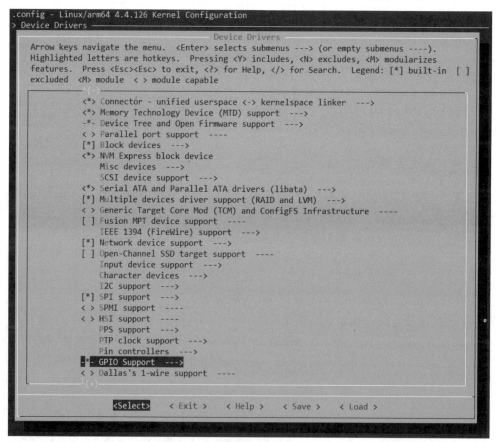

图 4.13　Linux 内核配置

4.3.6　Linux 驱动程序

Linux 支持 3 种类型的硬件设备。

(1) 字符设备(Character Device)。字符设备是能够像字节流(如文件)一样被访问的设备,对它的读写以字节为单位,是没有缓冲直接读写的设备,字符设备的驱动程序中实现了 open、close、read 和 write 等系统调用,应用程序可以通过设备文件/dev/ttySAC0 来访问字符设备。

(2) 块设备(Block Device)。块设备上的数据以块的形式存放,只能按照一个块(一般是 512B 或者 1024B)的倍数进行读写的设备,块设备通过 Buffer Cache 访问,可以随机存取,就是说任何块都可以读写,不必考虑它在设备的什么地方。块设备可以通过相应的设备文件访问,例如/dev/mtdblock0、/dev/hda1 等,应用程序可以通过相应的设备文件实现 open、close、read 和 write 等系统调用,与块设备传送任意字节的数据。

(3) 网络设备(Network Interface)。是通过网络 socket 接口访问的设备,无法归纳到前面两类,如果说它是字符设备,它的输入输出却是有结构的、成块的(报文、包、帧);如果说它是块设备,它的"块"又不是固定大小的,大到数百甚至数千字节,小到几字节。访问网络接口的方法是给它们分配一个唯一的名字(如 eth0),但这个名字在文件系统中(如/dev 目录下)不存在对应的结点项,应用程序、内核和网络驱动程序间的通信完全不同于字符设备、块设备,库、内核提供了一套和数据包传输相关的函数,而不是 open、read 和 write 等。

Linux 内核源代码中有大约 85% 是各种驱动程序的代码,种类齐全,可以在同类型驱动的基础上进行修改以符合具体的要求。一般编写 Linux 设备驱动程序的大致流程如下:①查看原理图、数据手册,了解设备的操作方法;②在内核中找到相近的驱动程序,以它为模板进行开发;③实现驱动程序的初始化,如向内核注册驱动程序,这样应用程序传入文件名时,内核才能找到相应的驱动程序;④设计所要实现的操作,如 open、close、read 和 write 函数等;⑤对需要中断的程序,实现中断服务;⑥编译该驱动程序到内核中,或者用 insmod 命令加载;⑦测试驱动程序。

设备树(Device Tree Source,DTS)是一种描述硬件的数据结构。在旧的 Linux 版本如 Linux 2.6,ARM 架构的板级硬件细节过多地被硬编码在 arch/arm/plat-xxx 和 arch/arm/mach-xxx 中。采用设备树后,硬件的细节可以直接通过它传递给 Linux,而不再需要内核中大量的冗余代码。设备树由一系列被命名的结点(Node)和属性(Property)组成,其中结点本身可包括子结点,属性是成对出现的名称和值,在设备树中可描述的信息包括:CPU 的数量和类别;内存基地址和大小;总线和桥;外设连接;中断控制器和中断使用情况;GPIO 控制器和 GPIO 使用情况;时钟控制器和时钟使用情况。它基本上画一棵电路板上 CPU、总线、设备组成的树,内核可以识别这棵树,并根据它展开出 Linux 内核中的 platform_device 等设备,而这些设备用到的内存、IRQ 等资源,也被传递给内核,内核会将这些资源绑定给展开的相应设备。

4.3.7　Linux 根文件系统

　　Linux 需要在一个分区上存放系统启动所必需的文件,如内核映像文件、内核启动后运行的第一个程序(init)、给用户提供操作界面的 shell 程序、应用程序所依赖的库等。这些基本的文件合称为根文件系统,它们存放在一个分区中。

　　根文件系统首先是一种文件系统,该文件系统具有普通文件系统的存储数据文件的功能,但是相对于普通的文件系统,它的特殊之处在于,它是内核启动时所挂载(Mount)的第一个文件系统,内核代码的映像文件保存在根文件系统中,系统引导启动程序会在根文件系统挂载之后从中把一些初始化脚本(如 rcS,inittab)和服务加载到内存中去运行。

　　根文件系统包含系统启动时所必需的目录和关键性的文件,以及使其他文件系统得以挂载所必要的文件。例如,init 进程的应用程序必须运行在根文件系统上;根文件系统提供了根目录"/";Linux 挂载分区时所依赖的信息存放于根文件系统/etc/fstab 这个文件中;shell 命令程序必须运行在根文件系统上,譬如 ls、cd 等命令。总之,一套 Linux 体系,只有内核本身是不能工作的,必须要根文件系统(rootfs)中 etc 目录下的配置文件、/bin /sbin 等目录下的 shell 命令,还有/lib 目录下的库文件等相配合才能工作。

◆ 4.4　LiteOS 操作系统

　　由于 Linux 和 Android things 等面向嵌入式微处理器的操作系统也会用于物联网操作系统,为了区别此类物联网操作系统,本书把面向微控制器的物联网操作系统称为嵌入式小型物联网系统。

　　目前常见的嵌入式小型物联网操作系统,主要有 RT-Thread、亚马逊公司的 FreeRTOS、华为公司的 Lite OS、AliOSThings、ARM mbed 和腾讯公司的 Tencent OStiny 等。这些操作系统可以分为 3 种类型:①专门为物联网应用开发的 OS 平台,例如 ARM mbed 等;②以嵌入式 OS 为基础,扩展支持物联网应用,例如 FreeRTOS、μC/OS-Ⅲ 和 RT-Thread 等;③从云端布局,拓展支持 IoT 应用 OS,例如 AliOSthings、亚马逊公司的 FreeRTOS、华为公司的 LiteOS 和腾讯公司的 Tencent OStiny 等。嵌入式小型物联网操作系统,主要是在小型物联网操作系统的基础上添加了网络和软件模块,从而使整个系统更有利于物联网应用开发。

　　由于所有的物联网操作系统的实现功能都类似,本部分以华为公司的 OpenHarmony 中 LiteOS-M 操作系统为实例来说明一个典型的嵌入式小型物联网系统。OpenHarmony 不等同于华为公司的鸿蒙系统,但是它可以说是鸿蒙系统的基础,并且是开源的,所以对华为鸿蒙系统学习有很大的帮助。

　　OpenHarmony 整体遵从分层设计,从下向上依次为内核层、系统服务层、框架层和应用层,本章内容主要关注其内核层。在内核层上,OpenHarmony 支持如下几种类型的操作系统。

　　(1) LiteOS-M 轻量系统,面向 MCU 类处理器,例如 ARM Cortex-M、RISC-V 32 位

的设备,硬件资源极其有限,支持的设备最小内存为 128KB,可以提供多种轻量级网络协议、轻量级的图形框架,以及丰富的 IoT 总线读写部件等。可支撑的产品如智能家居领域的连接类模组、传感器设备、穿戴类设备等。

(2) LiteOS-A 小型系统,面向应用处理器,例如 ARM Cortex-A 的设备,支持的设备最小内存为 1MB,可以提供更高的安全能力、标准的图形框架、视频编解码的多媒体能力。可支撑的产品如智能家居领域的 IP Camera、电子猫眼、路由器以及智慧出行域的行车记录仪等。

(3) Linux 内核标准系统,面向应用处理器例如 ARM Cortex-A 的设备,支持的设备最小内存为 128MB,可以提供增强的交互能力、3D GPU 以及硬件合成能力、更多控件以及动效更丰富的图形能力、完整的应用框架。可支撑的产品如高端的冰箱显示屏。

4.4.1 LiteOS-M 操作系统

本节所介绍的主要是 LiteOS-M 轻量系统,OpenHarmony LiteOS-M 内核是面向 IoT 领域构建的轻量级物联网操作系统内核,具有小体积、低功耗、高性能的特点。其代码结构简单,主要包括内核最小功能集、内核抽象层、可选组件以及工程目录等。LiteOS-M 内核架构包含硬件相关层以及硬件无关层,如图 4.14 所示。

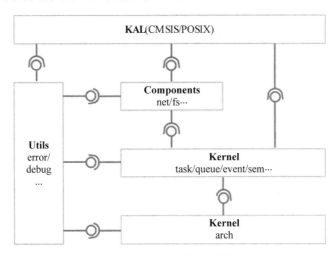

图 4.14 LiteOS-M 操作系统结构

1. 硬件架构抽象层

在硬件抽象层,主要是各种硬件架构(Kernel arch)提供支持,LiteOS-M 已经支持 ARM Cortex-M3、ARM Cortex-M4、ARM Cortex-M7、ARM Cortex-M33、RISC-V 等主流架构。

CPU 体系架构分为通用架构定义和特定架构定义两层,通用架构定义层为所有体系架构都需要支持和实现的接口,特定架构定义层为特定体系架构所特有的部分。在新增一个体系架构时,必须要实现通用架构定义层,如果该体系架构还有特有的功能,可以在特定架构定义层来实现。CPU 体系架构规则如表 4.1 所示。

表 4.1　CPU 体系架构规则

规　　则	通用体系架构层	特定体系架构层
头文件位置	kernel/arch/include	kernel/arch/<arch>/<arch>/<toolchain>/
头文件命名	los_<function>.h	los_arch_<function>.h
函数命名	Halxxxx	Halxxxx

2. LiteOS-M 基础内核(Kernel task/queue/event/sem⋯)

LiteOS-M 基础内核主要包括任务管理、中断管理、内存管理、消息队列、信号量、时间管理、事件管理和定时器等。基础内核的文件内容如图 4.15 所示。

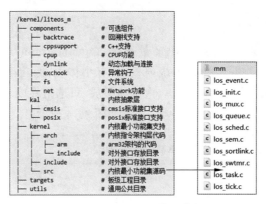

图 4.15　LiteOS-M 基础内核

3. 扩展组件(Components)

扩展组件主要包括文件系统、网络模块、功耗模块、动态连接和调测工具等模块。主要文件如图 4.16 所示,每个模块的说明可参见 https://gitee.com/openharmony/docs/blob/master/zh-cn/device-dev/kernel/kernel-mini-extend.md。

图 4.16　扩展模块主要文件内容

4. KAL 层

KAL(Kernel Abstraction Layer)层是为了让应用层在不同的操作系统上实现统一

的 API 调用功能而产生的,提供统一的标准接口,支持 ARM 内核的 CMSIS 库函数和 POSIX 接口。主要文件如图 4.17 所示。

图 4.17 KAL 模块主要文件内容

5. Utils 模块

Utils 模块提供错误处理、调试等能力。

在开发板配置文件 target_config.h 配置系统时钟、每秒 Tick 数,可以对任务、内存、IPC、异常处理模块进行裁减配置。系统启动时,根据配置进行指定模块的初始化。内核启动流程包含外设初始化、系统时钟配置、内核初始化、操作系统启动等。

4.4.2 LiteOS-A 操作系统

LiteOS-A 内核主要应用于小型系统,面向设备一般是 M 级内存,可支持 MMU 隔离,业界类似的内核有 Zircon 或 Darwin 等。

轻量级内核 LiteOS-A 重要的新特性如下。

(1) 新增了丰富的内核机制。新增虚拟内存、系统调用、多核、轻量级进程间通信(Inter-Process Communication,IPC)、自主访问控制(Discretionary Access Control,DAC)等机制,丰富了内核能力;为了更好兼容软件和开发者体验,新增支持多进程,使得应用之间内存隔离、相互不影响,提升系统的健壮性。

(2) 引入统一驱动框架 HDF(Hardware Driver Foundation)。统一驱动标准,为设备厂商提供了更统一的接入方式,使驱动更加容易移植,力求做到一次开发,多系统部署。

(3) 支持 1200+标准 POSIX 接口,使得应用软件易于开发和移植,给应用开发者提供了更友好的开发体验。

(4) 轻量级内核主要由基础内核、扩展组件、HDF 框架、POSIX 接口组成。轻量级内核的文件系统、网络协议等扩展功能(没有像微内核那样运行在用户态)运行在内核地址空间,主要考虑组件之间直接函数调用比进程间通信或远程过程调用要快得多。

LiteOS-A 内核架构如图 4.18 所示。

1. Syscall

Syscall 是用户调用内核的接口。LiteOS-A 内核实现态与内核态的区分隔离,用户态程序不能直接访问内核资源,而系统调用则为用户态程序提供了一种访问内核资源、与内核进行交互的通道。用户程序通过调用 System API(系统 API,通常是系统提供的POSIX 接口)进行内核资源访问与交互请求,POSIX 接口内部会触发 SVC/SWI 异常,完成系统从用户态到内核态的切换,然后对接到内核的 Syscall Handler(系统调用统一处理接口)进行参数解析,最终分发至具体的内核处理函数。

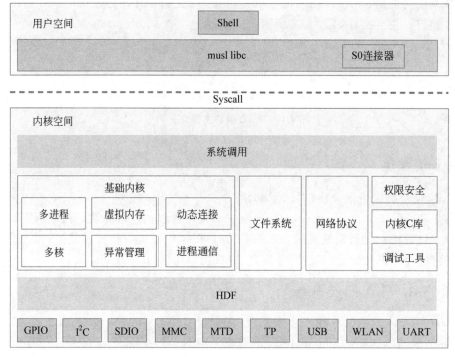

图 4.18   LiteOS-A 内核架构

2. 基础内核

基础内核主要包括中断及异常处理、进程管理、内存管理、内核通信机制、时间管理、虚拟内存、动态连接和多核等功能,也就是通用操作系统所具有的功能模块。

3. 内核扩展模块

内核扩展模块主要提供文件系统、网络协议、权限安全、内核 C 库和调试工具等。

4. HDF

LiteOS-A 内核引入了统一的驱动框架 HDF(Hardware Driver Foundation),为驱动开发者提供驱动框架能力,包括驱动加载、驱动服务管理和驱动消息机制管理。旨在构建统一的驱动架构平台,为驱动开发者提供更精准、更高效的开发环境,力求做到一次开发,多系统部署。

HDF 驱动加载包括按需加载和按序加载。按需加载是 HDF 框架支持驱动在系统启动过程中默认加载,或者在系统启动之后动态加载;按序加载是 HDF 框架支持驱动在系统启动的过程中按照驱动的优先级进行加载。HDF 驱动服务管理可以集中管理驱动服务,开发者可直接通过 HDF 框架对外提供的能力接口获取驱动相关的服务。HDF 框架提供统一的驱动消息机制,支持用户态应用向内核态驱动发送消息,也支持内核态驱动向用户态应用发送消息。

HDF 驱动框架有以下特点：弹性化的框架,组件化的驱动模型,规范化的驱动平台,归一化的平台底座,归一化的配置界面,驱动的动态安装。

HDF 框架以组件化的驱动模型作为核心设计思路,为开发者提供更精细化的驱动管理,让驱动开发和部署更加规范。HDF 框架将一类设备驱动放在同一个 Host 里面,开发者也可以将驱动功能分层独立开发和部署,支持一个驱动多个 Node,HDF 框架管理驱动模型如图 4.19 所示。

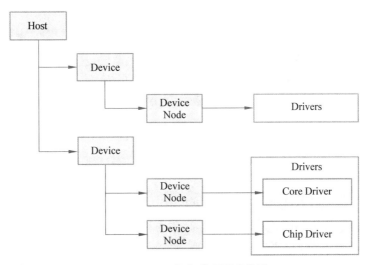

图 4.19　HDF 框架管理驱动模型

HDF 驱动框架的配置文件包含驱动设备描述与驱动私有信息,HDF 框架定义的驱动按需加载方式的策略是由配置文件中的 preload 字段来控制。驱动的按序加载是通过配置文件中的 priority(取值范围为整数 0～200)来决定的,priority 值越小,表示的优先级越高。驱动服务是 HDF 驱动设备对外提供能力的对象,由 HDF 框架统一管理。驱动服务管理主要包含驱动服务的发布和获取。HDF 框架定义了驱动对外发布服务的策略,是由配置文件中的 policy 字段来控制。

当用户态应用和内核态驱动需要交互时,可以使用 HDF 框架的消息机制来实现。HDF 消息机制的功能主要有两种：一种是用户态应用发送消息到驱动；另一种是用户态应用接受驱动主动上报事件。

基于 HDF 框架进行驱动的开发工作主要分为两部分：驱动实现和驱动配置。驱动开发的具体步骤如下：在驱动实现阶段,需要完成驱动业务代码的开发与驱动入口的注册。在完成驱动实现之后进行驱动编译,驱动编译必须使用 Makefile 模板编译,再将编译的结果文件连接到内核的镜像中。在完成驱动编译之后可以进行驱动配置,在驱动配置阶段需要修改驱动设备描述与驱动私有配置信息。

5. 专有硬件服务子系统驱动

专有硬件服务子系统提供设备操作接口有 Flash、GPIO、I^{2}C、PWM、UART、WATCHDOG 等,用户可以直接调用这些接口。

第5章

操作系统软件框架

当前常常在操作系统内核上加一层软件框架，从而形成功能更加丰富并且便于开发的整套操作系统软件框架平台，如华为公司的鸿蒙系统、Google公司的Android系统和机器人操作系统（ROS）都是这种结构，本章主要对这3种系统展开介绍。

◇ 5.1　Android 系统

Android系统由Google公司开发，从2008年发布Android 1.0系统，直到2021年Android 12系统的发布，已为手机、电视、平板计算机、手表等数十亿设备提供平台支持，使得Android成为全球主要的移动操作系统。

在嵌入式Linux操作系统基础上添加了Android软件框架，俗称Android操作系统，也是当前比较主流的一款操作系统，主要解决了前几年至今人机交互的应用需求，从而主要用于手机以及平板计算机等人机交互的应用场景。由于需要在这些设备上运行越来越多的智能算法，因此很多公司也提供了Android系统的软件库版本。虽然Android系统建立于Linux系统之上，但结构相对Linux系统更加复杂。由于要考虑手机或平板计算机厂商的商业问题，在已有需要开源的Linux驱动程序层次上提出了HAL层，在此层次上厂商可以对各自设备特有的驱动程序进行保护，所以Android系统比Linux系统更加复杂，同时开源性也比不上Linux。Android系统的设计目标是方便各个手机厂商适配使用此系统，因此整体采用了更加商用友好的Apache Software License。与GPL（GNU Public License）相比，Apache Software License不要求使用并修改源码的使用者重新开放源码，而只是需要在每个修改的文件中保留License并说明所修改的内容。

Android系统架构主要应用于ARM平台，但不仅限于ARM，通过编译控制，在x86等体系结构的机器上同样可以运行。Android系统主要架构如图5.1所示。

Android系统主要架构包括如下组件。

1. 硬件抽象层

硬件抽象层（Hardware Abstraction Layer，HAL）提供标准界面，向更高级

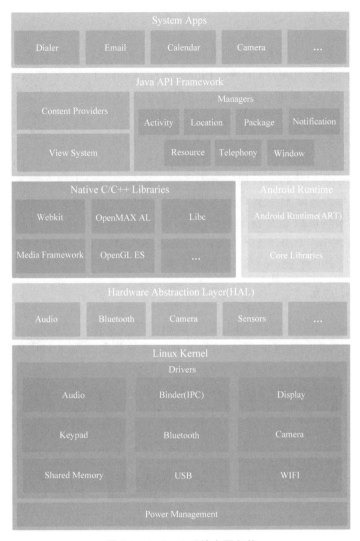

图 5.1　Android 系统主要架构

别的 Java API 框架显示设备硬件功能。HAL 包含多个库模块,其中每个模块都为特定类型的硬件组件实现一个界面,例如相机或蓝牙模块。当框架 API 要求访问设备硬件时,Android 系统将为该硬件组件加载库模块。

2. Android 运行环境

由于 Android 应用的主要开发语言是 Java 语言,所生成的目标文件为中间字节代码,因此需要一个运行时环境将应用从字节码转化为可执行的机器码。其中 Android 版本 5.0(API 级别 21)之前,采用的是 Dalvik 虚拟机的形式,通过解释执行与 JIT(Just-in-Time)编译的方式运行,因此带来性能与功耗的损失。而 Android 5.0(API 级别 21)及以后的版本引入了 Android 运行环境(Android Runtime,ART)和预先编译机制,将 Java 代码预编译为二进制可执行代码,从而避免运行时的编译开销。

3. 原生 C/C++ 库

许多核心 Android 系统组件和服务(例如 ART 和 HAL)构建自原生代码,需要以 C 和 C++ 编写的原生库(Native C/C++ Libraries)。Android 平台提供 Java 框架 API 以向应用显示其中部分原生库的功能。例如,可以通过 Android 框架的 Java OpenGL API 访问 OpenGL ES,以支持在应用中绘制、操作 2D 和 3D 图形。如果开发的是需要 C 或 C++ 代码的应用,可以使用 Android NDK 直接从原生代码访问某些原生平台库。

Android NDK 是能将 C 或 C++(原生代码)嵌入到 Android 应用中的工具,其中,原生共享库是 NDK 从源代码编译构建出动态库(.so 文件);原生静态库是 NDK 编译构建出静态库(.a 文件);Java 原生接口(JNI)是 Java 和 C++ 组件用于相互通信的接口;应用二进制接口(ABI),可以非常精确地定义应用的机器代码在运行时应该如何与系统交互,NDK 根据这些定义构建 .so 文件,不同的 ABI 对应不同的架构,NDK 为 32 位 ARM、AArch64、x86 及 x86-64 提供 ABI 支持。

4. Java API 框架

可通过以 Java 语言编写的 API 使用 Android OS 的整个功能集。这些 API 形成创建 Android 应用所需的构建块,它们可简化核心模块化系统组件和服务的重复使用,包括以下组件和服务。

(1)丰富、可扩展的视图系统,可用以构建应用的 UI,包括列表、网格、文本框、按钮甚至可嵌入的网络浏览器。视图布局中的所有元素均使用 View 和 ViewGroup 对象的层次结构进行构建,View 通常用于绘制用户可看到并与之交互的内容,ViewGroup 则是不可见的容器,用于定义 View 和其他 ViewGroup 对象的布局结构,如图 5.2 所示。

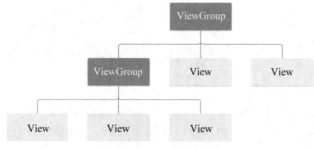

图 5.2 界面布局

Android 系统通过在 XML 中声明界面,从而可以将应用外观代码与控制其行为的代码分开。

(2)资源管理器,用于访问非代码资源,如本地化的字符串、图形和布局文件。例如,各类资源放入项目 res/目录的特定子目录中,如图 5.3 所示。

此示例中,res/目录包含以下资源(在子目录中):一个图像资源、两个布局资源、启动器图标的 mipmap/目录以及一个字符串资源文件。

(3)通知管理器,可让所有应用在状态栏中显示自定义提醒。通知是指 Android 在应用的界面之外显示的消息,旨在向用户提供提醒、来自他人的通信信息或应用中的其他实时信息。用户可以点按通知来打开应用,或直接从通知中执行操作。

（4）Activity 管理器,用于管理应用的生命周期,提供常见的导航返回栈。在 Android 平台上,Activity 充当用户与应用互动的入口点,同时也决定了用户在应用内部或应用之间导航的方式,前者如"返回"按钮,后者如"最近使用的应用"按钮。

```
res/
    drawable/
        graphic.png
    layout/
        main.xml
        info.xml
    mipmap/
        icon.png
    values/
        strings.xml
```

图 5.3　资源管理

Activity 类是 Android 应用的关键组件,而 Activity 的启动和组合方式则是该平台应用模型的基本组成部分。在编程范式中,应用是通过 main() 方法启动的,而 Android 系统与此不同,它会调用与其生命周期特定阶段相对应的特定回调方法来启动 Activity 实例中的代码。

Activity 提供窗口供应用在其中绘制界面。此窗口通常会填满屏幕,但也可能比屏幕小,并浮动在其他窗口上面。大多数应用包含多个屏幕,这意味着它们包含多个 Activity。通常,应用中的一个 Activity 会被指定为主 Activity,这是用户启动应用时出现的第一个屏幕。然后,每个 Activity 可以启动另一个 Activity,以执行不同的操作。在应用中使用 Activity,需要在应用的清单中注册关于 Activity 的信息,并且必须适当地管理 Activity 的生命周期。

5. Linux 内核

Android 平台的基础是 Linux 内核(Linux Kernel)。例如,Android Runtime(ART)依靠 Linux 内核来执行底层功能,如线程和低层内存管理。开发设备驱动程序与开发典型的 Linux 设备驱动程序类似。Android 使用的 Linux 内核版本包含一些特殊的补充功能,例如低内存终止守护进程(一个内存管理系统,可更主动地保留内存)、唤醒锁定(一种 PowerManager 系统服务)、Binder IPC 驱动程序,以及对移动嵌入式平台来说非常重要的其他功能。这些补充功能主要用于增强系统功能,不会影响驱动程序开发。

6. Binder IPC

Binder 进程间通信(IPC)机制允许应用框架跨越进程边界并调用 Android 系统服务代码,这使得高级框架 API 能与 Android 系统服务进行交互。在应用框架级别,开发者无法看到此类通信的过程,但一切似乎都在"按部就班地运行"。

Android 的内核基于 Linux 内核,但在进程间通信并没有直接利用 Linux 内核间的通信,而是采用了 Binder 方式。只需要复制一次 Binder 数据,而管道、消息队列、Socket 都需要复制两次,但共享内存方式一次内存复制都不需要;从性能角度看,Binder 性能仅次于共享内存。而从稳定性上来说,Binder 是基于 C/S 架构的,架构清晰明朗优越于共享内存。Binder 符合面向对象的思想,将进程间通信转化为通过对某个 Binder 对象的引用调用该对象的方法,而其独特之处在于 Binder 对象是一个可以跨进程引用的对象,它的实体位于一个进程中,而它的引用却遍布于系统的各个进程之中,Android 是基于 Java 语言(面向对象的语句)的特性。

◈ 5.2　鸿 蒙 系 统

华为鸿蒙系统是华为公司 2019 年 8 月 9 日在华为开发者大会上正式发布的操作系统。华为鸿蒙系统是一款全新的面向全场景的分布式操作系统,创造一个超级虚拟终端互联的世界,将人、设备、场景有机地联系在一起,将消费者在全场景生活中接触的多种智能终端实现极速发现、极速连接、硬件互助、资源共享,用合适的设备提供场景体验。

5.2.1　鸿蒙系统架构介绍

HarmonyOS 具备分布式软总线、分布式数据管理和分布式安全三大核心能力。其中,分布式软总线让多设备融合为一个设备,带来设备内和设备间高吞吐、低时延、高可靠的流畅连接体验。分布式数据管理让跨设备数据访问如同访问本地,大大提升跨设备数据远程读写和检索性能等。分布式安全能够把手机的内核级安全能力扩展到其他终端,进而提升全场景设备的安全性,通过设备能力互助,共同抵御攻击,保障智能家居网络安全;HarmonyOS 通过定义数据和设备的安全级别,对数据和设备都进行分类分级保护,确保数据流通安全可信。

HarmonyOS 是华为公司基于开源项目 OpenHarmony 开发的面向多种全场景智能设备的商用版本。华为已于 2020 年、2021 年分两次把鸿蒙操作系统的基础能力全部捐献给开放原子开源基金会。OpenHarmony 是由开放原子开源基金会孵化及运营的开源项目,由基金会的 OpenHarmony 项目群工作委员会负责运作,遵循 Apache 2.0 等开源协议,目标是面向全场景、全连接、全智能时代,基于开源的方式,搭建一个智能终端设备操作系统的框架和平台。

OpenHarmony 整体遵从分层设计,从下向上依次为内核层、系统服务层、框架层和应用层。整个硬件架构如图 5.4 所示。

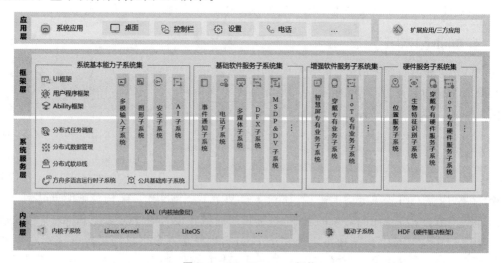

图 5.4　OpenHarmony 架构

1. 内核层

内核层主要包括内核子系统和驱动子系统。

1）内核子系统

采用多内核设计，包括 Linux、LiteOS-M 和 LiteOS-A 3 种内核，支持在 128KB 到 xGB RAM 资源的设备上运行系统组件。OpenHarmony 针对不同量级的系统，分别使用了不同形态的内核，分别为 LiteOS 和 Linux。在轻量系统、小型系统上可以选用 LiteOS；在小型系统和标准系统上可以选用 Linux。

（1）LiteOS。

OpenHarmony LiteOS 内核主要包括进程和线程调度、内存管理、IPC 机制、timer 管理等内核基本功能。

OpenHarmony LiteOS 内核的源代码分为 kernel_liteos_a 和 kernel_liteos_m 这两个代码仓库。其中，kernel_liteos_a 主要针对小型系统（Small System）和标准系统（Standard System），而 kernel_liteos_m 则主要针对轻量系统（Mini System）。

LiteOS-M 用于轻量系统，面向 MCU 类处理器，例如 ARM Cortex-M、RISC-V 32 位的设备，硬件资源极其有限，支持的设备最小内存为 128KB，可以提供多种轻量级网络协议，轻量级的图形框架，以及丰富的 IoT 总线读写部件等。可支撑的产品如智能家居领域的连接类模组、传感器设备、穿戴类设备等。

LiteOS-A 用于小型系统，面向应用处理器，例如 ARM Cortex-A 的设备，支持的设备最小内存为 1MB，可以提供更高的安全能力、标准的图形框架、视频编解码的多媒体能力。可支撑的产品如智能家居领域的 IP Camera、电子猫眼、路由器以及智慧出行领域的行车记录仪等。

（2）Linux。

Linux 用于标准系统，面向应用处理器，例如 ARM Cortex-A 的设备，支持的设备最小内存为 128MB，可以提供增强的交互能力、3D GPU 以及硬件合成能力、更多控件以及动效更丰富的图形能力、完整的应用框架。可支撑的产品如智能手机等。OpenHarmony 中 Linux 内核从 LTS 版本中选择合适的版本作为内核的基础版本，目前已完成对 Linux-4.19 及 Linux-5.10 的适配及支持。内核的 Patch 组成模块，在编译构建流程中，针对具体芯片平台，合入对应的架构驱动代码，进行编译对应的内核镜像。所有补丁来源均遵守 GPL-2.0 协议。

2）驱动子系统

驱动框架（Hardware Driver Foundation，HDF）为驱动开发者提供驱动框架能力，包括驱动加载、驱动服务管理和驱动消息机制。HDF 类似于 Android 系统中的 HAL 层，支持以下关键特性。

（1）弹性化的框架能力。在传统的驱动框架能力的基础上，OpenHarmony 驱动子系统通过构建弹性化的框架能力，可支持千字节级别到兆字节级容量的终端产品形态部署。

（2）规范化的驱动接口。定义了常见驱动接口，为驱动开发者和使用者提供丰富、稳定接口，并和未来开放的面向手机、平板、智慧屏等设备驱动接口保持 API 兼容性。

（3）组件化的驱动模型。支持组件化的驱动模型，为开发者提供更精细化的驱动管理，开发者可以对驱动进行组件化拆分，使得驱动开发者可以更多关注驱动与硬件交互部分。同时系统也预置了部分模板化的驱动模型组件，如网络设备模型等。

（4）归一化的配置界面。提供统一的配置界面，构建跨平台的配置转换和生成工具，实现跨平台的无缝切换。为了方便驱动开发者更易于开发 OpenHarmony 驱动程序，OpenHarmony 驱动子系统在 DevEco 集成了驱动开发套件工具，支持驱动工程管理、驱动模板生成、配置管理等界面化的操作。

开发者基于 HDF 驱动框架开发的驱动主要包含三部分。

（1）驱动程序部分——完成驱动的功能逻辑。

（2）驱动配置信息——指示驱动的加载信息内容。

（3）驱动资源配置——配置驱动的硬件配置信息。

OpenHarmony 驱动主要部署在内核态，当前主要采用静态连接方式，随内核子系统编译和系统镜像打包。

2. 系统服务层

系统服务层是 OpenHarmony 的核心能力集合，通过框架层对应用程序提供服务。该层包含以下 5 部分。

1）分布式软总线

分布式软总线是多设备终端的统一基座，为设备间的无缝互连提供了统一的分布式通信能力，能够快速发现并连接设备，高效地传输任务和数据。

分布式软总线子系统旨在为 OpenHarmony 系统提供通信相关的能力，包括 WLAN 服务能力、蓝牙服务能力、软总线、进程间通信 RPC(Remote Procedure Call)等通信能力。

（1）WLAN 服务。为用户提供 WLAN 基础功能、P2P(Peer-to-Peer)功能和 WLAN 消息通知的相应服务，让应用可以通过 WLAN 和其他设备互联互通。

（2）蓝牙服务。为应用提供传统蓝牙以及低功耗蓝牙相关功能和服务。

（3）软总线。为应用和系统提供近场设备间分布式通信的能力，提供不区分通信方式的设备发现、连接、组网和传输功能。

（4）进程间通信。提供不区分设备内或设备间的进程间通信能力。

2）分布式数据管理

分布式数据管理子系统支持单设备的各种结构化数据的持久化，以及跨设备之间数据的同步、共享功能。开发者通过分布式数据管理子系统，能够方便地完成应用程序数据在不同终端设备间的无缝衔接，满足用户跨设备使用数据的一致性体验。

（1）本地数据管理。提供单设备上结构化数据的存储和访问能力。使用 SQLite 作为持久化存储引擎，提供了多种类型的本地数据库，分别是关系数据库（Relational Database，RDB）和轻量级偏好数据库（Preferences），用以满足使用不同数据模型对应用数据进行持久化和访问的需求。

（2）分布式数据服务。分布式数据服务支持数据跨设备相互同步，为用户提供在多种终端设备上一致的数据访问体验。通过结合账号、应用和数据库三元组，分布式数据服务对数据进行隔离。在通过可信认证的设备间,分布式数据服务支持数据相互同步,提供跨设备的数据访问。

3) 分布式任务调度

分布式任务调度基于分布式软总线、分布式数据管理、分布式 Profile 等技术特性,构建统一的分布式服务管理(发现、同步、注册、调用)机制,支持对跨设备的应用进行远程启动、远程调用、绑定/解绑,以及迁移等操作,能够根据不同设备的能力、位置、业务运行状态、资源使用情况并结合用户的习惯和意图,选择最合适的设备运行分布式任务。主要功能如下。

(1) 远程启动元能力。跨设备拉起远端设备上的指定元能力。

(2) 远程迁移元能力。将元能力跨设备迁移到远端设备。

(3) 远程绑定元能力。跨设备绑定远端设备上的指定元能力。

(4) 系统服务管理。提供系统服务的本地启动、注册、查询等功能;提供系统服务的跨设备查询功能。

4) 公共基础库子系统

公共基础库子系统提供了一些常用的 C、C++ 开发增强 API。C++ 部分:文件、路径、字符串相关操作的能力增强接口;读写锁、信号量、定时器、线程增强及线程池等接口;安全数据容器、数据序列化等接口;各子系统的错误码相关定义;C 语言安全函数接口。C 部分:简易的数据存取接口 kv_store;标准文件相关操作 HAL 接口;其他一些内部功能,如定时器等。

5) 方舟多语言运行时子系统

方舟多语言运行时子系统提供了 JavaScript、C/C++ 语言程序的编译、执行环境,提供支撑运行时的基础库,以及关联的 API 接口、编译器和配套工具。当前支持的编程语言包括 JavaScript、C/C++ 。子系统中的组件划分也是基于编程语言维度,每个组件支持单独编译,可以基于场景进行组合和分离。

3. 框架层

框架层为应用开发提供了 C/C++ /JavaScript 等多语言的用户程序框架和 Ability 框架,适用于 JavaScript 语言的 JavaScript UI 框架,以及各种软硬件服务对外开放的多语言框架 API。根据系统的组件化裁减程度,设备支持的 API 也会有所不同。

1) UI 框架

使用基于 JavaScript 扩展的类 Web 开发范式的方舟开发框架,包括应用层(Application)、前端框架层(Framework)、引擎层(Engine)和平台适配层(Porting Layer)。

(1) 应用层表示开发者开发的 FA 应用,这里的 FA 应用特指 JavaScript FA 应用。

(2) 前端框架层主要完成前端页面解析,以及提供 MVVM(Model-View-View-Model)开发模式、页面路由机制和自定义组件等能力。

(3) 引擎层主要提供动画解析、DOM(Document Object Model)树构建、布局计算、渲染命令构建与绘制、事件管理等能力。

（4）适配层主要完成对平台层进行抽象，提供抽象接口，可以对接到系统平台，比如事件对接、渲染管线对接和系统生命周期对接等。

2）用户程序框架

用户程序框架子系统是 OpenHarmony 为开发者提供的一套开发 OpenHarmony 应用程序的框架，包含以下模块。

（1）AppKit。是用户程序框架提供给开发者的开发包，开发者基于该开发包可以开发出基于 Ability 组件的应用。

（2）AppManagerService。应用管理服务，用于管理应用运行关系、调度应用进程生命周期及状态的系统服务。

（3）BundleManagerService。是负责管理安装包的系统服务，常见的如包安装、更新、卸载和包信息查询等，运行在 Foundation 进程。

3）Ability 框架

（1）Page Ability 介绍。

Page Ability（见图 5.5）是主要负责页面交互的，那么就可以理解为 Android 的 Activity。类似于 Activity 有生命周期，同样 Page Ability 也是有生命周期的，生命周期分别是 onStart()、onActive()、onInactive()、onBackground()、onForeground()、onStop()。

图 5.5　Page Ability 多页面示意图

Ability 是应用所具备能力的抽象，也是应用程序的重要组成部分。一个应用可以具备多种能力（即可以包含多个 Ability），HarmonyOS 支持应用以 Ability 为单位进行部署。Ability 可以分为 FA（Feature Ability）和 PA（Particle Ability）两种类型，每种类型为开发者提供了不同的模板，以便实现不同的业务功能。FA 支持 Page Ability（页面能力），用于提供与用户交互的能力。一个 Page 可以由一个或多个 AbilitySlice 构成，AbilitySlice 是指应用的单个页面及其控制逻辑的总和。一个 Page 可以包含多个 AbilitySlice，但是 Page 进入前台时界面默认只展示一个 AbilitySlice。

（2）Service Ability 介绍。

Service 也是一种 Ability，Ability 为 Service 提供了以下生命周期方法，开发者可以重写这些方法，来添加其他 Ability 请求与 Service Ability 交互时的处理方法。

如果 Service 需要与 Page Ability 或其他应用的 Service Ability 进行交互，则须创建用于连接的 Connection。Service 支持其他 Ability 通过 connectAbility() 方法与其进行连接。

如果 Service 需要与 Page Ability 或其他应用的 Service Ability 进行跨设备交互，则须创建用于连接的 Connection。Service 支持其他 Ability 通过 connectAbility() 方法与其进行跨设备连接。

（3）Data Ability 介绍。

通过 Ability 派生出的 DataAbility 类，有助于应用管理其自身和其他应用存储数据的访问，并提供与其他应用共享数据的方法。Data 既可用于同设备不同应用的数据共享,也支持跨设备不同应用的数据共享。

4. 应用层

应用层包括系统应用和第三方非系统应用。应用由一个或多个 FA(Feature Ability)或 PA(Particle Ability)组成。其中,FA 有 UI 界面,提供与用户交互的能力;而 PA 无 UI 界面,提供后台运行任务的能力以及统一的数据访问抽象。基于 FA/PA 开发的应用,能够实现特定的业务功能,支持跨设备调度与分发,为用户提供一致、高效的应用体验。

根据图 5.4,OpenHarmony 框架在应用框架层和系统服务层之间提供了系统基本能力子系统集、基础软件服务子系统集、增强软件服务子系统集和硬件服务子系统集。除了框架层和系统服务层本身已有的模块外,还有如下模块。

在系统基本能力子系统集中有如下模块。

(1) 多模输入子系统。OpenHarmony 旨在为开发者提供 NUI(Natural User Interface)的交互方式,有别于传统操作系统的输入,在 OpenHarmony 上,将多种维度的输入整合在一起,开发者可以借助应用程序框架、系统自带的 UI 组件或 API 接口轻松地实现具有多维、自然交互特点的应用程序。多模输入子系统目前支持传统的输入交互方式,例如按键、触控等。

(2) 图形子系统。图形子系统主要包括 UI 组件、布局、动画、字体、输入事件、窗口管理、渲染绘制等模块,构建基于轻量 OS 应用框架满足硬件资源较小的物联网设备或者构建基于标准 OS 的应用框架满足富设备(如平板计算机和轻智能机等)的 OpenHarmony 系统应用开发。

(3) 安全子系统。安全子系统包括系统安全、数据安全、应用安全等功能,为 OpenHarmony 提供有效保护应用和用户数据的能力。安全子系统当前开源的功能,包括应用完整性保护、应用权限管理、设备认证、密钥管理服务、数据分级保护。

(4) AI 子系统。AI 业务子系统是 OpenHarmony 提供原生的分布式 AI 能力的子系统。本次开源范围是提供了统一的 AI 引擎框架,实现算法能力快速插件化集成。框架中主要包含插件管理、模块管理和通信管理等模块,对 AI 算法能力进行生命周期管理和按需部署。后续,会逐步定义统一的 AI 能力接口,便于 AI 能力的分布式调用。同时,提供适配不同推理框架层级的统一推理接口。

在基础软件服务子系统集有如下模块。

(1) 事件通知子系统。OpenHarmony 通过公共事件服务(Common Event Service,CES)为应用程序提供订阅、发布、退订公共事件的能力。

公共事件可分为系统公共事件和自定义公共事件。

系统公共事件:系统将收集到的事件信息,根据系统策略发送给订阅该事件的用户程序。例如,系统关键服务发布的系统事件(例如 hap 安装、更新、卸载等)。

自定义公共事件:应用自定义一些公共事件用来实现跨应用的事件通信能力。

每个应用都可以按需订阅公共事件,订阅成功且公共事件发布,系统会把其发送给应用。这些公共事件可能来自系统、其他应用和应用自身。

（2）电话子系统。电话服务子系统,提供了一系列的 API 用于获取无线蜂窝网络和 SIM 卡相关的一些信息。应用可以通过调用 API 来获取当前注册网络名称、网络服务状态、信号强度以及 SIM 卡的相关信息。

各个模块主要作用如下。

核心服务模块:主要功能是初始化 RIL 管理、SIM 卡和搜网模块。

通话管理模块:主要功能是管理电路交换(Circuit Switch,CS)、IP 多媒体子系统(IP Multimedia Subsystem,IMS)和 OTT 解决方案(Over The Oop,OTT)3 种类型的通话,申请通话所需要的音视频资源,处理多路通话时产生的各种冲突。

蜂窝通话模块:主要功能是实现基于运营商网络的基础通话。

短彩信模块:主要功能是短信收发和彩信编解码。

状态注册模块:主要功能是提供电话服务子系统各种消息事件的订阅以及取消订阅的 API。

（3）多媒体子系统。多媒体子系统为开发者提供一套简单且易于理解的接口,使得开发者能够方便接入系统并使用系统的媒体资源。多媒体子系统包含音视频、相机相关媒体业务,提供以下常用功能:音频播放和录制,视频播放和录制以及相机拍照和录制。

（4）DFX 子系统。在 OpenHarmony 中,DFX(Design For X)是为了提升质量属性软件设计,目前包含的内容主要有设计可靠性(Design for Reliability,DFR)和设计可测试性(Design for Testability,DFT)特性。提供流水日志、插件平台、应用故障收集和订阅、应用事件记录接口、框架和系统事件记录接口及服务。

在增强软件服务子系统集有智慧屏专有业务子系统、穿戴专有业务子系统以及 IoT 专有业务子系统。

在硬件服务子系统集有位置服务子系统、生物特征识别子系统、穿戴专有硬件服务子系统以及 IoT 专有硬件服务子系统等。

5.2.2　鸿蒙系统开发介绍

鸿蒙系统开发涉及两个方面,其中涉及应用的开发称为北向应用开发,涉及设备内部嵌入式的开发称为南向驱动开发。

1. 北向应用开发

鸿蒙系统的北向应用开发采用 IDE DevEco Studio 开发环境,它是基于 IntelliJ IDEA Community 开源版本进行定制开发的。DevEco Studio 提供的功能包括工程管理、代码编辑、编译、调试、发布 App 等。DevEco Studio 有以下特点。

（1）多设备统一开发环境。支持多种 HarmonyOS 设备的应用开发,包括手机(Phone)、平板(Tablet)、车机(Car)、智慧屏(TV)、智能穿戴(Wearable)、轻量级智能穿戴(Lite Wearable)和智慧视觉(Smart Vision)设备。

（2）支持多语言的代码开发和调试。包括 Java、XML(Extensible Markup Language)、C/C++ 、JS(JavaScript)、CSS(Cascading Style Sheets)和 HML(HarmonyOS

Markup Language)。

（3）支持 FA(Feature Ability)和 PA(Particle Ability)快速开发。通过工程向导快速创建 FA/PA 工程模板,一键式打包成 HAP(HarmonyOS Ability Package)。

（4）支持分布式多端应用开发。一个工程和一份代码可跨设备运行,支持不同设备界面的实时预览和差异化开发,实现代码的最大化重用。

（5）支持多设备模拟器。提供多设备的模拟器资源,包括手机、平板计算机、车机、智慧屏、智能穿戴设备的模拟器,方便开发者高效调试。

（6）支持多设备预览器。提供 JS 和 Java 预览器功能,可以实时查看应用的布局效果,支持实时预览和动态预览;同时还支持多设备同时预览,查看同一个布局文件在不同设备上的呈现效果。

2. 南向驱动开发

DevEco Device Tool 是鸿蒙系统用于进行南向设备开发的 IDE,这个工具主要是提供给嵌入式工程师使用的,支持代码编辑、编译、烧录和调试等功能,支持 C/C++ 语言,以插件的形式部署在 Visual Studio Code 上。

◆ 5.3　ROS 系 统

21 世纪,关于人工智能的研究进入了大发展阶段,包括全方位的具体的 AI,例如斯坦福大学人工智能实验室 STAIR(Stanford Artificial Intelligence Robot)项目,该项目组创建了灵活的、动态的软件系统的原型,用于机器人技术,后发展出 ROS 系统(机器人操作系统(Robot Operating System))。

5.3.1　ROS 的特点

ROS 有如下特点。

（1）分布式进程。它以可执行进程的最小单位(结点,Node)的形式进行编程,每个进程独立运行,并有机地收发数据。结点间的通信消息通过一个带有发布和订阅功能的 RPC 传输系统,从发布结点传送到接收结点。这种点对点的设计可以分散定位、导航等功能带来的实时计算压力。

（2）功能包单位管理。在已有繁杂的应用中,软件的复用性是一个问题,很多驱动程序、应用算法、功能模块在设计时过于混乱,导致其很难在其他应用中进行移植和二次开发。ROS 框架具有的模块化特点使得每个功能结点可以进行单独编译,并且使用统一的消息接口让模块的移植、复用更加便捷。

（3）集成多个开源项目代码。经过 ROS 开源社区中移植,集成了大量已有开源项目中的代码,例如 Open Source Computer Vision Library(OpenCV 库)、Point Cloud Library(PCL 库)等,开发者可以使用丰富的资源实现智能应用的快速开发。

（4）组件化工具包丰富。在一些智能应用开发过程中往往需要一些友好的可视化工具和仿真软件,ROS 采用组件化的方法将这些工具和软件集成到系统中并可以作为一个组件直接使用,包括如下工具。

① 3D 可视化工具 rviz(Robot Visualizer)。开发者可以根据 ROS 定义的接口显示机器人 3D 模型、周围环境信息等。

② 可视化分析工具 rqt。基于 qt 开发的可视化工具,包括:参数动态配置工具(rqt_reconfigure)可以用于动态的配置参数;计算图可视化工具(rqt_graph)显示通信架构及各个模块之间的关系;数据绘图工具(rqt_plot)用于绘制曲线;日志工具(rqt_console)用于查看日志。

③ 数据记录工具 Rosbag。用于记录和回放 ROS 主题的工具,可以保存所有的话题数据并可以对这些数据进行回放。

(5) 多种语言支持。ROS 支持多种编程语言。C++ 和 Pyhton 已经在 ROS 中实现编译,是目前应用最广的 ROS 开发语言,Lisp、C♯、Java 等语言的测试库也已经实现。为了支持多语言编程,ROS 采用了一种语言中立的接口定义语言来实现各模块之间消息传送。通俗的理解就是,ROS 的通信格式和用哪种编程语言来写无关,它使用的是自身定义的一套通信接口。

(6) 开源社区。ROS 具有一个庞大的社区 ROS WIKI,这个网站将会始终伴随着你进行 ROS 开发,无论是查阅功能包的参数、搜索问题还是。当前使用 ROS 开发的软件包已经达到数千万个,相关的机器人已经多达上千款。此外,ROS 遵从 BSD 协议,对个人和商业应用及修改完全免费。这也促进了 ROS 的流行。

5.3.2 ROS 架构

ROS 架构如图 5.6 所示。其中 OS 层,需要使用 ROS 官方支持的操作系统,目前支持度最好的是 Ubuntu 操作系统,也可以使用 Debian 等操作系统。

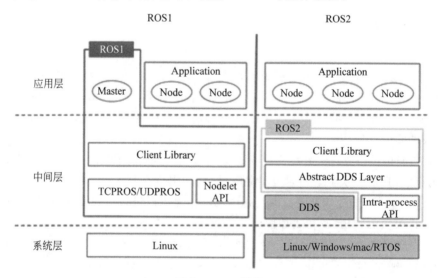

图 5.6 ROS 架构

1. 中间层

ROS 的通信系统在基于 TCP/UDP 网络的基础上再次封装,通过使用发布/订阅、客户端/服务端等模型,实现多种通信机制的数据传输。同时 ROS 还提供一种进程内的通信方法——Nodelet,可以为多进程通信提供更优化的数据传输方式,适合对数据传输实时性方面有较高要求的应用。在通信机制之上,ROS 也提供了大量应用开发的库,如数据类型定义、坐标变换等,可以提供给应用层用。

2. 应用层

ROS 运行的管理者 Master,负责管理整个系统的正常运行。ROS 社区内共享了大量的机器人应用功能包,这些功能包以结点为单位运行,以 ROS 标准的输入输出作为接口,开发者不需要关注模块的内部运行机制,只需要了解接口规则即可实现应用,大大提高了开发效率。

ROS 目前有两个版本,其中 ROS1 中的所有结点均需要通过 roscore 进行通信。这意味着整个机器人系统的稳定性严重依赖 roscore 的稳定性,若 roscore 崩溃就会导致网络中的所有结点无法通信。同时 ROS1 构建于 Linux 系统之上,较难迁移至其他非 Linux 的操作系统,无法运行于 Windows 或者其他常用于机器人控制的实时操作系统。ROS2 与 ROS1 的架构区别如图 5.6 所示。其中有一个较大的区别是 ROS2 取消了原来负责所有结点间协调通信的 master,结点间通信的功能替换为数据分发服务(Data Distribution Service,DDS)。DDS 是对象管理组织(Object Management Group,OMG)定义的网络中间件标准。开发 ROS2 结点时,由 ROS2 的抽象 DDS API 来实现调用结点。抽象 DDS API 使得 ROS2 结点与具体的 DDS 实现解耦,使得 ROS2 可以自由使用由不同的企业和组织开发的 DDS 实现,避免了 ROS2 对某个数据通信实现的强依赖。ROS2 对 DDS 的抽象的主要目的是解决 ROS1 中 roscore 的强依赖和提高 ROS 的跨平台能力。目前可用于 ROS2 的 DDS 实现,如 eProsima Fast DDS 和 Vortex OpenSplice,可以减少数据传输的计算开销、提供服务质量(Quality of Service,QoS)方面的支持。

5.3.3　ROS 系统主要内容

ROS 系统被划分为 3 个层次。

(1)文件系统。ROS 的内部结构、文件结构和所需的核心文件都在这一层里。

(2)计算图。主要是指进程之间(结点之间)的通信。ROS 创建了一个连接所有进程的网络,通过这个网络结点之间完成交互,获取其他结点发布的信息。围绕计算图级和结点,一些重要的概念也随即产生:结点、结点管理器、参数服务器、消息、服务、主题(或称话题)和消息记录包。

(3)开源社区。主要是指 ROS 资源的获取和分享。通过独立的网络社区,可以共享和获取知识、算法和代码,开源社区的大力支持使得 ROS 系统得以快速成长。

1. 文件系统

ROS 文件系统指的是在硬盘上面查看的 ROS 源代码的组织形式,如图 5.7 所示。ROS 文件系统的主要目标是将项目构建的过程集中化,同时提供足够的灵活性和工具来分散之间的依赖性。一个 ROS 程序的不同组件要放在不同的文件夹下,这些文件夹根据功能的不同来对文件进行组织。

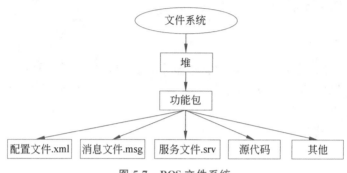

图 5.7   ROS 文件系统

ROS 中有无数的结点、消息、服务、工具和库文件,需要有效的结构去管理这些代码。在 ROS 的文件系统级,有以下几个重要概念:功能包(package)、堆(stack)等。

1) 工作空间

工作空间就是一个文件夹,包括以下空间。

(1) 源文件空间。在源文件空间(src 文件夹)中,放置了功能包、项目、复制的包等。在这个空间中,src 文件夹中有 CMakeLists.txt 用于 cmake 调用它。这个文件是通过 catkin_init_workspace 命令创建的。

(2) 编译空间。在 build 文件夹中,cmake 和 catkin 为功能包和项目保存缓存信息、配置和其他中间文件。

(3) 开发空间。devel 文件夹用来保存编译后的程序,这些是无须安装就能用来测试的程序。当项目通过测试,就可以安装或导出功能包从而与其他开发人员分享。

在工作空间中编译程序可以采用标准的 CMake 工具流程,同时 ROS 软件框架也提供了专门针对 ROS 包的编译工具 catkin_make 命令。

2) 功能包

ROS 的软件以包的方式组织起来,包含结点、ROS 依赖库、数据套、配置文件、第三方软件或者任何其他逻辑构成。包的目标是提供一种易于使用的结构以便于软件的重复使用。总体来说,ROS 的包短小精干。

ROS 功能包的典型结构如图 5.8 所示。

图 5.8   ROS 功能包的典型结构

（1）include。放置功能包中需要用到的头文件。

（2）launch。放置功能包中的所有启动文件。

（3）msg。放置功能包自定义的消息类型，如果开发需要非标准的消息，请把文件放在这里。

（4）scripts。放置可以直接运行的脚本，其中包括 bash、Python 或任何其他脚本语言的可执行脚本。

（5）src。放置程序的源文件，可以为结点创建一个文件夹或按照希望的方式组织它。

（6）srv。放置功能包自定义的服务类型。

（7）CMakeLists.txt。编译器编译功能包的规则。

（8）package.xml。描述功能包的属性，包括功能包的名字、版本号、作者、维护者、通行证以及所以来的功能包。

3）堆

堆是包的集合，它提供一个完整的功能。ROS 是一种分布式处理框架，这使得可执行文件能被单独设计，并且在运行时松散耦合。这些过程可以封装到包（Packages）和堆（Stacks）中，以便于共享和分发。堆用于将几个具有某些功能的功能包组织在一起，堆也称为综合功能包，在 ROS 系统中，存在大量不同用途的堆（综合功能包），例如导航功能包集、ros_tutorials 等。

2. 计算图

计算图是 ROS 处理数据的一种点对点的网络形式。程序运行时，所有进程及它们所进行的数据处理，将会通过一种点对点的网络形式表现出来，获取其他结点发送的信息，并将自身数据发布到网络上。

ROS 中的基本计算图的概念包括结点、结点管理器、参数服务器、消息、服务、话题和包。这些概念以各种方式向计算图提供数据。

1）结点（Node）

作为 ROS 系统的核心，结点是用 C++ 或 Python（ROS 客户端库 roscpp、rospy）编写的程序，用来执行任务或进程。一个结点即为一个可执行文件，它可以通过 ROS 与其他结点进行通信。

（1）一个结点其实只不过是 ROS 程序包中的一个可执行文件。

（2）ROS 结点可以使用 ROS 客户库与其他结点通信。

（3）结点可以发布或接收一个话题。

（4）结点也可以提供或使用某种服务。

结点概念的引入使得 ROS 系统运行更加形象，当许多结点同时运行时，可以利用 rqt_graph 工具生成结点关系图，如图 5.9 所示。

2）话题（Topic）

消息以一种发布/订阅（Publish/Subscribe）的方式传递，一个结点可以针对给定的话题发布消息（称为发布者/Talker），也可以关注某个话题并订阅特定类型的数据（称为订

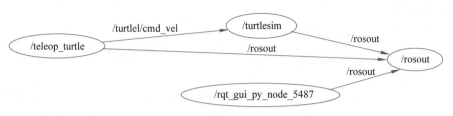

图 5.9　ROS 中的结点关系

阅者/Listener）。话题发布者和话题订阅者不知道对方的存在。发布者将信息发布在一个全局的工作区内，当订阅者发现该信息是他所订阅的，就可以收到这个信息。话题通信示意图如图 5.10 所示。

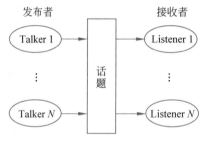

图 5.10　话题通信示意图

3）ROS 服务（Service）

基于话题的发布/订阅模式是一种多对多的传输方式，显然这种传输方式不适用于请求/回复的交互方式，而请求/回复模式可通过服务允许直接与某个结点进行交互，服务被定义为一对消息结构：一个用于请求；另一个用于回复。一个客户通过发送请求信息并等待响应来使用服务。与发布/订阅的通信机制相比，服务/客户端通信机制是一种双向、一对一的可靠通信机制。

服务是同步通信方式，例如服务器结点 B 会向外面提供一个 service 服务，客户端结点 A 需要数据，就会向 service 发送请求，等待结果，然后服务器接收到请求就会发送数据给客户端。

4）ROS 参数

针对机器人，需要对机器人的参数（如传感器参数、算法的参数）进行设置，有些参数（如机器人的轮廓、传感器的高度）在机器人启动时设定好就行了；有些参数则需要动态改变（特别是在调试时）。ROS 提供了参数服务器来满足这一需求。我们可以将参数设置在参数服务器，在需要用到参数时再从参数服务器中获取。rosparam 命令可对 ROS 参数服务器上的参数进行操作。一般地，可以将需要设置的参数保存在 yaml 文件中，使用 rosparam load［文件路径\文件名］命令一次性将多个参数加载到参数服务器。

参数服务器使用 XMLRPC 实现并在 ROS 结点管理器下运行，XMLRPC 消息就是一个请求体为 xml 的远程过程调用 http-post 请求，被调用的方法在服务器端执行并将执行结果以 xml 格式编码后返回。

5）消息

结点则通过消息（Message）与其他结点交换数据，最终成为一个大型的程序，如图 5.11 所示。结点之间的消息通信分为 3 种：单向消息发送/接收方式的话题（Topic），可连续单向地发送/接收数据；双向消息请求/响应方式的服务（Service），可对请求给出即时响应；双向消息目标（Goal）/结果（Result）/反馈（Feedback）方式的动作（Action），可用于请求与响应之间需要太长时间的情况。

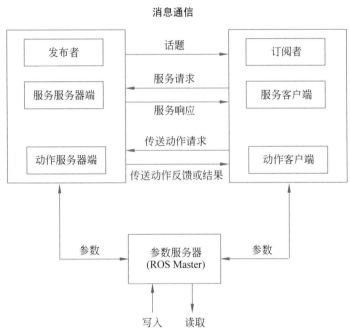

图 5.11 结点间的消息通信

消息类型必须具有两个主要部分：字段（Field）和常量（Constant）。字段定义了要在消息中传输的数据类型，主要有 bool、int8、uint8、int16、uint16、int32、uint32、int64、uint64、float32、float64、string、float32、string、time 和 duration 类型。

创建新的消息类型得将其定义放到 msg/ 文件下，都以 msg 为扩展名。msg 是一个描述 ROS 中消息的域的简单的文本文件，它用来为消息产生不同语言的源代码。msg 是简单的文本文件，它的每一行由一个域的类型和域的名字组成。

与话题消息类似，ROS 中的服务数据可以通过 srv 文件进行语言无关的接口定义，一般放置在功能包根目录下的 srv 文件夹中。该文件包含请求与应答两个数据域，数据域中的内容与话题消息的数据类型相同，只是在请求与应答的描述之间，需要使用 3 个横线"—"进行分割。

6）消息记录包

rosbag：ROS 日志信息；在 ROS 中用 bag 格式保存各种消息，并在需要时将其回放，以便人们可以重现以前的情况。rosbag 是一个实现生成、播放和压缩等功能的程序。

7）结点管理器

ROS 结点管理器向 ROS 系统中其他结点提供命名和注册服务，它向服务一样跟踪主题的发布者和订阅者。结点管理器使结点之间能够互相查找，一旦这些结点找到了彼此，就能建立点对点的通信。例如，一个执行过程其中包括：广播一个主题，订阅一个主题，发布一个消息。结点管理器通常使用 roscore 命令运行，它会加载 ROS 结点管理器及其他 ROS 核心组件。

3. 开源社区

ROS 开源社区主要关于 ROS 资源，能够通过独立的网络社区分享软件和知识。这些资源包括如下一些。

（1）发行版（Distribution）——ROS 发行版是可以独立安装的、带有版本号的一系列功能包集。ROS 发行版像 Linux 发行版一样发挥类似的作用。这使得 ROS 软件安装更加容易，而且能够通过一个软件集合来维持一致的版本。

（2）软件源（Repositorie）——ROS 依赖于共享开源代码与软件源的网站或主机服务，在这里不同的机构能够发布分享各自的机器人软件和程序。

（3）ROS Wiki——ROS Wiki 是用于记录有关 ROS 系统信息的主要论坛。任何人都可以注册账户和贡献自己的文件，提供更正和更新，编写教程以及其他信息。

（4）邮件列表（Mailing List）——ROS 用户邮件列表是关于 ROS 的主要交流渠道，能够交流从 ROS 软件更新到 ROS 软件使用中的各种疑问或信息。

第6章

应用软件开发

使用 C、C++ 和 Java 等高级程序语言编写代码可以实现具有一定功能的软件系统,包括功能和实现的算法和方法、软件的总体结构设计和模块设计、编程和调试、程序联调和测试。本章主要对软件开发语言、软件开发工具、软件框架及常见组件进行说明。

◇ 6.1 程 序 开 发

6.1.1 常见开发语言

如下是一些常见的程序开发语言。

1. C 语言

C 语言是一种通用的编程语言,广泛应用于系统软件与应用软件的开发,在实际项目中,C 语言主要用于较底层的开发。C 语言是一种结构化的语言,提供的控制语句具有结构化特征。C 语言能以简易的方式编译、处理低级存储器。C 语言是仅产生少量的机器语言以及不需要任何运行环境支持便能运行的高效率程序设计语言。与其他高级语言相比,C 语言可以生成高质量和高效率的目标代码,故通常应用于对代码质量和执行效率要求较高的嵌入式系统程序的编写。在编程领域中,C 语言的运用非常之多,它兼顾了高级语言和汇编语言的优点,拥有经过了漫长发展历史的完整的理论体系,在编程语言中具有举足轻重的地位。

2. C++ 语言

C++ 语言是一种高级语言,它进一步扩充和完善了 C 语言,是一种面向对象的程序设计语言。C++ 语言可运行于多种平台上,如 Windows、macOS 以及 UNIX 的各种版本。C++ 是一种使用非常广泛的计算机编程语言,C++ 作为一种静态数据类型检查的、支持多范型的通用程序设计语言,能够支持过程化程序设计、数据抽象化、面向对象程序设计、泛型程序设计、基于原则设计等多种程序设计风格。C++ 的编程领域众多,常用于系统开发、引擎开发等应用领域,深受广大程序员的喜爱。C++不仅拥有计算机高效运行的实用性特征,还致力于提高大规模程序的编程质量与程序设计语言的问题描述能力。

3. Python 语言

Python 语言是一个动态类型的面向对象编程语言,于 1989 年被设计出来。Python 的语法简单,因此非常易学,对初学者很友好。在开发时不用去管一些麻烦的小细节,例如指针、内存管理和类型等。Python 语言常常用于人工智能和机器学习,大多数人工智能和机器学习的框架及算法都是用 Python 实现的。但是由于 Python 语言是动态类型的编程语言,所以它的稳定性不佳,在编译的时候常常不能告诉出了什么错;由于是一种解释型语言,Python 的运行速度比 C++ 慢很多。

4. Java 语言

Java 语言是一个面向对象而且是静态类型的编程语言,Java 语言是 1994 年由 Sun 公司开发出来的,由于 Sun 公司在 2010 年被 Oracle 公司收购,Java 就成了 Oracle 旗下的产品。Java 语言非常健壮和安全,并且是一个完全面向对象的语言,逻辑复用性强,灵活性好。它不像 C++ 有很多需要考虑的小细节,有垃圾回收器,所以不用去管指针、内存泄漏等问题。Java 语言的生态非常好,它有很多实践和解决方案可以参考。Java 的应用非常广,很多时候可以用来写网站的后端;也可以用来写 Android 的 App;还可以用在大数据方面,例如 Kafka 软件。用 Java 的公司也很多,例如阿里巴巴、美团、Uber 和 Google 等。

5. Go 语言

Go 语言的官方网站是 Golang.org,所以有时也称它 Golang。2007 年 Google 公司开始开发并且于 2013 年正式发布,是一个年轻的静态类型编程语言,比较简单易学,适合初学者。由于可以直接编译成二进制码在机器上运行,因此 Go 语言的运行速度快。Go 语言在语言层面上支持多核并发,这让它在云计算和网络通信方面有优势。由于 Go 语言有特别多开箱即用的功能以及对其他技术的支持,它特别适合用来开发网站的后端。现在有很多公司在用 Go 语言,如字节跳动、Google、腾讯和 Facebook 等。但由于 Go 语言相对年轻,所以开发生态相对于老的语言来说还没有那么好。

6. SQL

SQL(Structured Query Language)专门用在数据库方面,用于对关系数据库进行交互和管理。应用开发都常常附带数据库,而大部分数据库又是关系数据库,所以 SQL 在数据库管理方面很重要。网站后端会用到数据库,所以 SQL 也是后端开发很重要的一个语言。SQL 语法简洁,所以上手简单。

7. C#

C# 是 2000 年微软公司推出的一个静态类型编程语言。它全面支持面向对象编程,且安全性好,和.NET 一起可以支持多线程与并发。它具有垃圾回收站,所以不需要担心内存泄漏的问题。由于 C♯ 支持 lambda 表达式,所以可以用函数式编程,还可以用 C♯和 ASP.NET 一起开发网站的后端,可以开发 Windows 的桌面 App,同时 C♯ 也是开发 Unity 的主要语言。很多公司在用 C♯ 语言,例如微软和惠普等。C♯ 的缺点是它比 C++运行的速度慢,并且 C♯ 太依赖.NET 框架,所以只能在 Windows 下工作。

8. JavaScript

JavaScript(简称 JS)是一种具有函数优先的轻量级、解释型编程语言。虽然它是作为开发 Web 页面的脚本语言而出名的,但是它也被用到了很多非浏览器环境中,例如 Node.js。JavaScript 是动态类型语言,动态类型语言就是在写代码时,每一个对象和每一个变量并不需要指定它是什么类型。JavaScript 语言主要用于前端开发,用于控制网页行为,像 React、Vue 和 Angular 这样的知名架构都使用了 JavaScript。

JavaScript 只是名字里有个 Java,语言本身和 Java 语言一点关系也没有,JavaScript 的正式名称是 ECMAScript。1996 年 11 月,JavaScript 的创造者网景公司将 JavaScript 提交给国际化标准组织欧洲计算机制造联合会(European Computer Manufactures Association,ECMA),希望这种语言能够成为国际标准,随后 ECMA 发布了规定浏览器脚本语言的标准,即 ECMAScript。ES6 是 ECMAScript 标准十余年来变动最大的一个版本,为其添加了许多新的语法特性,2015 年 6 月,ES6 正式通过,成为国际标准。

9. TypeScript

TypeScript 是由微软公司开发并维护的一门语言,它是 JavaScript 的超集(也就是说 JavaScript 是 TypeScript 的子集),它在 JavaScript 的基础上加了一层类型系统,所以所有的 JavaScript 都是合法的 TypeScript。它是静态类型语言,增加了项目和代码的可维护性、安全性和健壮性。TypeScript 语法友好,表达力强,若已经掌握 JavaScript 会很快学会此语言,与 JavaScript 一样可以制作网页和制作动画效果,目前前端框架也逐渐加入了对 TypeScript 的支持。

10. HTML 和 CSS

HTML 和 CSS 并不能被非常严谨地称为编程语言,它们更像是标记语言。HTML(Hypertext Markup Language)即超文本标记语言,它专门用来展示网页里面的内容,例如文字和图片等。CSS(Cascading Style Sheet)即层叠样式表,主要是用来装饰由 HTML 标记的网页。这两个语言运用范围很广,网页主要是由这两个语言组成的。网站的开发及前端工程师需要掌握这两门语言,HTML 和 CSS 语言入门较为简单,但若要完成一个网页,会有很多代码。

11. Rust

Rust 是一个高级的静态类型编程语言,可以看作 C++ 的竞争者,于 2006 年由 Graydon Hoare 设计出来,2011 年正式推出,现在主要是由 The Rsst Foundation 维护。

Rust 语言可以操作并且控制一些很底层的计算机资源,如堆和栈,并且在这些资源不再被需要时在编译层面去释放这些资源,所以能对内存有非常高效率的利用。因为 Rust 并没有垃圾回收器,所以会非常快。由于是一个静态类型编程语言,很多问题会在编译时查找出来,所以运行很安全。同时编译器自带的一些功能也确保 Rust 不会像 C 和 C++ 那样容易发生内存泄漏。Rust 应用非常广,因为原生的支持并发所以非常适合用于网络通信。而且这门语言非常接近底层,运行速度非常快,所以很多时候会被用来开发实时系统。它还拥有直接控制硬件以及内存的能力,可以被用来进行嵌入式系统开发。用 Rust 开发的公司很多,例如 mozilla(开发 FireFox 浏览器的公司)、NPM 和 Dropbox。但是由于 Rust 的语法比较晦涩,所以新开发者上手不太容易。

6.1.2　常见开发环境

使用文本编辑器来开发程序,最大的缺点是效率太低,运行程序还需要在命令行单独输入命令。如果还需要调试程序,就更加麻烦了。这时就需要一个 IDE 集成开发环境,能在一个环境里编码、运行、调试,大大提升开发效率。常见的 IDE 集成开发环境如下。

1. Visual Studio 开发环境

Visual Studio 是微软公司为以 Windows 为主的平台开发的一套功能全面而强大的 IDE(集成开发环境),支持 C♯、F♯、VB、C/C++ 等多种语言的开发。Visual Studio 有 3 个主要版本可供选择:Community 是免费的社区版;Professional 和 Enterprise 是收费的专业版和企业版,对于初学者三者没有区别。

2. Qt 开发环境

Qt 是一个跨平台的 C++ 框架(C++ 库),Qt 虽然经常被当作一个 GUI 库,用来开发图形界面应用程序,但这并不是 Qt 的全部;Qt 除了可以绘制漂亮的界面(包括控件、布局、交互),还包含很多其他功能,如多线程、访问数据库、图像处理、音频视频处理、网络通信、文件操作等,这些 Qt 都已经内置了。大部分应用程序都可以使用 Qt 实现。

3. Visual Studio Code(简称 VS Code)

VS Code 是一款由微软公司开发且跨平台的免费源代码编辑器。该软件支持语法高亮、代码自动补全(又称 IntelliSense)、代码重构功能,并且内置了命令行工具和 Git 版本控制系统。用户可以更改主题和键盘快捷方式实现个性化设置,也可以通过内置的扩展程序商店安装扩展以拓展软件功能。VS Code 使用 Monaco Editor 作为其底层的代码编辑器。

VS Code 默认支持非常多的编程语言,包括 JavaScript、TypeScript、CSS 和 HTML;也可以通过下载扩展支持 Python、C/C++、Java 和 Go 在内的其他语言,还支持调试 Node.js 程序。与 GitHub 的 Atom 一样,VS Code 也基于 Electron 框架构建。VS Code 有很好的插件管理功能,可以根据需求插入各种开发插件,从而便于扩展各种新功能。

鸿蒙南向设备开发的 IDE DevEco Device Tool 就是以插件的形式部署在 VS

Code 上。

4. IntelliJ IDEA

IntelliJ IDEA 是一种商业化销售的 Java 集成开发环境（Integrated Development Environment，IDE）工具软件，由 JetBrains 软件公司（以前称为 IntelliJ）开发，提供 Apache 2.0 开放式授权的社区版本以及专有软件的商业版本，开发者可选择其所需来下载使用。

Android Studio 开发环境就是基于 IntelliJ IDEA 的社区版本发展而成，用以取代原来提供 Android 开发者使用的 Eclipse ADT。

华为鸿蒙系统的北向应用开发采用的 IDE DevEco Studio 开发环境，也是基于 IntelliJ IDEA 的社区版本发展而成的。

同时 IntelliJ 对个别编程语言所开发的集成环境，如 AppCode、CLion、PhpStorm、PyCharm、RubyMine、WebStorm 和 MPS 等，皆可由插件的方式加载 IntelliJ IDEA 来使用。

5. Eclipse

Eclipse 是一款跨平台开源集成开发环境（IDE）。最初主要用于 Java 语言开发，通过插件可使其作为 C++、Python、PHP 等其他语言的开发工具。Eclipse 的本身只是一个框架平台，但是众多插件的支持，使得 Eclipse 拥有较佳的灵活性，所以许多软件开发商以 Eclipse 为框架开发自己的 IDE。

Eclipse 的设计思想是：一切皆插件。Eclipse 核心很小，其他所有功能都以插件的形式附加于 Eclipse 核心之上。Eclipse 基本内核包括图形 API（SWT/Jface）、Java 开发环境插件（JDT）、插件开发环境（PDE）等。

Eclipse 框架的本质与极高的扩展性，使得厂商可以利用 Eclipse 作为平台开发各类 IDE。甚至一些应用软件也是基于 Eclipse 的，如 Oracle JDK 自带的监控程序、Android SDK 附带的设备监视工具 DDMS。

很多嵌入式系统芯片开发环境都是基于 Eclipse 开发的。例如，众多 MCU 厂商都在大力发展自家的免费 IDE，力图摆脱 KEIL 和 IAR 的垄断局面。而这些免费 IDE 大都基于 Eclipse 深度定制而来，如迈来芯的 MLXIDE、ST 的 CubeIDE、TruStudio、NXP 的 S32DS、TI 的 CCS，再到最近比较火热的 RISC-V、国内 RISC-V 处理器的领军企业芯来科技开发的 Nuclei Studio IDE，都是 Eclipse 的定制产品。

6.1.3　代码版本管理工具

代码管理工具对代码管理有如下功能。

（1）能记录一个项目从开始到结束的整个过程。

（2）追踪项目中所有内容的变化情况，如增加了什么内容、删除了什么内容、修改了什么内容等。

（3）版本控制，可以清楚地知道每个版本之间的异同点，如版本 2.0 相比较版本 1.0

多了什么内容、功能等。

（4）权限控制，防止代码混乱，提高安全性。

（5）责任追究，可以清楚地知道谁对哪个文件进行了什么修改，导致项目无法正常运行。

（6）回退处理，执行了错误的操作之后还可以有补救的机会，如从版本 1.0 升级到版本 2.0，后来发现版本 2.0 有一个错误，这时候可以进行回退处理。

（7）冲突解决，在团队的多人协同开发中，冲突是经常有的事情，例如，存在相同的文件名称，同一个文件中有相同功能的函数等，这时候使用源代码管理工具可以比较方便地解决冲突。

1. Git 工具

（1）Git 是版本控制工具，是一款自由和开源的分布式版本控制系统，用于敏捷高效地处理任何或小或大的项目，是版本控制工具。

（2）GitHub 是一个面向开源及私有软件项目的托管平台，提供给用户空间创建 Git 仓储，保存用户的一些数据文档或者代码等。GitHub 可以托管各种 Git 库，并提供一个 Web 界面，但与其他像 SourceForge 或 Google Code 这样的服务不同，GitHub 的独特优势在于从另外一个项目进行分支的简易性。为一个项目贡献代码非常简单：首先单击项目站点的 fork 的按钮，将源项目 fork 到自己的目录下，然后将代码检出（checkout）并将修改内容加入代码文件中，最后通过内建的 pull request 机制向项目负责人申请代码合并。

（3）GitLab 是一个用于仓库管理系统的开源项目，使用 Git 作为代码管理工具，并在此基础上搭建起来的 Web 服务。

（4）Git、GitHub 与 GitLab 的区别如下。

Git 是一种版本控制系统，是一种工具，用于代码的存储和版本控制。

GitHub 是一个基于 Git 实现的在线代码仓库，是目前全球最大的代码托管平台，可以帮助程序员之间互相交流和学习。对于开源项目而言，GitHub 用于代码托管从而方便交流和学习。

GitLab 是一个基于 Git 实现的在线代码仓库软件，开发者可以用 GitLab 自己搭建一个类似于 GitHub 一样的仓库，但是 GitLab 有完善的管理界面和权限控制，一般用于在企业、学校等内部网络搭建 Git 私服。从代码的私有性上来看，GitLab 是一个更好的选择。

2. Gitee 工具

使用 GitHub 时，国内的用户经常遇到的问题是访问速度太慢，有时还会出现无法连接的情况，可以使用国内的 Git 托管服务——Gitee(gitee.com)。

与 GitHub 相比，Gitee 也提供免费的 Git 仓库。此外，还集成了代码质量检测、项目演示等功能。对于团队协作开发，Gitee 还提供了项目管理、代码托管、文档管理的服务，5 人以下小团队免费。

◇ 6.2　网络通信介绍

6.2.1　常见无线通信方案

1. WiFi 无线通信

WiFi 俗称无线宽带,是 WiFi 联盟制造商的商标作为产品的品牌认证,是一个创建于 IEEE 802.11 标准的无线局域网技术。

随着最新的 IEEE 802.11 ax 标准发布,新的 WiFi 标准名称也将定义为 WiFi6,因为当前的 IEEE 802.11 ax 是第六代 WiFi 标准。WiFi 联盟从这个标准起,将原来的 IEEE 802.11 a/b/g/n/ac 之后的 ax 标准定义为 WiFi6,从而也可以将之前的 IEEE 802.11 a/b/g/n/ac 依次追加为 WiFi1/2/3/4/5。2.4GHz 频段支持 IEEE 802.11 b/g/n/ax 标准,5GHz 频段支持 IEEE 802.11 a/n/ac/ax 标准。由此可见,IEEE 802.11 n/ax 同时工作在 2.4GHz 和 5GHz 频段,所以这两个标准是兼容双频工作。2.4GHz 的优点是穿墙能力不错;缺点是容易受到干扰。5GHz 的优点是抗干扰能力强,带宽宽,吞吐率高,扩展性强;缺点是只适合室内小范围覆盖和室外网桥,各种障碍物对其产生的衰减作用比 2.4GHz 大得多。

2. ZigBee 无线通信

ZigBee 技术是一种应用于短距离和低速率下的无线通信技术,基于 IEEE 802.15.4 无线标准研制开发的,主要用于无线域网,可工作在 2.4GHz、868MHz 和 915 MHz 3 个频段上,分别具有最高 250kb/s、20kb/s 和 40kb/s 的传输速率,它的传输距离在 10～75m,但可以继续增加。通过 IEEE 802.15.4 协议服务,FFD 不仅可以发送和接收数据,还具有路由功能;最终结点负责收集数据,然后发送到协调点或路由结点处理。ZigBee 支持 3 种网络拓扑:星状结构,树结构,网状结构。IEEE 802.15.4 定义了 PHY(物理层)和 MAC(介质访问层)技术规范;ZigBee 联盟定义了 NWK(网络层)、APS(应用程序支持层)、APL(应用层)技术规范。ZigBee 协议栈就是将各个层定义的协议都集合在一起,以函数的形式实现,并给用户提供 API(应用层),用户可以直接调用。

一个星状结构的 ZigBee 网络最多可以容纳 254 个从设备和一个主设备,一个区域内可以同时存在最多 100 个 ZigBee 网络,而且网络组成灵活,网络容量大,网络可以容纳 65 000 台设备。低功耗、小功率待机模式下,两节普通 5 号电池可使用 6～24 个月。

3. 蓝牙无线通信

蓝牙(Bluetooth)是一种支持设备短距离通信的无线电技术,能在包括移动电话、PDA、无线耳机、笔记本计算机、相关外设等众多设备之间进行无线信息交换。蓝牙是一种短程宽带无线电技术,是实现语音和数据无线传输的全球开放性标准。它使用跳频扩谱(FHSS)、时分多址(TDMA)、码分多址(CDMA)等先进技术,在小范围内建立多种通信与信息系统之间的信息传输。

蓝牙芯片有多个版本,其中蓝牙 5.2 是蓝牙技术联盟在 2020 年发布的蓝牙标准,主要的特性是增强版 ATT 协议、LE 功耗控制和信号同步,连接更快,更稳定,抗干扰性更好。一般将蓝牙 3.0 之前的 BR/EDR 蓝牙称为传统蓝牙,而将蓝牙 4.0 规范下的 LE 蓝牙称为低功耗蓝牙。从蓝牙 4.0 开始,使用 BLE(Bluetooh Low Energy)蓝牙低能耗技术,它是短距离、低成本、可互操作性的无线技术,利用许多智能手段最大限度地降低功耗。蓝牙无线通信传统是服务于点对点的应用场景,借助蓝牙 5 的网状网络功能,开发人员可以增强无线连接系统(如物联网设备)的通信范围和网络可用性。

蓝牙协议规范包括传输协议、中介协议和应用协议。传输协议负责蓝牙设备间互相确认对方的位置,以及建立和管理蓝牙设备间的物理链路;中介协议为高层应用协议或者程序,在蓝牙逻辑链路上工作提供必要的支持,为应用提供不同标准接口;应用协议是蓝牙协议栈之上的应用软件和所涉及的协议,如拨号上网、语言功能的应用程序。

4. RFID 和 NFC 无线通信

RFID 是 Radio Frequency IDentification 的缩写,即射频识别,俗称电子标签。射频识别技术是一项利用射频信号通过空间耦合(交变磁场或电磁场)实现无接触信息传递并通过所传递的信息达到识别目的的技术。目前 RFID 产品的工作频率有低频($125\sim134\mathrm{kHz}$)、高频($13.56\mathrm{MHz}$)和超高频($860\sim960\mathrm{MHz}$),不同频段的 RFID 产品有不同的特性。RFID 是点对点通信,在传输距离上从几米到几十米都有。

NFC 是在 RFID 的基础上发展而来,NFC 从本质上与 RFID 没有太大区别,都是基于地理位置相近的两个物体之间的信号传输。NFC 技术增加了点对点通信功能,可以快速建立蓝牙设备之间的 P2P(点对点)无线通信,NFC 设备彼此寻找对方并建立通信连接。NFC 相较于 RFID 技术,具有距离近(小于 10cm)、带宽高、能耗低等一些特点。

5. IrDA 无线通信

IrDA 是一种利用红外线进行点对点通信的技术,IrDA 的不足在于它是一种视距传输,2 个相互通信的设备之间必须对准,中间不能被其他物体阻隔。

6. UWB 无线通信

UWB(Ultra WideBand)是一种无载波通信技术,利用纳秒至微微秒级的非正弦波窄脉冲传输数据。通过在较宽的频谱上传送极低功率的信号,UWB 能在 10m 左右的范围内实现数百兆位每秒至数吉位每秒的数据传输速率。UWB 具有抗干扰性能强、传输速率高、带宽极宽、消耗电能小、发送功率小等诸多优势,主要应用于室内通信等领域。

同时还可以利用 UWB-TDOA 定位原理,该技术采用 TDOA(到达时间差原理),利用 UWB 技术测得定位标签相对于两个不同定位基站之间无线电信号传播的时间差,从而得出定位标签相对于定位基站的距离差。

7. LoRa

LoRa 是 Semtech 公司创建的低功耗、远距离、无线、广域网的标准。LoRa(Long Range,远距离)是一种调制技术,与同类技术相比,提供更远的通信距离。具有如下特点：大范围覆盖(5～10km)、抗干扰、数据速率从 300b/s 到 50kb/s 不等、低能耗、双向通信、深度室内渗透和高网络容量——单个网关可以支持数万个终端结点。

由于 LoRa 调制是物理层(PHY)，因此也可将其用于不同的协议和不同网络架构(如 Mesh、Star、点对点)等。可以将 LoRa 概括为以下几种协议。

(1) LoRaWAN 协议。LoRaWAN 协议是由 LoRa 联盟推动的一种低功耗广域网协议，针对低成本、电池供电的传感器进行了优化，包括不同类别的结点，优化了网络延迟和电池寿命。LoRaWAN 是一种位于媒体访问控制(MAC)层的协议，可将 LoRa 信号推广到更广泛的应用，专为单一运营商的大型公共网络而设计。

(2) CLAA 网络协议。中国 LoRa 应用联盟(China LoRa Application Alliance，CLAA)是在 LoRa Alliance 支持下，由中兴通信发起，各行业物联网应用创新主体广泛参与、合作共建的技术联盟，旨在共同建立中国 LoRa 应用合作生态圈，推动 LoRa 产业链在中国的应用和发展，建设多业务共享、低成本、广覆盖、可运营的 LoRa 物联网。

(3) LoRa 私有网络协议。在面向小范围结点数不多的应用中，使用 LoRaWAN 网关部署网络成本就显得高了。用一个或几个 SX127x 做一个小"网关"或"集中器"，无线连接上百个的 SX127x，组建一个小的星状网络，通过自己的 LoRa 私有通信协议，就可以实现一个简单的 LoRa 私有网络，这也是一种比较灵活的方式。当然，协议也可以是 LoRaWAN 协议。

(4) LoRa 数据透传。目前市面上 LoRa 芯片基本上源于美国 Semtech 的 SX127x 系列，用 LoRa 做成透传模块，只进行简单的发送和接收，实现点对点数据的传输，应用相对简单。

8. 蜂窝移动通信

蜂窝移动通信(Cellular Mobile Communication)是采用蜂窝无线组网方式，在终端和网络设备之间通过无线通道连接起来，进而实现用户在活动中可相互通信。3GPP 是制定蜂窝技术标准的一个国际化标准组织，其最初的工作目标是旨在为第三代移动通信系统(WCDMA、TD-SCDMA 及 CDMA2000)制定全球统一的技术规范。随着通信技术的不断发展，其工作范围也随之扩大，增加了第四代(LTE FDD、TD-LTE)及 5G(LTE 演进及 NR)系统的研究和标准制定。例如，3GPP 将 5G 演进命名为 5G-Advanced，并将 R18 作为 5G-Advanced 的第一个标准版本；2021 年 12 月，首批面向 R18 的标准立项在 3GPP 全会上通过，标志着 5G-Advanced 首个版本的标准化工作正式启动。

1) 2G

2G 技术的年代已经比较久远了，2G 的出现标志着数字通信的起源。2G 又称 GSM，全名为：Global System for Mobile Communications，中文为全球移动通信系统。通过 2G 网络，用户可以打电话，发短信。之后就是 GPRS，又称为 2.5G，它是 GSM 的延续，同时它的传输速率又有了提升。

2) 3G

3G 用户的数据传输速率较高，一般可以达到几十兆位每秒，3G 用户可以视频通话，同时也可以用手机看电视。在 3G 中，国内的运营商使用了不同的标准，分别是

CDMA2000、WCDMA 和 TD-SCDMA。其中中国联通的 WCDMA 最新演进技术 HSPA ＋可以支持最高 42Mb/s 的传输速率,目前仍然被应用于大部分视频数据传输领域。

3) 4G

4G 数据速率更高,用户可以用手机看视频听歌等一系列多媒体业务。在 4G 网络中,有不同的等级,也就是 LTE-Cat。其中 Cat 即 Category,意思是等级,它指的是终端设备接入 4G 网络所支持的不同的速率等级,设计者使用不同的等级方式来规定某一个设备所能达到的最高传输速率。4G 刚开始时,市面上常见的各种终端设备使用的是 Cat.4 等级,但是现如今生活中所使用的 4G 设备基本都是 Cat.6 等级。

在物联网领域,目前使用比较多的是 Cat.1 等级,因为除了大部分设备使用低功耗广域网这个场景之外,还有一部分对于网络速率有需求的设备会使用 Cat.1 等级,尽管 Cat.4 及更高版本的解决方案支持高速率,但是对于物联网终端设备来说,这些模组的成本太高了,所以 Cat.1 等级就成了使用 LTE 网络最具有性价比的等级。Cat.1 支持高达 10Mb/s 的终端下行链路速率,从而能够将更低功耗和更低成本的 IoT 设备连接到 LTE 网络。

4) 5G

5G 网络是指第五代移动通信网络,5G 的理论峰值速率可以达到 10Gb/s。同时 5G 定义了三大应用场景:增强型移动互联网业务 eMBB(enhanced Mobile Broadband),对应的就是 10Gb/s 的速率;海量连接的物联网业务 mMTC(massive Machine Type Communication),对应的是 1 million/km^2 的设备连接数;超高可靠性与超低时延业务 uRLLC(ultra Reliable & Low Latency Communication),对应的是 1ms 的时延。在这三大场景中,eMBB 场景与用户的关联性比较大,因为它能给用户提供大带宽的上网速率。但是另外两个场景与物联网的关联性比较大,海量的连接与超低的时延能够帮助物联网在很多不同的应用中进行业务能力的提升。

5) NBIOT

2015 年 8 月,3GPP RAN 开始立项研究窄带无线接入全新的空口技术,称为 Clean Slate CIoT,这一 Clean Slate 方案覆盖了 NB-CIoT。NB-CIoT 由华为、高通和 Neul 联合提出,NB-LTE 由爱立信、诺基亚等厂家提出。随着 2015 年 9 月 3GPP 会议上协商统一,NB-IoT 可认为是 NB-CIoT 和 NB-LTE 的融合,NB-IoT 技术正式写入 3GPP 协议。

华为、高通、爱立信和 VDF 等全球主流通信设备商、运营商和芯片厂商均已明确了推进 NB-IoT 大规模商用的目标。相比 LoRa 技术,NB-IoT 可基于运营商现有网络站点升级支持,无需额外的站点/传输资源,且部署方便,便于规模扩展。相比运营商现存的 2G/3G/4G 网络,专为物联网设计的 NB-IoT 技术则在技术性能和业务能力上有着绝对优势,200kHz 的窄带需求可以充分利用运营商的零散频谱,并能够提供百倍于 4G 的连接规模、百倍于 2G 的灵敏度和长达 10 年的设备电池供电寿命,也可提供成本更低的商用芯片,使蜂窝网络极大地延伸了应用边界。

6.2.2 通信方案及协议

在生产和生活领域,网络通信方案主要有以太网、CAN 总线、RS-485、无线网络、蓝牙、ZigBee、LoRa 和移动蜂窝网络。

1. 互连参考模型

传统的开放式系统互连参考模型是一种通信协议的 7 层抽象参考模型,包括物理层、数据链路层、网络层、传输层、会话层、表示层和应用层。其中每一层执行某一特定任务,该模型的目的是使各种硬件在相同的层次上相互通信。

第 1 层为物理层。物理层在局部局域网上传送数据帧,它负责管理计算机通信设备和网络媒体之间的互通,包括了针脚、电压、线缆规范、集线器、中继器、网卡和主机适配器等。这一层次可以理解为具体的硬件接口。

第 2 层为数据链路层。其基本功能是向网络层提供数据传送服务,由于物理层传输的数据难免会发生错漏,因此数据链路层要负责对数据进行检错和纠错。在这一层,数据以帧为单位进行传输。例如以太网、无线局域网(WiFi)和通用分组无线服务(GPRS)等。这一层次可以理解为具体的硬件驱动。

第 3 层为网络层。决定数据的路径选择和转寄,将网络表头(NH)加至数据包,以形成分组。网络表头包含了网络数据,例如互联网协议(IP)等。这一层次可以理解为基础的通信协议。

第 4 层为传输层。传输层把传输表头(TH)加至数据以形成数据包。传输表头包含了所使用的协议等发送信息。例如传输控制协议(TCP)等。这一层次可以理解为传输控制协议。

第 5 层为会话层。会话层负责在数据传输中设置和维护计算机网络中两台计算机之间的通信连接。

第 6 层为表示层,表示层把数据转换为能与接收者的系统格式兼容并适合传输的格式。

第 7 层为应用层。应用层提供为应用软件而设的接口,以设置与另一应用软件之间的通信。例如 HTTP、HTTPS、FTP、Telnet、SSH、SMTP、POP3 等。

2. 以太网协议

通用的以太网通信协议是 TCP/IP,并被广泛应用于实际工程。相比 OSI 模型,TCP/IP 通信协议采用了 4 层结构,每一层都呼叫它的下一层所提供的网络来完成自己的需求。这 4 层分别如下。

(1) 应用层。应用程序间沟通的层,如简单电子邮件传输协议(SMTP)、文件传输协议(FTP)、网络远程访问协议(Telnet)等。

(2) 传输层。在此层中,它提供了结点间的数据传送服务,如传输控制协议(TCP)、用户数据包协议(UDP)等,TCP 和 UDP 给数据包加入传输数据并把它传输到下一层中,这一层负责传送数据,并且确定数据已被送达并接收。

(3) 网络层。负责提供基本的数据包传送功能,让每一块数据包都能够到达目的主机(但不检查是否被正确接收),如网际协议(IP/ICMP/ARP)。

(4) 接口层。对实际的网络媒体的管理,定义如何使用实际网络(如以太网接口等)来传送数据。

TCP/IP 中有两个具有代表性的传输层协议,分别是 TCP 和 UDP。

TCP 是面向连接的、可靠的流协议。流就是指不间断的数据结构,当应用程序采用 TCP 发送消息时,虽然可以保证发送的顺序,但还是犹如没有任何间隔的数据流发送给接收端。

UDP 是不具有可靠性的数据报协议。在 UDP 的情况下,虽然可以确保发送消息的大小,却不能保证消息一定会到达。因此,应用有时会根据自己的需要进行重发处理,例如有人提出 KCP,KCP 在 UDP 的基础上,实现了用户态的确认、ARQ、流量控制与拥塞控制,它的设计目标是实时性与可靠性,一定程度上破坏了公平性,KCP 不是 RFC 的标准协议,但在实际应用中表现出了较好的效果,目前已经有很多基于 KCP 的开源案例。

3. Socket

Socket 是为了方便开发者直接使用更底层协议(一般是 TCP 或 UDP)而存在的一个抽象层。Socket 实际上是对 TCP/IP 的封装,本身并不是协议,而是一个调用接口(API)。

Socket 使开发人员方便使用 TCP/IP 协议栈,是对 TCP/IP 的抽象,从而形成一些最基本的函数接口,如 create、listen、connect、accept、send、read 和 write。

4. Modbus 协议

Modbus 由 MODICON 公司于 1979 年开发,是一种工业现场总线协议标准。1996 年施耐德公司推出基于以太网 TCP/IP 的 Modbus 协议——ModbusTCP。Modbus 协议是一项应用层报文传输协议,包括 ASCII、RTU、TCP 3 种报文类型。标准的 Modbus 协议物理层接口有 RS-232、RS-422、RS-485 和以太网接口,采用主/从方式通信。

帧结构 PDU 由“功能码＋数据”组成。功能码为 1 字节,数据长度不定,由具体功能决定。Modbus 通信协议具有多个变种,其支持串口(主要是 RS-485 总线)、以太网,主要有 Modbus RTU(串口)、Modbus ASCII(串口)和 Modbus TCP(以太网)3 种。

Modbus RTU 与 Modbus ASCII 均为支持 RS-485 总线的通信协议,其中 Modbus RTU 由于其采用二进制表现形式以及紧凑数据结构,通信效率较高,应用比较广泛,工业现场一般都是采用 Modbus RTU 协议,一般基于串口通信的 Modbus 通信协议都是指 Modbus RTU 通信协议。RTU 协议中的指令由地址码(1 字节)、功能码(1 字节)、起始地址(2 字节)、数据(N 字节)和校验码(2 字节)5 部分组成,其中数据又由数据长度(2 字节,表示的是寄存器个数为 M)和数据正文($2\times M$ 字节)组成,RTU 协议是采用 3.5 字节的空闲时间作为指令的起始和结束。一般而言,只有当从机返回数据或者主机写操作时,才会有数据正文,而其他时候,如主机读操作指令时,没有数据正文,只需要数据长度即可。

而 Modbus ASCII 由于采用 ASCII 码传输,并且利用特殊字符作为其字节的开始与结束标识,其传输效率要远远低于 Modbus RTU 协议,一般只有在通信数据量较小的情况下才考虑使用 Modbus ASCII 通信协议。

而 Modbus TCP 协议则是在 RTU 协议上加一个 MBAP 报文头:MBAP＋PDU。由

于 TCP 是基于可靠连接的服务,RTU 协议中的 CRC 校验码就不再需要,所以在 Modbus TCP 中没有 CRC 校验码。通俗来讲,Modbus TCP 就是 Modbus RTU 协议在前面加上 5 个 0 及 1 个 6,然后去掉两个 CRC 校验码字节。

5. EtherCAT 协议

EtherCAT 全称为 EtherNet Control Automation Technology,是由德国倍福 (Beckhoff)公司提出的一种实时以太网技术。EtherCAT 是一种开放但不开源的技术,意味着可以任意使用这项技术,但若要进行相关设备的开发,则需要向倍福公司获取相关授权。

相比传统现场总线,EtherCAT 的数据传输速率有了极大的提升,可选 10Mb/s 或 100Mb/s,甚至依托补充的 EtherCAT G 技术,传输速率可达 1000Mb/s;同时 EtherCAT 基于标准以太网帧传输,单帧数据用容量可达 1486 B。这使得在传输数据量方面 EtherCAT 有无比的优越性。

相对于 7 层 OSI 模型,EtherCAT 使用了物理层、数据链路层和应用层 3 层协议,与多数传统的现场总线相同,但相比于其他实时以太网协议,如 PROFINET、EtherNet/IP 等,其协议栈更加精简。这也是 EtherCAT 协议的实时性优越于其他实时以太网协议的重要原因之一。在物理层可以使用标准以太网芯片,EtherCAT 主要实现了数据链路层,EtherCAT 应用层支持多种设备标准以实现邮箱通信,包括 CANopen、SERCOS、HTTP 等,基于 EtherCAT 的应用层行规被称为 xoE 协议(xxx over EtherCAT)。CANopen 协议已经有成熟且大规模的应用,使用 CoE 协议,相关设备只需要经过少量的更改即可应用于 EtherCAT 协议上,大部分 CANopen 的固件也可以得到重复利用。

EtherCAT 通信是由主站发起的,主站发出的数据帧传输到一个从站站点时,从站将解析数据帧,每个从站从对应报文中读取输出数据,并将输入数据嵌入子报文中,同时修改工作计数器 WKC 的值,以标识从站已处理该报文。网段末端的从站处理完报文后,将报文转发回主站,主站捕获返回的报文并对其进行处理,完成一次通信过程。设备开发中,从站设备无须支持所有行规,根据其应用选择最合适的一种即可。

6. 物联网应用层常用协议

1) MQTT 协议

MQTT 是物联网的 OASIS 标准消息传递协议,使用 TCP/IP 提供网络连接,MQTT 协议基于 TCP。它被设计为一个极其轻量级的发布/订阅消息传输,非常适合用较小的代码占用和最小的网络带宽连接远程设备。

在 MQTT 协议中,一个 MQTT 数据包由固定头(Fixed Header)、可变头(Variable Header)、消息体(Payload)3 部分构成。MQTT 的传输格式非常精小,最小的数据包只有 2b 且无应用消息头。发布/订阅模型允许 MQTT 客户端以一对一、一对多和多对一方式进行通信。

MQTT 有如下特点。

(1) MQTT 客户端非常小,需要的资源最少,因此可以在小型微控制器上使用。

MQTT 消息头很小以优化网络带宽。

（2）可靠的消息传递。消息传递的可靠性对于物联网用例很重要，MQTT 定义了 3 个服务质量级别：0 表示最多一次；1 表示至少一次；2 表示恰好一次。

（3）支持不可靠的网络。物联网设备通过不可靠的远程网络连接，MQTT 对持久会话的支持减少了客户端与代理重新连接的时间。

（4）双向通信。MQTT 允许在设备到云和云到设备之间进行消息传递。

（5）扩展到数以百万计的事物。MQTT 可以扩展以连接数百万个物联网设备。

（6）启用安全。MQTT 使用 TLS 加密消息和使用现代身份验证协议，从而对客户端进行身份验证变得容易。

2）CoAP 协议

CoAP 是受限制的应用协议（Constrained Application Protocol）的代名词。由于目前物联网中的很多设备都是资源受限型的，所以只有少量的内存空间和有限的计算能力，传统的 HTTP 在物联网应用中就会显得过于庞大而不适用。因此，IETF 的 CoRE 工作组提出了一种基于 REST 架构、传输层为 UDP 和网络层为 6LowPAN（面向低功耗无线局域网的 IPv6）的 CoAP 协议。

CoAP 采用与 HTTP 相同的请求响应工作模式。CoAP 协议共有 4 种不同的消息类型。

（1）CON 消息。需要被确认的请求，如果 CON 请求被发送，那么对方必须做出响应。

（2）NON 消息。不需要被确认的请求，如果 NON 请求被发送，那么对方不必做出回应。

（3）ACK 消息。应答消息，接收到 CON 消息的响应。

（4）RST 消息。复位消息，当接收者接收到的消息包含一个错误，接收者解析消息或者不再关心发送者发送的内容，那么复位消息将会被发送。

CoAP 消息格式使用简单的二进制格式，最小为 4 字节。主要是一对一的协议。

注意 CoAP 与 MQTT 的区别，MQTT 协议基于 TCP，而 CoAP 协议基于 UDP。

3）XMPP 协议

可扩展消息与存在协议（eXtensible Messageing and Presence Protocol，XMPP）是目前主流的 4 种 IM（Instant Messaging，即时消息）协议之一，其他 3 种分别为即时信息和空间协议（IMPP）、空间和即时信息协议（PRIM）、针对即时通信和空间平衡扩充的进程开始协议 SIP（SIMPLE）。

XMPP 的前身是 Jabber，Jabber 是一个开源形式组织产生的网络即时通信协议。XMPP 目前被 IETF 国际标准组织完成了标准化工作。

XMPP 中定义了 3 个角色：客户端、服务器、网关。通信能够在这三者的任意两个之间双向发生。服务器同时承担了客户端信息记录、连接管理和信息的路由功能。网关承担着与异构即时通信系统的互联互通，异构系统可以包括 SMS（短信）、MSN、ICQ 等。基本的网络形式是单客户端通过 TCP/IP 连接到单服务器，然后在之上传输 XML。

XMPP 传输的协议的形式是 XML 格式的纯文本，从而使得解析容易，便于阅读并方便开发和查错。XMPP 的核心部分就是一个在网络上分片段发送 XML 的流协议,这个流协议是 XMPP 的即时通信指令的传递基础,也是一个非常重要的可以被进一步利用的网络基础协议。可以说,XMPP 用 TCP 传的是 XML 流。

4)HTTP

HTTP 是 HyperText Transfer Protocol(超文本传输协议)的缩写,是用于从万维网(World Wide Web)服务器传输超文本到本地浏览器的传送协议。HTTP 基于 TCP 来传递数据(HTML 文件、图片文件、查询结果等),协议标识符是 http(如果加密,则为https),服务器网址就是 URL。HTTP 是一个属于应用层的面向对象的协议,由于其简捷、快速的方式,适用于分布式超媒体信息系统。

客户向服务器请求服务时,只需传送请求方法和路径。请求方法常用的有 GET、HEAD、POST。每种方法规定了客户与服务器联系的类型不同。由于 HTTP 简单,使得 HTTP 服务器的程序规模小,通信速度很快。HTTP 使用报文格式对于嵌入式设备来说需要传输数据太多、太重,不够灵活。

HTTP 有一个缺陷:通信只能由客户端发起。这种单向请求的特点,注定了如果服务器有连续的状态变化,客户端要获知就非常麻烦。我们只能使用"轮询":每隔一段时间,就发出一个询问,了解服务器有没有新的信息。轮询的效率低,非常浪费资源。

5)WebSocket 协议

针对 HTTP 通信只能由客户端发起的缺陷,WebSocket 协议在 2008 年诞生,2011年成为国际标准,目前大多数浏览器都已经支持。WebSocket 协议的最大特点就是服务器可以主动向客户端推送信息,客户端也可以主动向服务器发送信息,是真正的双向平等对话,属于服务器推送技术的一种。它建立在 TCP 之上,服务器端的实现比较容易。与HTTP 有良好的兼容性。默认端口也是 80 和 443,并且握手阶段采用 HTTP,因此握手时不容易屏蔽,能通过各种 HTTP 代理服务器。协议标识符是 ws(如果加密,则为wss),服务器网址就是 URL。

6.2.3 常见序列化协议

互联通信的双方需要采用约定的协议,序列化和反序列化属于通信协议的一部分。序列化是指将数据结构或对象转换成二进制串的过程。反序列化是指将在序列化过程中所生成的二进制串转换成数据结构或者对象的过程。

1. XML

XML 即可扩展标记语言,是一种通用和重量级的数据交换格式,以文本结构存储。XML 是一种常用的序列化和反序列化协议,具有跨机器、跨语言等优点。XML 的历史悠久,其 1.0 版本早在 1998 年就形成标准,并被广泛使用至今。XML 产生的最初目标是对互联网文档(Document)进行标记,所以它的设计理念中就包含了对于人和机器都具备可读性。但是,当这种标记文档的设计被用来序列化对象时,就显得冗长而复杂(Verbose and Complex)。

XML 所具有的人眼可读(Human-Readable)特性使得其具有出众的可调试性,互联网带宽的日益剧增也大大弥补了其空间开销大(Verbose)的缺点。对于在公司之间传输数据量相对小或者实时性要求相对低(例如秒级别)的服务是一个好的选择。由于 XML 的额外空间开销大,序列化之后的数据量剧增,对于数据量巨大序列持久化应用场景,这意味着巨大的内存和磁盘开销,不太适合 XML。另外,XML 的序列化和反序列化的空间和时间开销都比较大,对于对性能要求为毫秒级别的服务,不推荐使用。

2. JSON

JSON(JavaScript Object Notation,JS 对象简谱)是一种通用和轻量级的数据交换格式。以文本结构存储。JSON 作为数据包格式传输时具有更高的效率,这是因为 JSON 不像 XML 那样需要有严格的闭合标签,这就让有效数据量与总数据包比有着显著的提升,从而减少同等数据流量情况下网络的传输压力。

3. PB(ProtoBuf)

Protocol Buffer 是 Google 公司开发的一种独立和轻量级的数据交换格式,以二进制结构进行存储,用于不同服务之间序列化数据。PB 是一种轻便高效的结构化数据存储格式,可以用于结构化数据串行化,或者序列化,可用于通信协议、数据存储等领域的语言无关、平台无关、可扩展的序列化结构数据格式。序列化后体积相比 JSON 和 XML 很小,适合网络传输,序列化反序列化速度很快,快于 JSON 的处理速度。但是缺点是由于是二进制结构,可读性不高。

◆ 6.3　软件框架及常见组件

软件框架前期前后端高度耦合,从编程环境到开发调试,都必须"在一起",对于前端来说,其实自主权就不高;对后端来说,也要懂一些前端的知识。

随着 Web 技术的发展,前后端进行了分离,后端更专注于实现业务逻辑,形成一套标准化的"API 接口";前端除了负责界面样式和交互,还接管了获取和展示数据的权力,但是当一个网站需要展示非常多的内容时,JavaScript 就要向后台多个接口请求数据,然后再在用户浏览器上完成页面组装,这过程中就会给用户设备的网速、设备的运行速度(CPU、内存等)带来一定的压力。

为了解决以上问题,引入 Node.js 层作为服务桥接层,Node.js 层由前端工程师负责搭建完成。通过 Node.js 服务器在服务器端运行 JavaScript 脚本,可以让前端人员快速入门搭建自己的服务器。引入 Node.js,可以预先在服务端的内网环境完成大量的前端逻辑计算和页面渲染工作,从而提升前端的访问性能。具体过程为:浏览器请求服务器端的 Node.js,Node.js 再发起 HTTP 去请求 API,API 接口输出 JSON 数据给 Node.js,Node.js 收到 JSON 数据后再渲染出 HTML 页面,Node.js 直接将 HTML 页面刷新到浏览器显示。

以下介绍常见前后端开发框架、数据库和中间件,从而可以构成一个完整的物联网系统。

6.3.1　后端开发

后端开发即服务器端开发,主要涉及软件系统"后端"的东西。例如,用于托管网站和 App 数据的服务器、放置在后端服务器与浏览器及 App 之间的中间件,它们都属于后端。简单地说,那些在屏幕上看不到但又被用来为前端提供支持的东西就是后端。

1. 常见的服务器

1) Node.js

Node.js 是能够在服务器端运行 JavaScript 的一个开源和跨平台的服务器。Node.js 在浏览器之外运行 v8 JavaScript 引擎,Node.js 应用程序在单个进程中运行,无须为每个请求创建新的线程。Node.js 在其标准库中提供了一组异步的 I/O 原语,以防止 JavaScript 代码阻塞。通常,Node.js 中的库是使用非阻塞范式编写的,使得阻塞行为成为异常而不是常态。这允许 Node.js 使用单个服务器处理数千个并发连接,而不会引入管理线程并发(这可能是错误的重要来源)的负担。Node.js 具有独特的优势,因为数百万为浏览器编写 JavaScript 的前端开发者现在无须学习完全不同的语言,就可以编写除客户端代码之外的服务器端代码。

2) Apache

Apache HTTP Server(简称 Apache)是 Apache 软件基金会的一个开放源码的网页服务器,可以在大多数计算机操作系统中运行,由于其多平台和安全性被广泛使用,是最流行的 Web 服务器端软件之一。Apache 服务器是一个模块化的服务器,各个功能使用模块化进行插拔,目前支持 Windows、Linux、UNIX 等平台。它快速、可靠并且可通过简单的 API 扩展,将 Perl/Python 等解释器编译到服务器中。

3) Tomcat

Tomcat 是由 Apache 软件基金会属下 Jakarta 项目开发的 Servlet 容器,按照 Sun Microsystems 提供的技术规范,实现了对 Servlet 和 JavaServer Page(JSP)的支持,并提供了作为 Web 服务器的一些特有功能,如 Tomcat 管理和控制平台、安全局管理等。由于 Tomcat 本身也内含了 HTTP 服务器,因此也可以视作单独的 Web 服务器。Tomcat 提供了一个 Jasper 编译器用以将 JSP 编译成对应的 Servlet。Tomcat 的 Servlet 引擎通常与 Apache 或者其他 Web 服务器一起工作。

4) Nginx

Nginx 是异步框架的网页服务器,也可以用作反向代理、负载平衡器和 HTTP 缓存。Nginx 是一款面向性能设计的 HTTP 服务器,相较于 Apache 具有占有内存少、稳定性高等优势。Nginx 使用异步事件驱动的方法来处理请求。Nginx 的模块化事件驱动架构可以在高负载下提供更可预测的性能。Nginx 不采用每客户机一线程的设计模型,而是充分使用异步逻辑从而削减了上下文调度开销,所以并发服务能力更强。整体采用模块化设计,有丰富的模块库和第三方模块库,配置灵活。整体采用模块化设计是 Nginx 的一个重大特点,甚至 HTTP 服务器核心功能也是一个模块。

2. 常见数据库

1）MySQL

MySQL 是一个关系数据库管理系统，由瑞典 MySQL AB 公司开发，属于 Oracle 旗下产品。MySQL 是最流行的关系数据库管理系统之一，在 Web 应用方面，MySQL 是最好的关系数据库管理系统（Relational Database Management System，RDBMS）应用软件之一。

MySQL 所使用的 SQL 是用于访问数据库的最常用标准化语言。MySQL 软件采用了双授权政策，分为社区版和商业版，由于其体积小、速度快、总体拥有成本低，尤其是开放源码这一特点，一般中小型网站的开发都选择 MySQL 作为网站数据库。

2）PostgreSQL

PostgreSQL 是一种特性非常齐全的自由软件的对象-关系数据库管理系统，PostgreSQL 支持大部分的 SQL 标准并且提供了很多其他现代特性，如复杂查询、外键、触发器、视图、事务完整性、多版本并发控制等。同样，PostgreSQL 也可以用许多方法扩展，例如增加新的数据类型、函数、操作符、聚集函数、索引方法、过程语言等。在灵活的 BSD 许可证下发行，任何人都可以以任何目的免费使用、修改和分发 PostgreSQL。

3）GaussDB

GaussDB(for openGauss)是华为公司倾力打造的自研企业级分布式关系数据库，该产品具备企业级复杂事务混合负载能力，同时支持优异的分布式事务，同城跨 AZ 部署，数据 0 丢失，支持 1000＋扩展能力，PB 级海量存储等企业级数据库特性。

4）Cassandra

Apache Cassandra 是一个高度可扩展的高性能分布式数据库，旨在处理许多商用服务器上的大量数据，提供高可用性而没有单点故障，它是 NoSQL 数据库的一种。NoSQL 数据库（有时称为 Not Only SQL）是一种数据库，它提供了一种存储和检索关系数据库中使用的表格关系以外的数据的机制。这些数据库是无模式的，支持简单的复制，具有简单的 API，最终是一致的，并且可以处理大量数据。与关系数据库相比，NoSQL 数据库使用不同的数据结构，它使 NoSQL 中的某些操作更快。

5）MongoDB

MongoDB 是一个面向文档的 NoSQL 数据库，文档是用 BSON 写的，是 JSON 的二进制表示。MongoDB 用 C++ 语言编写，旨在为 Web 应用提供可扩展的高性能数据存储解决方案，在高负载的情况下，添加更多的结点，可以保证服务器性能。MongoDB 是一个介于关系数据库和非关系数据库之间的产品，是非关系数据库当中功能最丰富、最像关系数据库的。

3. 常见中间件

1）Kafka

Kafka 最初由 Linkedin 公司开发，是一个分布式、分区的、多副本的、多订阅者，基于 Zookeeper 协调的分布式日志系统（也可以当作 MQ 系统），可以用于日志、访问日志、消息服务等,Linkedin 于 2010 年贡献给了 Apache 基金会并成为顶级开源项目。主要应用场景是日志收集系统和消息系统。

2）Redis

Redis 是一个开源(BSD 许可)的、基于内存存储、采用 Key-Value("键-值"对)格式存储的内存数据库,支持多种数据类型,包括字符串、哈希表、列表、集合、有序集合、位图等。Redis 临时存储在缓存空间中,虽然有 rdb 和 aof 两种持久化,但也只是为了避免掉电数据丢失,而且内存容量也有限,并不能解决数据库的大量数据的持久化。

3）RabbitMQ

RabbitMQ 是一款目前应用相当广泛、开源的消息中间件,可用于实现消息异步分发、模块解耦、接口限流等功能。特别是在处理分布式系统高并发的业务场景时,RabbitMQ 能够起到很好的作用。如接口限流,可以降低应用服务器的压力;消息异步分发,可以降低系统的整体响应时间。

4）Zookeeper

Zookeeper 是一个开源的、可以为分布式应用提供一致性服务的软件,简称 ZK。其提供的功能服务包括配置维护、域名服务、分布式同步等,提供的接口则包括分布式独享锁、选举、队列等。

5）Dubbo

Dubbo 最早诞生于阿里巴巴,随后加入 Apache 软件基金会,是一款微服务开放框架,它提供了 RPC 通信与微服务治理两大关键能力。这意味着,使用 Dubbo 开发的微服务,将具备相互之间的远程发现与通信能力。同时,利用 Dubbo 提供的丰富服务治理能力,可以实现诸如服务发现、负载均衡、流量调度等服务治理诉求。Dubbo 是高度可扩展的,用户几乎可以在任意功能点去定制自己的实现,以改变框架的默认行为来满足自己的业务需求。

4. 常见后端开发框架

1）Spring Boot

Spring 框架是 Java 平台上的一种开源应用框架,提供具有控制反转特性的容器。

Spring Boot 基于 Spring 4.0 设计,不仅继承了 Spring 框架原有的优秀特性,而且还通过简化配置来进一步简化了 Spring 应用的整个搭建和开发过程。Spring Boot 是一个快速开发框架,可以帮助我们快速整合常见的第三方框架(Maven 的继承方式),完全采用注解化(使用注解方式启动 SpringMVC)简化 XML,内置 HTTP 服务器,最终以 Java 应用程序方式执行。

Spring Boot 在简化配置、打包和集成第三方工具方面确实做得很好,可以降低 Spring 开发人员的入门门槛。

2）Gin 和 Gorm

Gin 是一个 Go 语言的 Web 框架,很轻量,依赖很少,有些类似 Java 的 SpringMVC,通过路由设置,可以将请求转发到对应的处理器上。

Gorm 是 Go 语言的对象关系映射(ORM)框架,提供一套对数据库进行增、删、改、查的接口,使用它,类似 Java 使用 Hibernate 框架一样,可对数据库进行相应操作。

3) Django、Flask 和 Tornado

大部分后端业务逻辑开发中都会使用 Web 框架,以提升开发效率。常用的 Python Web 框架有 Django、Flask、Tornado。

Django 是一个开放源代码的 Web 应用框架,由 Python 写成。Django 采用了 MVT 的软件设计模式,即模型(Model)、视图(View)和模板(Template)。Django 是重量级框架。

Flask 是一个使用 Python 编写的轻量级 Web 应用框架。Flask 被称为"微框架",因为它使用简单的核心,用扩展增加其他功能。Flask 没有默认使用的数据库、窗体验证工具。然而,Flask 保留了扩增的弹性,可以用 Flask-extension 加入这些功能:ORM、窗体验证工具、文件上传、各种开放式身份验证技术。

Tornado 是一个用 Python 语言写成的 Web 服务器兼 Web 应用框架,是一个轻量级的 Web 框架,其拥有异步非阻塞 I/O 的处理方式。作为 Web 服务器,Tornado 有较为出色的抗负载能力,有很好的并发处理能力。

6.3.2 前端开发

前端开发是创建 Web 页面或 App 等前端界面呈现给用户的过程,通过 HTML、CSS 及 JavaScript 以及衍生出来的各种技术、框架、解决方案,实现互联网产品的用户界面交互。随着 Web 越来越规范和标准的统一,Web 组件化技术不断革新,移动端开发不断升华,以下是一些常见的开源前端框架。

1. Vue.js

Vue.js 是一个用于创建用户界面的开源前端 JavaScript 框架,旨在更好地组织与简化 Web 开发。Vue.js 所关注的核心是 MVC 模式中的视图层,同时,它也能方便地获取数据更新,并通过组件内部特定的方法实现视图与模型的交互。组件是 Vue.js 最为强大的特性之一。为了更好地管理一个大型的应用程序,往往需要将应用切割为小而独立、具有复用性的组件。在 Vue.js 中,组件是基础 HTML 元素的拓展,可方便地自定义其数据与行为。Vue.js 使用基于 HTML 的模板语法,允许开发者将 DOM 元素与底层 Vue.js 实例中的数据相绑定。开发者只需将视图与对应的模型进行绑定,Vue.js 便能自动观测模型的变动,并重绘视图。Vue.js 在插入、更新或者移除 DOM 时,提供多种不同方式的应用过渡效果。

2. React.js

React.js 是一个开源的前端 JavaScript 库,React.js 视图通常采用包含以自定义 HTML 标记规定的其他组件的组件渲染。React.js 为程序员提供了一种子组件不能直接影响外层组件的模型,数据改变时对 HTML 文档的有效更新,与现代单页应用中组件之间干净的分离。React.js 引入了一种组件驱动、函数式和声明式的编程风格,为主要是单页 Web 应用创建交互式用户界面。通过"虚拟 DOM",React.js 提供了非常快的渲染速度,只需渲染发生变化的部分,而不用渲染整个页面。

3. AngularJS

AngularJS 是一款由 Google 公司维护的开源 JavaScript 库,用来协助单一页面应用程序运行。它的目标是透过 MVC 模式功能增强基于浏览器的应用,使开发和测试变得更加容易。Angular 在呈现和资料中间,可以简单创建双向的数据绑定。一旦创建双向绑定,用户输入,会由 Angular 自动传到一个变量中,再自动读到所有绑到它的内容,更新它。效果上就是立即的资料同步。在代码中修改变量,也会直接反映到呈现的外观上。不仅内容可以双向绑定,其他诸如类别、宽度、高度等,都可以与变量、用户的输入绑定起来。

第7章 机器学习

◇ 7.1　人工智能与机器学习

7.1.1　人工智能概论

业界普遍认为,人工智能(Artificial Intelligence,AI)起源于 1956 年在达特茅斯学院举办的一场研讨会,在会上第一次正式提出了术语"人工智能",这场标志着人工智能学科的诞生。会议后,研究者们发展了众多理论和原理,人工智能的概念也随之扩展。

在人工智能几十年的发展历程中,研究人员提出了多种实现人工智能的思路,传统的人工智能实现方法主要来自符号主义、连接主义和行为主义。

1. 符号主义

符号主义也被称为逻辑主义,其主要思想是用一种逻辑把各种知识表示出来,当求解一个问题时,就将该问题转变为一个逻辑表达式,然后用已有知识的逻辑表达式进行推理来解决该问题。

符号主义在不同历史时期的代表研究有逻辑理论家(Logic Theorist)、启发式搜索思路、知识库和知识图谱等。

2. 连接主义

连接主义也被业界称为"仿生学派",这是由于它的一个研究重点在于人脑的运行机制,借鉴大脑中神经元细胞连接的计算模型,用人工神经网络来拟合智能行为。由于生物的大脑非常复杂,即便是一个神经元细胞,也很复杂。因此,人工神经网络对生物的神经元细胞网络进行了大幅度的抽象简化,把每个细胞体的输出、每个突触都抽象成了一个数字。

连接主义在不同历史时期的代表研究有人工神经元模型、感知机模型、多层感知机和反向传播算法、支持向量机(SVM)和深度神经网络。

3. 行为主义

行为主义的核心思想是基本控制论构建感知-动作型控制系统,行为主义从智能体现上更偏向于硬件一些,毕竟感知和行动都需要传感器和控制器。

行为主义在不同历史时期的代表研究有控制论、马尔可夫决策过程和强化学习等。

针对机器学习、深度学习和人工智能这 3 个名词,都属于人工智能的范畴;机器学习包含了很多种不同的算法,深度学习就是其中之一,其他方法包括决策树、聚类、贝叶斯等,而人工智能包括机器学习,机器学习包括深度学习。

7.1.2 机器学习概论

机器学习是一门多学科领域的交叉研究,它涉及计算机科学、概率统计、最优化理论、决策论和实验科学等多个学科;机器学习关注的核心问题是如何用计算的方法模拟类人的学习行为:从历史经验中获取规律(或模型),并将其应用到新的类似场景中。

机器学习算法企图从大量历史数据中挖掘出其中隐含的规律,并用于预测或者分类。另外,机器学习也可以看作是产生一个函数,输入是样本数据,输出是期望的结果。机器学习的目标是使学到的函数很好地适用于"新样本",而不仅仅是在训练样本上表现得很好,这种学习到的函数适用于新样本的能力,称为泛化(Generalization)能力。

机器学习的基本思路如下。

(1)把现实生活中的问题抽象成数学模型,并且确定模型中不同参数的作用。

(2)利用数学方法对这个数学模型进行求解,从而解决此问题。

(3)评估这个数学模型,是否真正解决了现实生活中的问题以及解决得如何?

机器学习一般解决 4 大类型的问题。

(1)分类(Classification)。有一些已经标注好类别的数据,此标注是离散的并在标注好的数据上建模,从而实现对于新样本判断其类别,如垃圾邮件分类。

(2)回归(Regression)。有一些已经标注好的数据,但回归标注值与分类问题不同,分类问题的标注是离散值,而回归问题中的标注是实数,在标注好的数据上建模,对于新样本得到它的标注值,如股票预测。

(3)聚类(Clustering)。数据没有被标注,但是给出了一些相似度衡量标准,可以根据这些标准将数据进行划分,例如在一堆未给出名字的照片中,自动将同一个人的照片聚集到一块。

(4)规则抽取(Rule Extraction)。通过训练和学习发现数据中属性之间的统计关系,实现数据预测功能。

7.1.3 机器学习常用的算法

机器学习算法可以利用"学习理论"和"方法角度"两种标准对算法进行分类。

1. 学习理论分类

按照学习理论分,机器学习算法可以分为有监督学习、无监督学习、半监督学习和强化学习。

(1)监督学习(Supervised Learning)。输入数据都有一个类别标记或结果标记,被称为训练数据,例如垃圾邮件与非垃圾邮件、某时间点的股票价格。模型由训练过程得到,可以利用模型对新样本做出推测,并可以评估这些预测的精确度等指标。注意训练过程需要在训练集上达到一定程度的精确度,要避免欠拟合或者过拟合。代表算法有 Logistic 回归(Logistic Regression)和神经网络后向传播算法(Back Propagation Neural Network)。

(2) 无监督学习(Unsupervised Learning)。输入数据没有任何标记,通过推理数据中已有的结构来构建模型。代表算法有 Apriori 算法和 k-means 算法。

(3) 半监督学习(Semi-Supervised Learning)。是监督学习与无监督学习相结合的一种学习方法。半监督学习使用大量的未标记数据,以及同时使用标记数据,来进行模式识别工作。当使用半监督学习时,将会要求尽量少的人员来从事工作,同时,又能够带来比较高的准确性。因此,半监督学习正越来越受到人们的重视。

(4) 强化学习(Reinforcement Learning)。在这种学习方式中,模型先被构建,然后输入数据刺激模型,输入数据往往来自于环境中,模型得到的结果称之为反馈,使用反馈对模型进行调整。它与监督学习的区别在于反馈数据更多来自于环境的反馈而不是由人指定。该方式解决的问题是系统与机器人控制,代表算法是 Q 学习(Q-Learning)和时序差分算法(Temporal Difference Learning)。强化学习是机器学习的一个子领域,研究智能体如何在动态系统或者环境中以"试错"的方式进行学习,通过与系统或环境进行交互获得的奖赏指导行为,从而最大化累积奖赏或长期回报。由于其一般性,该问题在许多其他学科中也进行了研究,例如博弈论、控制理论、运筹学、信息论、多智能体系统、群体智能、统计学和遗传算法。

2. 方法角度分类

按照"方法角度"分类,主要是根据每个方法自身的特点进行分类,因此方法的种类十分多,主要有如下方法。

1) 深度学习

第三拨人工智能热潮源于深度学习的复兴。从根本上来说,深度学习和所有机器学习方法一样,是一种用数学模型对真实世界中的特定问题进行建模,以解决该领域内相似问题的过程。不同于传统的机器学习方法,深度学习是一类端到端的学习方法。基于多层的非线性神经网络,深度学习可以从原始数据直接学习,自动抽取特征并逐层抽象,最终实现回归、分类或排序等目的。在深度学习的驱动下,人们在机器视觉和自然语言处理等方面相继取得突破,达到甚至超过了人类水平。

2) 元学习

元学习(Meta Learning)或者称为"学会学习"(Learning to Learn),它是要"学会如何学习",即利用以往的知识经验来指导新任务的学习,具有学会学习的能力。一个元学习器需要能够评估自己的学习方法,并根据特定的学习任务对自己的学习方法进行调整。通过元学习能够很好地实现小样本分类任务,因此越来越多的人将目光投在了元学习上。总体来说,通过元学习的方法实现小样本分类大体上有 3 种:基于度量的元学习、基于模型的元学习和基于优化的元学习。

3) 迁移学习

迁移学习的目的是把为其他任务(称其为源任务)训练好的模型迁移到新的学习任务

(称其为目标任务)中,帮助新任务解决训练样本不足等技术挑战。之所以可以这样做,是因为很多学习任务之间存在相关性(如都是图像识别任务)。因此,从一个任务中总结出来的知识(模型参数)可以对解决另外一个任务有所帮助。迁移学习目前是机器学习的研究热点之一,还有很大的发展空间。

4) 模仿学习

模仿学习(Imitative Learning)是指以仿效榜样的行为方式为特征的一种学习模式,区别于通过直接对刺激做出反应、以尝试错误为特征的直接学习。若观察者的行为与示范者的行为一致,并经常获得足够的强化,就能使观察者学会模仿。相对于传统的强化学习,模仿学习能很好地解决多步决策问题,在机器人、NLP 等领域有很多的应用。

5) 对抗学习

传统的深度生成模型存在一个潜在问题:由于最大化概率似然,模型更倾向于生成偏极端的数据,影响生成的效果。对抗学习利用对抗性行为(如产生对抗样本或者对抗模型)来加强模型的稳定性,提高数据生成的效果。近些年来,利用对抗学习思想进行无监督学习的生成对抗网络(GAN)被成功应用到图像、语音、文本等领域,成为无监督学习的重要技术之一。

6) 集成学习

集成学习方法由许多小的模型组成,这些模型经过独立训练,做出独立的结论,最后汇总起来形成最后的预测。集成学习方法的研究点集中在使用什么模型以及这些模型怎么被组合起来。常见的具体方法有 Boosting、AdaBoost 和随机森林(Random Forest)等。

7) 贝叶斯学习

贝叶斯学习方法是在解决归类和回归问题中应用了贝叶斯定理的方法。常见的具体方法有朴素贝叶斯(Naive Bayes)方法、贝叶斯信念网络(Bayesian Belief Network,BBN)等。

8) 回归

回归是在自变量和需要预测的变量之间构建一个模型,并使用迭代的方法逐渐降低预测值和真实值之间的误差。回归方法是统计机器学习的一种,常用的回归算法有最小二乘法(Ordinary Least Squares)、逻辑回归(Logistic Regression)和多元自适应回归样条法(Multivariate Adaptive Regression Splines)等。

9) 基于样例的方法(Instance-Based Methods)

基于样例的方法需要一个样本库,当新样本出现时,在样本库中找到最佳匹配的若干个样本,然后做出推测。基于样例的方法又被称为胜者为王的方法和基于内存的学习,该算法主要关注样本之间相似度的计算方法和存储数据的表示形式。常用的算法有 k 最近邻(k-Nearest Neighbor)算法、学习向量量化 (LVQ)和自组织映射(SOM)等。

10) 正则化方法(Regularization Methods)

这是一个对其他方法(通常是回归方法)的延伸,这个延伸就是在模型上加上了一个惩罚项,相当于奥卡姆剃刀,对越简单的模型越有利,有防止过拟合的作用,并且更擅长归纳。在这里列出它是因为它的流行和强大。常用的算法有岭回归(Ridge Regression)、Lasso 算法(Least Absolute Shrinkage and Selection Operator,LASSO)和弹性网络回归

(Elastic Net)等。

11) 决策树模型(Decision Tree Learning)

决策树方法建立了一个根据数据中属性的实际值决策的模型。决策树用来解决归纳和回归问题。常用的方法有分类回归树(CART)、决策树之 ID3 算法（ID3)和随机森林法等。

12) 核方法(Kernel Methods)

核方法把输入数据映射到更高维度上，将其变得可分，使得归类和回归问题更容易建模。常用的方法有支持向量机(SVM)、Radial Basis Function (RBF)和 Linear Discriminate Analysis (LDA)等。

13) 聚类(Clustering Methods)

聚类本身就形容了问题和方法。聚类方法通常是由建模方式分类的，如基于中心的聚类和层次聚类。所有的聚类方法都是利用数据的内在结构来组织数据，使得每组内的点有最大的共同性。常用的方法有 k-means 和 Expectation Maximisation (EM)等。

14) 联合规则学习(Association Rule Learning)

联合规则学习是用来对数据间提取规律的方法，通过这些规律可以发现巨量多维空间数据之间的联系，而这些重要的联系可以被组织拿来使用或者盈利。常用的方法有 Apriori Algorithm 和 Eclat Algorithm 等。

15) 降维(Dimensionality Reduction)

与聚类方法类似，对数据中的固有结构进行利用，使用无监督的方法学习一种方式，该方式用更少的信息来对数据做归纳和描述。这对于对数据进行可视化或者简化数据很有用，也有去除噪声的影响，经常采用这种方法使得算法更加高效。常用的方法有 Principal Component Analysis （PCA)、Partial Least Squares Regression （PLS)、Sammon Mapping、Multidimensional Scaling (MDS)和 Projection Pursuit 等。

7.1.4　机器学习度量指标

如何度量和评估一个机器学习模型的优劣，目前有些指标来描述学习的好坏。

1. 回归算法指标

回归(Regression)算法指标模型预测值 $f(x)$ 与样本真实值 y 之间的距离来表示算法好坏的指标，分别有如下计算方式。

(1) 平均绝对误差(Mean Absolute Error,MAE)。

(2) 均方误差(Mean Squared Error,MSE)。

(3) 均方根误差(Root Mean Squared Error,RMSE)。

(4) 决定系数(Coefficient of Determination)。

2. 分类(Classification)算法指标

1) 精度

精度(Accuracy)预测正确的样本占总样本的比例，取值范围为$[0,1]$，取值越大，说明模型预测能力越好。

2）混淆矩阵

混淆矩阵(Confusion Matrix)是用来总结一个分类器结果的矩阵。对于 k 元分类，其实它就是一个 $k \times k$ 的表格，用来记录分类器的预测结果。对于最常见的二元分类来说，它的混淆矩阵是 2×2 的，如图 7.1 所示。

	预测值:1	预测值:0
真实值:1	TP	FN
真实值:0	FP	TN

图 7.1　混淆矩阵

通常取预测值和真实值之间的关系、预测值对矩阵进行划分：

True Positive (TP)，预测值为 1，真实值也为 1，预测正确。

True Negative (TN)，预测值为 0，但真实值为 0，预测正确。

False Positive (FP)，预测值为 1，但真实值为 0，预测错误。

False Negative (FN)，预测值为 0，但真实值为 1，预测错误。

3）准确率(Precision，查准率)

Precision 是分类器预测的正样本中预测正确的比例，取值范围为 $[0,1]$，取值越大，说明模型预测能力越好。

$$P = \frac{TP}{TP+FP}$$

4）召回率(Recall，查全率)

Recall 是分类器所预测正确的正样本占所有正样本的比例，取值范围为 $[0,1]$，取值越大，说明模型预测能力越好。

$$R = \frac{TP}{TP+FN}$$

5）ROC

ROC 可译为"受试者操作特性曲线"(Receiver Operating Characteristic)。ROC 曲线为 FPR 与 TPR 之间的关系曲线，这个组合以 FPR 对 TPR，即是以代价(Costs)对收益(Benefits)，显然收益越高，代价越低，模型的性能就越好。

x 轴为假阳性率(FPR)：在所有的负样本中，分类器预测错误的比例为

$$FPR = \frac{FP}{FP+TN}$$

y 轴为真阳性率(TPR)：在所有的正样本中，分类器预测正确的比例(等于 Recall)为

$$TPR = \frac{TP}{TP+FN}$$

6）AUC(Area Under Curve)

AUC 值为 ROC 曲线所覆盖的区域面积，显然，AUC 越大，分类器分类效果越好。

AUC=1，是完美分类器。0.5<AUC<1，优于随机猜测，有预测价值。AUC=0.5，

跟随机猜测一样,没有预测价值。AUC<0.5,比随机猜测还差;但只要总是反预测而行,就优于随机猜测。

7.1.5　过拟合与欠拟合

对于深度学习或机器学习模型而言,我们不仅要求它对训练数据集有很好的拟合(训练误差),同时也希望它可以对未知数据集(测试集)有很好的拟合结果(泛化能力),所产生的测试误差被称为泛化误差。度量泛化能力的好坏,最直观的表现就是模型的过拟合(Overfitting)和欠拟合(Underfitting)。过拟合和欠拟合是用于描述模型在训练过程中的两种状态。训练刚开始时,模型还在学习过程中,处于欠拟合区域。随着训练的进行,训练误差和测试误差都下降。在到达一个临界点之后,训练集的误差下降,测试集的误差上升,这时就进入了过拟合区域——由于训练出来的网络过度拟合了训练集,对训练集以外的数据却不工作了。

如果模型不能降低训练误差,这可能意味着模型过于简单(即表达能力不足),无法捕获试图学习的模式。此外,由于训练和验证误差之间的泛化误差很小,需要用一个更复杂的模型降低训练误差,这种现象被称为欠拟合。可以通过增加网络复杂度或者在模型中增加特征,这些都是很好解决欠拟合的方法。

过拟合是指训练误差和测试误差之间的差距太大。换句话说,就是模型的复杂度高于实际问题,模型在训练集上表现很好,但在测试集上却表现很差。模型对训练集"死记硬背",没有理解数据背后的规律,泛化能力差。

◇ 7.2　深度学习介绍

由于深度学习近年在众多的学习方法中脱颖而出,获得了很好的处理效果,所以很多应用都采用了深度学习的思路来进行。近年来在嵌入式系统上也开始支持深度学习的部署,因此对深度学习的一些基本知识进行介绍。

7.2.1　深度学习框架

深度学习框架是一种界面、库或工具,它使开发者在无须深入了解底层算法细节的情况下,能够更容易、更快速地构建深度学习模型。深度学习框架利用预先构建和优化好的组件集合定义模型,为模型的实现提供了一种清晰而简洁的方法。利用恰当的框架来快速构建模型,而无须编写数百行代码,一个好的深度学习框架具备以下关键特征:优化的性能、易于理解和编码、良好的社区支持、减少计算的并行化进程和自动计算梯度。

1. MindSpore

MindSpore是端边云全场景按需协同的华为公司自研AI计算框架,提供全场景统一API,为全场景AI的模型开发、模型运行、模型部署提供端到端能力。

1) MindSpore框架介绍

MindSpore是一个全场景深度学习框架,旨在实现易开发、高效执行、全场景覆盖3

大目标。其中,易开发表现为 API 友好、调试难度低;高效执行包括计算效率、数据预处理效率和分布式训练效率;全场景覆盖则指框架同时支持云、边缘以及端侧场景。

MindSpore 总体架构如图 7.2 所示,其中各部分说明如下。

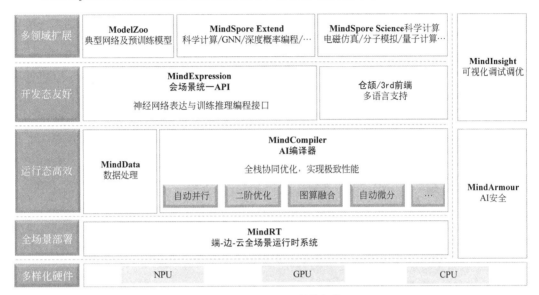

图 7.2　MindSpore 总体架构

（1）ModelZoo(网络样例)。ModelZoo 提供可用的深度学习算法网络,也欢迎更多开发者贡献新的网络。

（2）MindSpore Extend(扩展层)。MindSpore 的扩展包,支持拓展新领域场景,如GNN/深度概率编程/强化学习等,期待更多开发者来一起贡献和构建。

（3）MindSpore Science(科学计算)。MindSpore Science 是基于 MindSpore 融合架构打造的科学计算行业套件,包含了业界领先的数据集、基础模型、预置高精度模型和前后处理工具,加速了科学行业应用开发。

（4）MindExpression(表达层)。基于 Python 的前端表达与编程接口。同时未来计划陆续提供 C/C++、华为自研编程语言前端——仓颉(目前还处于预研阶段)等第三方前端的对接工作,引入更多的第三方生态。

（5）MindData(数据处理层)。提供高效的数据处理、常用数据集加载等功能和编程接口,支持用户灵活的定义处理注册和 pipeline 并行优化。

（6）MindCompiler(编译优化层)。图层的核心编译器,主要基于端云统一的 MindIR实现 3 大功能,包括硬件无关的优化(类型推导、自动微分、表达式化简等)、硬件相关优化(自动并行、内存优化、图算融合、流水线执行等)、部署推理相关的优化(量化、剪枝等)。

（7）MindRT(全场景运行时)。MindSpore 的运行时系统,包含云侧主机侧运行时系统、端侧以及更小 IoT 的轻量化运行时系统。

（8）MindInsight(可视化调试调优工具)。提供 MindSpore 的可视化调试调优等工具,支持用户对训练网络的调试调优。

（9）MindArmour（安全增强包）。面向企业级运用时，安全与隐私保护相关增强功能，如对抗鲁棒性、模型安全测试、差分隐私训练、隐私泄露风险评估、数据漂移检测等技术。

2）MindSpore 设计理念

MindSpore 向数据科学家和算法工程师提供了统一的模型训练、推理和导出等接口，支持端、边、云等不同场景下的灵活部署，推动深度学习和科学计算等领域繁荣发展。

MindSpore 提供了 Python 编程范式，用户使用 Python 原生控制逻辑即可构建复杂的神经网络模型，AI 编程变得简单。

目前主流的深度学习框架的执行模式有两种，分别为静态图模式和动态图模式。静态图模式拥有较高的训练性能，但难以调试。动态图模式相较于静态图模式虽然易于调试，但难以高效执行。MindSpore 提供了动态图和静态图统一的编码方式，大大增加了静态图和动态图的可兼容性，用户无须开发多套代码，仅变更一行代码便可切换动态图/静态图模式，例如设置 context.set_context(mode=context.PYNATIVE_MODE)切换成动态图模式，设置 context.set_context(mode=context.GRAPH_MODE)即可切换成静态图模式，用户可拥有更轻松的开发调试及性能体验。

神经网络模型通常基于梯度下降算法进行训练，但手动求导过程复杂，结果容易出错。MindSpore 的基于源码转换（Source Code Transformation，SCT）的自动微分（Automatic Differentiation）机制采用函数式可微分编程架构，在接口层提供 Python 编程接口，包括控制流的表达。用户可聚焦于模型算法的数学原生表达，无须手动进行求导。

随着神经网络模型和数据集的规模不断增加，分布式并行训练成为神经网络训练的常见做法，但分布式并行训练的策略选择和编写十分复杂，这严重制约着深度学习模型的训练效率，阻碍深度学习的发展。MindSpore 统一了单机和分布式训练的编码方式，开发者无须编写复杂的分布式策略，在单机代码中添加少量代码即可实现分布式训练，例如设置 context.set_auto_parallel_context(parallel_mode=ParallelMode.AUTO_PARALLEL)便可自动建立代价模型，为用户选择一种较优的并行模式，提高神经网络训练效率，大大降低了 AI 开发门槛，使用户能够快速实现模型思路。

3）层次结构

MindSpore 向用户提供了 3 个不同层次的 API，支撑用户进行网络构建、整图执行、子图执行以及单算子执行，从低到高分别为 Low-Level Python API（低阶 API）、Medium-Level Python API（中阶 API）以及 High-Level Python API（高阶 API），如图 7.3 所示。

第一层为高阶 API，其在中阶 API 的基础上又提供了训练推理的管理、混合精度训练、调试调优等高级接口，方便用户控制整网的执行流程和实现神经网络的训练推理及调优。例如用户使用 Model 接口，指定要训练的神经网络模型和相关的训练设置，对神经网络模型进行训练，通过 Profiler 接口调试神经网络性能。

第二层为中阶 API，其封装了低阶 API，提供网络层、优化器、损失函数等模块，用户可通过中阶 API 灵活构建神经网络和控制执行流程，快速实现模型算法逻辑。例如用户可调用 Cell 接口构建神经网络模型和计算逻辑，通过使用 Loss 模块和 Optimizer 接口为

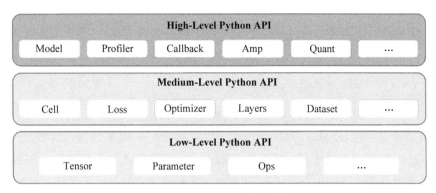

图 7.3　MindSpore 分层结构

神经网络模型添加损失函数和优化方式,利用 Dataset 模块对数据进行处理以供模型的训练和推导使用。

第三层为低阶 API,主要包括张量定义、基础算子、自动微分等模块,用户可使用低阶 API 轻松实现张量定义和求导计算。例如,用户可通过 Tensor 接口自定义张量,使用 ops.composite 模块下的 GradOperation 算子计算函数在指定处的导数。

2. TensorFlow

TensorFlow 最初是由 Google 公司机器智能研究部门的 Google Brain 团队开发,编程接口支持 Python 和 C++。随着 1.0 版本的公布,Java、Go、R 和 Haskell API 的 Alpha 版本也被支持。由于 TensorFlow 使用 C++ Eigen 库,所以库可在 ARM 架构上编译和优化。这也就意味着用户可以在各种服务器和移动设备上部署自己的训练模型,无须执行单独的模型解码器或者加载 Python 解释器。TensorFlow 是最流行的深度学习框架,社区强大,适合生产环境,但对于初学者入门门槛较高。

3. Keras

Keras 是一个高层神经网络 API,由纯 Python 编写而成,并使用 TensorFlow、Theano 及 CNTK 作为后端。Keras 为支持快速实验而生,能够把想法迅速转换为结果。Keras 应该是深度学习框架之中最容易上手的一个,它提供了一致而简洁的 API,能够极大地减少一般应用下用户的工作量,避免用户重复造轮子。Keras 的缺点很明显:过度封装导致丧失灵活性。学习 Keras 十分容易,但是很快就会遇到瓶颈,因为它缺少灵活性。另外,在使用 Keras 的大多数时间里,用户主要是在调用接口,很难真正学习到深度学习的内容。

4. Caffe/Caffe2

Caffe 的全称是 Convolutional Architecture for Fast Feature Embedding,它是一个清晰、高效的深度学习框架,核心语言是 C++,它支持命令行、Python 和 MATLAB 接口,既可以在 CPU 上运行,也可以在 GPU 上运行。Caffe 凭借其易用性、简洁明了的源码、出众的性能和快速的原型设计获取了众多用户,曾经占据深度学习领域的半壁江山。但是在深度学习新时代到来之时,Caffe 已经表现出明显的力不从心,诸多问题逐渐显现(包括灵活性缺失、扩展难、依赖众多环境难以配置、应用局限等)。

5. MXNet

MXNet 是一个深度学习库,支持 C++、Python、R、Scala、Julia、MATLAB 及 JavaScript 等语言;支持命令和符号编程;可以运行在 CPU、GPU、集群、服务器、台式机或者移动设备上。MXNet 以其超强的分布式支持,明显的内存、显存优化为人所称道。同样的模型,MXNet 往往占用更小的内存和显存,并且在分布式环境下,MXNet 展现出了明显优于其他框架的扩展性能。由于 MXNet 最初由一群学生开发,缺乏商业应用,极大地限制了 MXNet 的使用。2016 年 11 月,MXNet 被 AWS 正式选择为其云计算的官方深度学习平台。2017 年 1 月,MXNet 项目进入 Apache 基金会,成为 Apache 的孵化器项目。

6. PyTorch

PyTorch 的前身是 Torch,其底层和 Torch 框架一样,但是使用 Python 重新写了很多内容,不仅更加灵活,支持动态图,而且提供了 Python 接口。它由 Torch7 团队开发,是一个以 Python 优先的深度学习框架,不仅能够实现强大的 GPU 加速,同时还支持动态神经网络,这是很多主流深度学习框架(如 TensorFlow)等都不支持的。每执行一条语句,系统便构建出相应的计算图,且数据在实时进行计算,这样的计算称为动态图。相对比 TensorFlow 只有定义完计算图后,运行计算图时才能获取数据,这样的计算图称为静态图。动态图机制使得用户能够更加方便地进行深度学习开发和编程,例如递归神经网络等往往不能很好地利用 TensorFlow 实现模型,但使用 PyTorch 时就能够很好地实现。因此,近年来很多研究人员都在使用 PyTorch。

7.2.2 卷积神经网络处理流程

卷积神经网络(Convolutional Neural Network,CNN)在本质上是一种输入到输出的映射,它能够学习大量的输入与输出之间的映射关系,而不需要任何输入和输出之间的精确的数学表达式,只要用已知的模式对卷积网络加以训练,网络就具有输入输出对之间的映射能力。

1. 数据集处理

深度学习作为数据驱动的模型方法,其结果的好坏和数据集的质量有很大关系,一般依赖于数据集的大小,好的数据集会产生出好的深度学习的效果。甚至对于一些商业公司来说,数据的质量比深度学习的算法更为重要。

1)数据集的大小和分块

CNN 和其他经验模型一样,能够适用于任意大小的数据集,但用于训练的数据集应该足够大,能够覆盖问题域中所有已知可能出现的问题,设计 CNN 时,数据集应该包含 3 个子集:训练集、测试集、验证集。

（1）训练集。包含问题域中的所有数据，并在训练阶段用来调整网络的权重。

（2）测试集。在训练的过程中用于测试网络对训练集中未出现的数据的分类性能，根据网络在测试集上的性能情况，网络的结构可能需要做出调整，或者增加训练循环次数。

（3）验证集。验证集中的数据统一应该包含在测试集和训练集中没有出现过的数据，用于在网络确定之后能够更好地测试和衡量网络的性能。

一般数据集中 65% 用于训练，25% 用于测试，10% 用于验证。

2）数据预处理

为了加速训练算法的收敛速度，一般都会采用一些数据预处理技术，其中包括去除噪声、输入数据降维、删除无关数据等。数据的平衡化在分类问题中异常重要，一般认为训练集中的数据应该相对于标签类别近似于平均分布，也就是每一个类别标签所对应的数据集在训练集中是基本相等的，以避免网络过于倾向于表现某些分类的特点。为了平衡数据集，应该移除一些过度富余的分类中的数据，并相应补充一些相对样例稀少的分类中的数据。还有一个方法就是复制一部分这些样例稀少分类中的数据，并在这些数据中加入随机噪声。

3）数据规则化

将数据规则化到统一的区间（如[0,1]）中具有很重要的优点：防止数据中存在较大数值的数据造成数值较小的数据对于训练效果减弱甚至无效化，一个常用的方法是将输入和输出数据按比例调整到一个与激活函数相对应的区间。

2. 参数初始化

在开始训练前，所有的权都应该用一些不同的随机数进行初始化。"小随机数"用来保证网络不会因权值过大而进入饱和状态，从而导致训练失败；"不同"用来保证网络可以正常学习。实际上，如果用相同的数去初始化权矩阵，则网络无学习能力。

CNN 参数的初始化主要是初始化卷积层和输出层的卷积核（权值）和偏置，网络权值初始化就是将网络中的所有连接权重赋予一个初始值，如果初始权重向量处在误差曲面的一个相对平缓的区域时，网络训练的收敛速度可能会很缓慢，一般情况下网络的连接权重和阈值被初始化在一个具有 0 均值的相对小的区间内均匀分布。

3. 卷积神经网络的训练

卷积神经网络的训练过程分为两个阶段：一个阶段是数据由低层次向高层次传播的阶段，即前向传播阶段；另外一个阶段是，当前向传播得出的结果与预期不相符时，将误差从高层次向底层次进行传播训练的阶段，即反向传播阶段。

1）输入数据经过卷积层、下采样层、全连接层的向前传播得到输出值

在前向传播过程中，输入的图形数据经过多层卷积层的卷积和池化处理，提出特征向量，将特征向量传入全连接层中，得出分类识别的结果。其中包括：卷积层的向前传播过程是，通过卷积核对输入数据进行卷积操作得到卷积操作；上一层（卷积层）提取的特征作为输入传到下采样层，通过下采样层的池化操作，降低数据的维度，可以避免过拟合；特征

图经过卷积层和下采样层的特征提取之后,将提取出来的特征传到全连接层中,通过全连接层,进行分类,获得分类模型,得到最后的结果。

2)卷积神经网络的反向传播过程

反向传播的训练过程的第一步为计算出网络总的误差:求出输出层 n 的输出 $b(n)$ 与目标值 y 之间为误差。

全连接层之间的误差传递:求出网络的总差之后,进行反向传播过程,将误差传入输出层的上一层全连接层,求出在该层中,产生了多少误差?由于这个误差是由组成该网络的神经元所造成的,所以可求出每个神经元在网络中的误差,通过找出哪些神经元结点与该输出层连接,然后用误差乘以结点的权值,求得每个神经元结点的误差。

当前层为下采样层,求上一层的误差:在下采样层中,根据采用的池化方法,把误差传到上一层。下采样层如果采用的是最大池化(Max-Pooling)的方法,则直接把误差传到上一层连接的结点中。如果采用的是均值池化(Mean Pooling)的方法,误差则是均匀分布到上一层的网络中。另外在下采样层中,是不需要进行权值更新的,只需要正确地传递所有的误差到上一层。

当前层为卷积层,求上一层的误差:卷积层中采用的是局部连接的方式,和全连接层的误差传递方式不同,在卷积层中,误差的传递也是依靠卷积核进行传递的。在误差传递的过程中,需要通过卷积核找到卷积层和上一层的连接结点。求卷积层的上一层的误差的过程为:先对卷积层误差进行一层全零填充,然后将卷积层进行 180° 旋转,再用旋转后的卷积核卷积填充过程的误差矩阵,并得到上一层的误差。

3)卷积神经网络的反向传播过程

卷积层的权值更新:将误差矩阵当作卷积核,卷积输入的特征图,并得到权值的偏差矩阵,然后与原先的卷积核的权值相加,得到更新后的卷积核。

全连接层中的权值更新过程为:求出权值的偏导数值;学习速率乘以激励函数的倒数乘以输入值;原先的权值加上偏导值,得到新的权值矩阵。

◆ 7.3 深度卷积神经网络

卷积神经网络是一类包含卷积计算且具有深度结构的前馈神经网络(Feedforward Neural Network),是深度学习(Deep Learning)的代表算法之一。在 2006 年深度学习理论被提出后,卷积神经网络的表征学习能力得到了关注,并随着数值计算设备的更新得到发展。自 2012 年的 AlexNet 开始,得到 GPU 计算集群支持的复杂卷积神经网络多次成为 ImageNet 大规模视觉识别竞赛(ImageNet Large Scale Visual Recognition Challenge, ILSVRC)的优胜算法,包括 2013 年的 ZFNet,2014 年的 VGGNet、GoogLeNet 和 2015 年的 ResNet。

7.3.1 卷积神经网络结构

卷积神经网络由输入层、卷积层、激活函数、池化层、全连接层组成,即 INPUT(输入层)-CONV(卷积层)-ReLU(激活函数)-POOL(池化层)-FC(全连接层)。输入的图形数据经过多层卷积层的卷积、激活和池化处理,提取出特征向量,若特征向量的维数和输入不一致,将特征向量传入全连接层满足输出维数要求。一个典型的示例如图 7.4 所示。

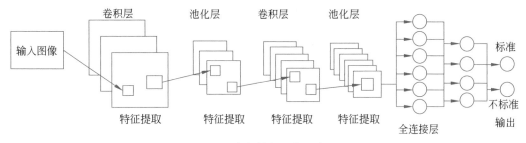

图 7.4　卷积神经网络示意图

1. 输入层

神经网络的输入层(Input Layer)由众多的神经元接收大量非线性输入信息。输入的信息称为输入向量、输入层通常由图像矩阵向量、文字向量等信息构成。以图片为例,即输入的图片数据输入层为一个 $32 \times 32 \times 3$ 的矩阵。3 代表 RGB 模式下,一个图片由 3 个原色图叠合而成。

2. 卷积层

在二维卷积层中,一个二维输入数组和一个二维核(Kernel)数组通过互相关运算输出一个二维数组。用一个具体示例来说明卷积计算过程,如图 7.5 所示输入是一个高和宽均为 3 的二维数组。将该数组的形状记为 3×3 或 $(3,3)$。核数组的高和宽分别为 2。该数组在卷积计算中又称卷积核或过滤器(Filter)。卷积核窗口(又称卷积窗口)的形状取决于卷积核的高和宽,即 2×2。

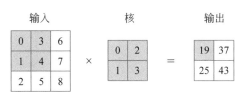

图 7.5　卷积计算示意例图

在二维互相关运算中,卷积窗口从输入数组的最左上方开始,按从左往右、从上往下的顺序,依次在输入数组上滑动。当卷积窗口滑动到某一位置时,窗口中的输入子数组与核数组按元素相乘并求和,得到输出数组中相应位置的元素。图中的输出数组高和宽分别为 2,其中的 4 个元素由二维互相关运算得出:

$$0 \times 0 + 3 \times 2 + 1 \times 1 + 4 \times 3 = 19$$
$$3 \times 0 + 6 \times 2 + 4 \times 1 + 7 \times 3 = 37$$
$$1 \times 0 + 4 \times 2 + 2 \times 1 + 5 \times 3 = 25$$
$$4 \times 0 + 7 \times 2 + 5 \times 1 + 8 \times 3 = 43$$

3. 激活函数

如果不用激励函数(其实相当于激励函数是 $f(x)=x$),在这种情况下每一层结点的输入都是上层输出的线性函数,很容易验证,此时无论神经网络有多少层,输出都是输入的线性组合,与没有隐藏层效果相当,这种情况就是最原始的感知机(Perceptron)了,那么网络的逼近能力就相当有限。正因为上面的原因,需要引入非线性函数作为激励函数,这样深层神经网络表达能力就更加强大(不再是输入的线性组合,而是几乎可以逼近任意函数)。

早期研究神经网络主要采用 Sigmoid 函数或者 Tanh 函数,输出有界,很容易充当下一层的输入。近些年 ReLU 函数及其改进型(如 Leaky-ReLU、P-ReLU、R-ReLU 等)在多层神经网络中应用比较多。常见的激活函数如图 7.6 所示。

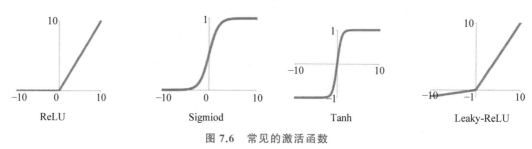

图 7.6　常见的激活函数

4. 池化层

池化层每次对输入数据的一个固定形状窗口(又称池化窗口)中的元素计算输出。不同于卷积层里计算输入和核的互相关性,池化层直接计算池化窗口内元素的最大值或者平均值。该运算也分别称为最大池化或平均池化。在二维最大池化中,池化窗口从输入数组的最左上方开始,按从左往右、从上往下的顺序,依次在输入数组上滑动。当池化窗口滑动到某一位置时,窗口中的输入子数组的最大值即输出数组中相应位置的元素。池化层计算示例例图如图 7.7 所示。

图 7.7　池化层计算示例例图

图中展示了池化窗口形状为 2×2 的最大池化,阴影部分为第一个输出元素及其计算所使用的输入元素。输出数组的高和宽分别为 2,其中的 4 个元素由取最大值运算 max 得出:

$$\max(0,3,1,4)=4$$
$$\max(3,6,4,7)=7$$
$$\max(1,4,2,5)=5$$
$$\max(4,7,5,8)=8$$

5. 全连接层

在 CNN 结构中,经多个卷积层和池化层后,连接着一个或一个以上的全连接层。全连接层中的每个神经元与其前一层的所有神经元进行全连接。全连接层可以整合卷积层或者池化层中具有类别区分性的局部信息。为了提升 CNN 网络性能,全连接层每个神经元的激励函数一般采用 ReLU 函数。

7.3.2　经典卷积神经网络介绍

本部分主要介绍从 LeNet 开始,AlexNet、VGG、GoogleNet 到 ResNet,分别展开介绍。这些网络主要实现分类任务。

1. LeNet

手写字体识别模型 LeNet 是最早的卷积神经网络之一。LeNet 的实现确立了 CNN 的结构,现在神经网络中的许多内容在 LeNet 的网络结构中都能看到,例如卷积层、Pooling 层、ReLU 层。LeNet 利用卷积、参数共享、池化等操作提取特征,避免了大量的计算成本,最后再使用全连接神经网络进行分类识别,这个网络也是最近大量神经网络架构的起点。LeNet 除去输入层共有 7 层,其中有 3 个卷积层、2 个子采样层、1 个全连接层和 1 个高斯连接层。由于网络规模小,LeNet 神经网络在处理复杂问题时效果并不理想。虽然 LeNet 网络结构比较简单,但是刚好适合神经网络的入门学习。

2. AlexNet

AlexNet 首次在大规模图像数据集实现了深层卷积神经网络结构,点燃了深度学习这把火。其在 ImageNet 竞赛中获得冠军,碾压其他传统的特征方法,使得计算机视觉从业者从繁重的特征工程中解脱出来,转向思考能够从数据中自动提取需要的特征,做到数据驱动。AlexNet 网络共包含 8 个权重层,其中 5 个卷积层、3 个全连接层,并使用了如下新技术。

(1) 成功使用 ReLU 作为 CNN 的激活函数,并验证其效果在较深的网络超过了 Sigmoid,成功解决了 Sigmoid 在网络较深时的梯度弥散问题。虽然 ReLU 激活函数在很久之前就被提出了,但是直到 AlexNet 的出现才将其发扬光大。

(2) 训练时使用 Dropout 随机忽略一部分神经元,以避免模型过拟合。

(3) 在 CNN 中使用重叠的最大池化。此前 CNN 中普遍使用平均池化,AlexNet 全部使用最大池化,避免平均池化的模糊化效果。

(4) 1,2 卷积层后连有 LRN 层,不过此后的网络也证明 LRN 并非 CNN 中必须包含的层,甚至有些网络加入 LRN 后效果反而降低。

(5) 使用 CUDA 加速深度卷积网络的训练,利用 GPU 强大的并行计算能力,处理神经网络训练时大量的矩阵运算。

(6) 数据增强,随机地从 256×256 的原始图像中截取 224×224 大小的区域(以及水平翻转的镜像)。

3. VGG

VGG 于 2014 年由牛津大学科学工程系 Visual Geometry Group 组提出。主要工作是证明了增加网络的深度能够在一定程度上影响网络最终的性能。VGG 有两种结构,分别是 VGG16 和 VGG19,两者除了网络深度不一样,其本质并没有什么区别。VGG16 包含了 13 个卷积层和 3 个全连层。VGG19 包含了 16 个卷积层和 3 个全连层。

相对于 2012 年的 AlexNet,VGG 的一个改进是采用连续的 3×3 小卷积核来代替 AlexNet 中较大的卷积核(AlexNet 采用了 11×11,7×7 与 5×5 大小的卷积核)。两个 3×3 步长为 1 的卷积核的叠加,其感受也相当于一个 5×5 的卷积核。但是采用堆积的小卷积核是优于大卷积核的,因为层数的增加,增加了网络的非线性,从而能让网络来学习更复杂的模型,并且小卷积核的参数更少。

4. GoogLeNet

GoogLeNet 是 Google 公司推出的基于 Inception 模块的深度神经网络模型,在 2014 年的 ImageNet 竞赛中夺得冠军,在随后的两年中一直在改进,形成了 Inception v2、Inception v3、Inception v4 等版本。Inception 就是把多个卷积或池化操作,放在一起组装成一个网络模块,设计神经网络时以模块为单位去组装整个网络结构。

在这之前的 AlexNet、VGG 等结构都是通过增大网络的深度(层数)来获得更好的训练效果,但层数的增加会带来很多负作用,如过拟合、梯度消失、梯度爆炸等。Inception 的提出则从另一种角度来提升训练结果:能更高效地利用计算资源,在相同的计算量下能提取到更多的特征,从而提升训练结果。GoogLeNet 的表现很好,但是,如果想要通过简单地放大 Inception 结构来构建更大的网络,则会立即提高计算消耗。

5. ResNet

深度残差网络(Deep Residual Network,ResNet)解决了深度 CNN 模型难训练的问题,2014 年的 VGG 才 19 层,而 2015 年的 ResNet 多达 152 层。ResNet 网络参考 VGG19 网络,在其基础上进行了修改,并通过短路机制加入了残差单元。变化主要体现在 ResNet 直接使用 stride=2 的卷积做下采样,并且用 global average pool 层替换了全连接层。ResNet 相比普通网络每两层间增加了短路机制,这就形成了残差学习。ResNet 通过残差学习解决了深度网络的退化问题,可以训练出更深的网络。

◆ 7.4 深度循环神经网络

循环神经网络(Recurrent Neural Network,RNN)是一类以序列(Sequence)数据为输入,在序列的演进方向进行递归(Recursion)且所有结点(循环单元)按链式连接的递归神经网络。

7.4.1 RNN

RNN 之所以称为循环神经网路,即一个序列当前的输出与前面的输出也有关。具体的表现形式为,网络会对前面的信息进行记忆并应用于当前输出的计算中,即隐藏层之间的结点不再无连接而是有连接的,并且隐藏层的输入不仅包括输入层的输出还包括上一时刻隐藏层的输出。

RNN 层级结构较之于 CNN 来说比较简单,它主要由输入层、隐藏层、输出层组成,并且会发现在隐藏层,有一个箭头表示数据的循环更新,这个就是实现时间记忆功能的方法。

隐藏层的层级展开图如图 7.8 所示。$t-1$、t、$t+1$ 表示时间序列,x 表示输入的样本,s_t 表示样本在时间 t 处的记忆。

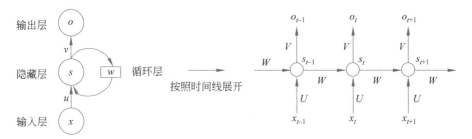

图 7.8　隐藏层的层级展开图

RNN 算法处理时间序列的问题时仍然存在着一些问题,其中较为严重的是容易出现"梯度消失"的问题,即由于时间过长而造成记忆值较小的现象。RNN 的特点本来就是能"追根溯源"利用历史数据,现在可利用的历史数据竟然是有限的,因此解决"梯度消失"是非常必要的。

因此出现了一系列的改进的算法: LSTM 和 GRU。

7.4.2　LSTM

长短时记忆网络(Long Short Term Memory Network,LSTM)是一种 RNN 特殊的类型,可以学习长期依赖信息。它成功解决了原始循环神经网络 RNN 的缺陷,LSTM 用两个门来控制单元状态 c 的内容:一个是遗忘门(Forget Gate),它决定了上一时刻的单元状态有多少保留到当前时刻;另一个是输入门(Input Gate),它决定了当前时刻网络的输入有多少保存到单元状态。LSTM 用输出门(Output Gate)来控制单元状态有多少输出到 LSTM 的当前输出值。通过控制这 3 种阀门的"开闭合"状态,也就决定了信息的流向和具体处理方式,从而有效保证"长时"或者"短时"数据都能发挥出它们的独特价值。

7.4.3　GRU

虽然 LSTM 框架从效果来说是不错的,但是多个阀门的运算却要消耗不少资源,因而 GRU 的主要改进目标就是如何降低计算量。GRU 将忘记门和输入门合成了一个单一的更新门。同样还混合了细胞状态和隐藏状态,以及其他一些改动。最终的模型比标准的 LSTM 模型要简单。效果和 LSTM 差不多,但是参数少了 1/3,不容易过拟合。

GRU 的优点是其模型的简单性,因此更适用于构建较大的网络。它只有两个门控,从计算角度看,它的效率更高,它的可扩展性有利于构筑较大的模型;但是 LSTM 更加强大和灵活,因为它具有 3 个门控。

◇ 7.5 其他深度学习网络

7.5.1 深度生成模型

深度生成模型从整体上来说,是以某种方式寻找某种数据的概率分布,深度生成模型可以基于有向图或者无向图的形式来生成深层次的概率分布。

1. 深度信念网络

深度信念网络(DBN)是一个概率生成模型,与传统的判别模型的神经网络相对,生成模型是建立一个观察数据和标签之间的联合分布,对 P(Observation|Label)和 P(Label|Observation)都做了评估,而判别模型仅仅评估了后者而已,也就是 P(Label|Observation)。

深度信念网络由多个受限玻尔兹曼机(Restricted Boltzmann Machine,RBM)层组成,受限玻尔兹曼机通过学习将数据表示成概率模型,一旦模型通过无监督学习被训练或收敛到一个稳定的状态,它还可以被用于生成新数据。这些网络被"限制"为一个可视层和一个隐层,层间存在连接,但层内的单元间不存在连接,隐层单元被训练去捕捉在可视层表现出来的高阶数据的相关性。深度信念网络是一种深层的概率有向图模型,其图结构由多层的结点构成。网络的最底层为可观测变量,其他层结点都为隐变量。最顶部的连接是无向的,其他层之间的连接是有向的。它的目的主要在获取可观测变量下,推断未知变量的状态,并调整隐藏状态以尽可能重构出可观测数据。

2. 深度玻尔兹曼机

深度玻尔兹曼机是一种以受限玻尔兹曼机为基础的深度学习模型,其本质是一种特殊构造的神经网络。深度玻尔兹曼机由多层受限玻尔兹曼机叠加而成的,不同于深度置信网络,深度玻尔兹曼机的中间层与相邻层是双向连接的。深度玻尔兹曼机和深度信念网络的区别仅仅在于有向和无向上。

3. 变分自编码器

变分自编码器(Variational Auto-encoder,VAE)作为一个生成模型,其基本思路是:把一堆真实样本通过编码器网络变换成一个理想的数据分布,然后这个数据分布再传递给一个解码器网络,得到一堆生成样本,生成样本与真实样本足够接近的话,就训练出了一个自编码器模型。变分自编码器就是在自编码器模型上做进一步变分处理,使得编码器的输出结果能对应到目标分布的均值和方差,

4. 生成对抗网络

GAN 的主要灵感来源于博弈论的思想,生成对抗网络的出现对无监督学习、图片生成的研究起到极大的促进作用。GAN 有两个网络:G(Generator)和 D(Discriminator)。

生成网络 G：生成网络负责捕捉样本数据的分布,它接收一个随机的噪声 z,通过这个噪声生成图片,记作 $G(z)$。

判别网络 D：判别网络一般情况下是一个二分类器,判别输入是不是"真实的"。

训练思路：生成网络 G 的目标就是尽量生成真实的图片去愚弄判别网络 D。而 D 的目标就是尽量把 G 生成的图片和真实的图片分别开来。这样,G 和 D 构成了一个动态的"博弈过程"。

博弈结果：在最理想的状态下,G 可以生成足以"以假乱真"的图片 $G(z)$。对于 D 来说,它难以判定 G 生成的图片究竟是不是真实的,因此 $D(G(z))=0.5$。

7.5.2　图神经网络算法

1. 图卷积网络

图卷积网络(GCN)是一种卷积神经网络,借助图谱理论来实现拓扑图上的卷积操作,从而可以直接在图上工作,并利用图的结构信息。它解决的是对图(如引文网络)中的结点(如文档)进行分类的问题,其中仅有一小部分结点有标签(半监督学习)。GCN 的基本思路：对于每个结点,从它的所有邻居结点处获取其特征信息,当然也包括它自身的特征,假设使用 average() 函数,将对所有的结点进行同样的操作。最后,将这些计算得到的平均值输入到神经网络中。图卷积示意图如图 7.9 所示。

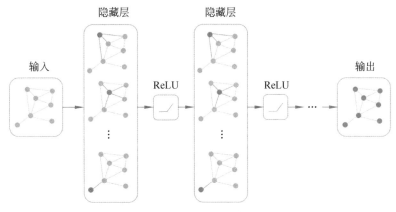

图 7.9　图卷积示意图

2. 图注意力网络

图注意力网络(GAT)是一种基于注意力机制的图数据顶点分类模型,该网络的基本思路是通过自注意力策略关注它的邻居并决定邻居顶点的权重,不同的邻居顶点对目标顶点的影响不同,进而更好计算每个目标顶点的隐藏表示。

图注意力网络是一种空域的图神经网络,其中空域是从空间上考虑图结构的模型,即考虑目标结点和其他结点的几何关系(有无连接)。频域的代表算法是 GCN,它就会对图邻接矩阵做一些加工,然后对其进行特征分解,得到特征值,将特征向量看作常数,而卷积核作用在特征值上。频域的好处之一是可以省很多参数,但其缺点是不太容易作用于动态图。例如,某个图在不同时刻可能会多或者少两个结点,多或者少两个连接,这样特征向量就会发生改变,所以频域 GNN 不太能很好适应。但是 GAT 这类的空域 GNN 能够完美应对动态图。

7.5.3 词向量网络

词向量技术是将自然语言中的词转化为稠密的向量,语义相似的词会有相似的向量表示。生成词向量的方法从一开始基于统计学(共现矩阵、SVD 分解)到基于神经网络的语言模型。

1. word2vec

word2vec 的核心思想是通过词的上下文得到词的向量化表示,有两种方法:CBOW 模型是根据上下文预测当前词,而 Skip-gram 模型是根据当前词预测上下文。总体来看,word2vec 是词向量的一种浅层神经网络训练方法,训练速度快,其目标是得到副产品——词向量,解决了分类器很难处理离散数据的问题,这在一定程度上提供了一种巧妙的特征表示方案。但也有一定的缺点:词向量的语义信息不够完整,没有考虑到文本中词语之间的顺序。

2. Glove

Glove(Global Vectors for Word Representation)是一个基于全局词频统计的词表征工具。与 word2vec 一样,它可以把一个单词表示成一个由实数组成的向量,向量可以捕捉单词之间的一些语义特性,如相似性和类比性等。并且通过对向量的运算,如欧几里得距离或 cosine 相似度,可以计算两个单词之间的语义相似性。

3. Transformer

Transformer 是 Google 公司的团队在 2017 年提出的一种 NLP 经典模型。Transformer 是一个 Sequence to Sequence 模型,特别之处在于它大量使用了自注意力(Self-Attention)机制,而不采用 RNN 的顺序结构,使得模型可以并行化训练,而且能够拥有全局信息。

Transformer 中抛弃了传统的 CNN 和 RNN,整个网络结构由自注意力机制组成,并且采用了 6 层编码器和解码器结构。编码器负责把自然语言序列映射成为隐藏层,即含有自然语言序列的数学表达。解码器把隐藏层再映射为自然语言序列,从而使我们可以解决各种问题,如情感分析、机器翻译、摘要生成、语义关系抽取等。

4. BERT

基于变换器的双向编码器表示技术(Bidirectional Encoder Representations from Transformers,BERT)是用于自然语言处理(NLP)的预训练技术。BERT 算法基于 Transformer 的思路,抛弃了传统的 CNN 和 RNN,整个网络结构由自注意力机制组成。

BERT 是一种深度双向的、无监督的语言表示,且仅使用纯文本语料库进行预训练的模型。上下文无关模型(如 word2vec 或 Glove)为词汇表中的每个单词生成一个词向量表示,因此容易出现单词的歧义问题,而 BERT 考虑单词出现时的上下文。

7.5.4 深度强化学习

深度学习常解决的分类、目标检测、分割和追踪问题,都是实现对环境信息特征的提取,但没有执行动作,例如控制机器人运动。当需要解决执行动作问题时,需要引入深度强化学习方法(Deep Reinforcement Learning,DRL)。

深度强化学习是深度学习与强化学习相结合的产物,它集成了深度学习在视觉等感知问题上强大的理解能力,以及强化学习的决策能力,实现了端到端学习。深度强化学习的出现使得强化学习技术真正走向实用,得以解决现实场景中的复杂问题。

1. 强化学习

强化学习与有监督学习和无监督学习并列为机器学习的三大分支,是学习主体 Agent 通过不断地试错,从与环境的交互中获取反馈,来进行行为优化的一种学习方式。其学习本质可以简单地理解为,学习主体 Agent 的某个行为获得了环境的正反馈,则学习主体在同样的环境下更倾向于执行相同的行为,反之,如果 Agent 获得了负反馈,则 Agent 将避免再次执行该行为。强化学习示意图如图 7.10 所示。

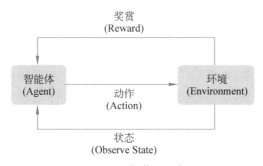

图 7.10 强化学习示意图

强化学习是解决马尔可夫决策过程的有效方法,其问题可以用以下四元组描述(S, A, T, R),其中,S 是 Agent 的合法状态集合,表示 Agent 当前所处环境的信息;A 是 Agent 的合法动作集合,表示 Agent 能够采取的行为;T 表示状态转移概率模型,表示某一状态 s 下 Agent 执行某个动作 a 后,Agent 的下一个状态的概率分布,即 $T:S×A→P(S)$,$P(S)$为概率函数;R 为立即回报值函数,表示 Agent 在某状态 s 下执行了某个动作 a 后,其得到的环境回馈的分布函数,即 $R:S×A→P(r)$,r 为实数。

强化学习用以上四元组的标准框架来定义学习主体与环境之间的交互学习模型。这个框架以一种简单的方式表达了人工智能中的一些特征,包括因果关系、不确定性和清晰的目标的特征,我们在使用强化学习解决问题时,需要对问题进行建模,即定义其 MDP 模型,也就是定义(S,A,R)这 3 个模型要素即可,之后则可以使用各种强化学习方法,如

TD 方法和 Q 学习方法等来进行问题的求解。

2. 深度强化学习

传统的强化学习方法收敛速度比较慢。但是随着深度神经网络的发展,许多成功的深度强化学习方法(Deep Reinforcement Learning,DRL)借助了神经网络强大的函数拟合能力,将原有的 RL 方法扩展到高维空间,突破了限制,有效地解决了高维特征的表示问题,加快了收敛速度,提升了鲁棒性。

基于值函数的深度强化学习方法,如深度 Q 网络(Deep Q-Network,DQN)在 Atari 2600 电子游戏上拥有出色的表现,甚至能够媲美专业的人类玩家。DQN 改进了传统的 Q 学习,其输入是电子游戏的四帧原始灰度图,经过多层卷积神经网络的处理,提取出足够的时空特征,用回报函数构造标签,最后经过全连接层的学习输出 18 个动作的 Q 值。DQN 采取了经验回放方法(Experience Replay)解决了非静态分布问题,降低了样本数据之间的关联性,保证了马尔可夫模型所要求的样本独立性,同时克服了传统控制器只能使用固定的预处理步骤的缺陷和不足,能够针对学习信号适应整个处理过程。该模型成功处理基于视觉感知的控制任务,是深度强化学习方法领域的开创性工作。DQN 中的一个关键组成部分是对 Q 函数的拟合器,研究人员论证了 Q 学习更新规则的局限性,即估计器的数量会导致对返回值期望过拟合的发生。深度双 Q 网络(Deep Double Q-Network,DDQN)很好地解决了这个问题。DDQN 不再是直接从目标 Q 网络里面找各个动作对应的最大 Q 值,而是从一个新的 Q 网络里找出最大 Q 值所对应的动作,然后利用这个选择出来的动作在目标网络里面去计算目标 Q 值。尽管 DDQN 需要学习两个神经网络,但是在效果上对比 DQN 却有了显著提高。此外,还可以通过向 DQN 模型原有网络中添加其他模块来达到改善效果,加速学习的目的,如添加竞争网络结构(Dueling Network)或者循环神经网络结构(Recurrent Network)等。

与基于值函数的深度强化学习不同的是,基于策略梯度的方法则是通过计算策略期望回报关于策略参数的梯度来不断地更新参数值,达到最终收敛于最优策略的目标。在这种情况下,通常可以利用深度神经网络的方法来参数化地表示策略。基于策略梯度的深度强化学习方法省略了烦琐的中间环节,拥有更广泛的应用场景和适用范围,功能也会更加强大。研究人员对确定性策略梯度(Deterministic Policy Gradient,DPG)进行改进,提出了基于 Actor-Critic 的深度确定性策略梯度(Deep Deterministic Policy Gradient,DDPG)方法,可以解决连续动作空间的拟合问题。DDPG 分别使用策略网络和值网络来更新最优策略和逼近状态-动作对的值函数。针对 DDPG 在有噪声干扰的复杂环境下具有一定的随机性的问题,Heess 等人提出了一种适用于连续动作空间的通用方法随机值梯度(Stochastic Value Gradient,SVG)。SVG 使用 re-parameterization 来学习环境动态性的生成模型,解决了 DDPG 随机性的问题。单一智能体的主要问题是在训练过程中,每个智能体的策略都在变化,因此从每个 Agent 的角度来看,环境会倾向于变得十分不稳定。针对这个问题,又有基于多智能体的深度强化学习算法提出,每个 Agent 除了输入自身的状态-动作信息之外,还可以利用额外的信息,如其他 Agent 的表现进行学习。

深度强化学习尤其适用于解决经典最优控制理论的问题,如线性二次规划和差分动态规划等,让系统模型在与环境的不断重复交互中进行学习。此外,深度强化学习也能够解决机器人方面的任务,提供了设计精密和人为难以配置的适用于工程行为的工具集和框架。例如在卷积神经网络和强化学习的基础上让机器人以纯视觉获取的数据作为输入来训练机械臂抓取物体;在策略搜索工作的基础上设计机器人操作轨迹规划框架,让机器人能够安全高效地完成规定的任务;在策略搜索方法的基础上结合双足机器人的动力学模型,双足机器人在完成控制任务的同时保证稳定行走。然而由于机器人问题中状态和动作的维数比较高,系统是部分可观测的,再加上由于噪声等因素所导致的不确定性,以及获取准确的经验花费较高等原因,深度强化学习在机器人上的应用仍具有一定的难度和挑战性。

7.5.5　元学习

人在学习中是对技能的学习,当人在遇到新环境时可以很快地调整好状态,因此需要研究像人一样对技能的学习方法。元学习是目前机器学习领域一个令人振奋的研究趋势,它解决的是学习如何学习的问题,是一种基于技能的学习方法。

依据不同的元知识的学习使用的方案,可以把元学习分为 3 种主流的研究方法:应用在模型设计中的基于模型的学习方法,运用在特征空间中基于度量的学习方法,运用在优化过程中的基于优化的学习方法。

基于模型的元学习方法将元知识的学习直接嵌入网络结构设计中,使得网络能够直接根据输入的少量的样本建立起输入到预测结果的映射方法。

基于度量的学习方法,将待查的样本和支持样本都映射到特征空间中,然后在特征空间中度量查询的样本和各类支持样本的距离,最后根据最近邻算法完成分类任务。最近邻分类属于一种非参数的方法,因此在元学习框架下能够很快构建起端到端的小样本学习分类器。

基于优化的元学习方法对元知识的利用体现在优化过程中,通过元知识优化方法来取代传统的基于梯度下降的优化方法。梯度下降方法中当数据量不足时,模型会很快地陷入过拟合,所以研究人员从这个角度出发,提出了各种方法来替代新任务上的梯度下降过程。

7.5.6　目标检测模型

目标检测的问题定义是确定目标在给定图像中的位置(如目标定位),以及每个目标属于哪个类别(即目标分类)。简单地说,目标检测是一种图像分类技术,除了分类之外,该技术还可以从自然图像中的大量预定义类别中识别出目标实例的位置。目标检测技术可以应用于现实工程中,如人脸检测、行人检测、车辆检测、交通标志检测、视频监控等。

基于深度学习方法为主的思路主要如下。

1. 候选区域/窗+深度学习分类(2 步法)

通过提取候选区域,并对相应区域进行以深度学习方法为主的分类的方案,常见的方法有 R-CNN、SPP-net、Fast R-CNN、Faster R-CNN。

这种方法的思路是:首先预先找出图中目标可能出现的位置,即候选区域(Region

Proposal)。利用图像中的纹理、边缘、颜色等信息,可以保证在选取较少窗口(几千甚至几百)的情况下保持较高的召回率(Recall)。有了候选区域,剩下的工作实际就是对候选区域进行图像分类的工作(特征提取＋分类)。

R-CNN 深度学习的简要步骤。

(1) 输入测试图像。

(2) 利用选择性搜索(Selective Search)算法在图像中从下到上提取 2000 个左右的可能包含物体的候选区域。

(3) 因为取出的区域大小各自不同,所以需要将每个候选区域缩放成统一的 227×227 的大小并输入到 CNN,将 CNN 的 fc7 层的输出作为特征。

(4) 将每个候选区域提取到的 CNN 特征输入到支持向量机 SVM 模型进行分类。

R-CNN 流程的第一步中对原始图片通过选择性搜索提取的候选框多达 2000 个左右,而这 2000 个候选框每个框都需要进行 CNN 提特征＋SVM 分类,计算量很大,导致 R-CNN 检测速度很慢,一张图都需要 47s。由于 CNN 一般都含有卷积部分和全连接部分,其中,卷积层不需要固定尺寸的图像,而全连接层是需要固定大小的输入。所以当全连接层面对各种尺寸的输入数据时,就需要对输入数据进行一系列操作以统一图片的尺寸大小,比如 224×224(ImageNet)和 32×32(LenNet)等。所以只能依次提取不同尺寸的图片,没有办法同时提取多个尺寸的候选区域。

针对上述固定尺寸的问题,SPP Net 方法被提出,在最后一个卷积层后,接入了金字塔池化层,使得网络的输入图像可以是任意尺寸的,输出则不变,同样是一个固定维数的向量。同时只对原图进行一次卷积计算,就可以得到整张图的卷积特征图,然后找到每个候选框在特征图上的映射图像块(Patch),将此图像块作为每个候选框的卷积特征输入到 SPP layer 和之后的层,完成特征提取工作。这就很好地提高了处理速度。

R-CNN 的进阶版 Fast R-CNN 就是在 R-CNN 的基础上采纳了 SPP Net 方法,对 R-CNN 做了改进,使得性能进一步提高。并且 Fast R-CNN 直接使用 softmax 分类方法替代 SVM 分类,同时利用多任务损失函数边框回归也加入到了网络中,这样整个的训练过程是端到端的(除去候选区域提取阶段)。

Fast R-CNN 还存在问题:选择性搜索时找出所有的候选框,这个也非常耗时。研究者针对此提出了 Faster R-CNN 方法:加入一个提取边缘的神经网络,也就说找到候选框的工作也交给神经网络来做了。在 Fast R-CNN 中引入区域生成网络(Region Proposal Network,RPN)替代选择性搜索,同时引入 Anchor Box 应对目标形状的变化问题。

2. 基于深度学习的回归方法(1 步法)

Faster R-CNN 的方法目前是主流的目标检测方法,但是速度上并不能满足实时的要求。YOLO 方法使用了回归的思想,利用整张图作为网络的输入,直接在图像的多个位置上回归出这个位置的目标边框,以及目标所属的类别。具体思路如下。

(1) 将输入图像划分成 7×7 的网格。

(2) 对于每个网格,都预测 2 个边框(包括每个边框是目标的置信度以及每个边框区域在多个类别上的概率)。

（3）根据上一步可以预测出 $7\times7\times2$ 个目标窗口,然后根据阈值去除可能性比较低的目标窗口,最后利用非极大抑制 NMS(Non-Maximum Suppression)去除冗余窗口。

YOLO 系列的模型是大多数做目标检测的图像算法工程师都在使用的方法,目前也从 v1 版本发展到了 v5 版本。其中 YOLO v1 奠定了整个系列的基础,后面的系列就是在第一版基础上的改进,只为提升性能。

YOLO v2 提出了一种联合训练算法,该算法可以在检测和分类数据上训练目标检测器。利用标记的检测图像来学习精准定位,同时使用分类图像来增加其"词汇量"和健壮性。采用了 Darknet19 网络结构。

YOLO v3 定位任务采用 Anchor Box 预测边界框的方法,使用逻辑回归为每个边界框都预测了一个分数 Bbjectness Score,打分依据是预测框与物体的重叠度。如果某个框的重叠度比其他框都高,它的分数就是 1,忽略那些不是最好的框且重叠度大于某一阈值(0.5)的框,并采用了 Darknet53 网络结构。

YOLO v1～YOLO v3 的作者 YOLO 之父 Joseph Redmon 退出了计算机视觉研究,YOLO v5 和 YOLO v4 的作者改为其他研究者,主要思路是通过多样化的先进数据增强技术最大限度地利用数据集,使对象检测框架取得性能突破的关键,并通过一系列图像增强技术步骤,可以在不增加推理时延的情况下提高模型的性能。

YOLO 存在的问题是,使用整图特征在 7×7 的粗糙网格内回归对目标的定位并不是很精准。可以结合 Region Proposal 的思想实现更加精准的定位,SSD 结合 YOLO 的回归思想以及 Faster R-CNN 的 Anchor 机制做到了这点。首先 SSD 获取目标位置和类别的方法跟 YOLO 一样,都是使用回归,但是 YOLO 预测某个位置使用的是全图的特征,SSD 预测某个位置使用的是这个位置周围的特征。SSD 结合了 YOLO 中的回归思想和 Faster R-CNN 中的 Anchor 机制,使用全图各个位置的多尺度区域特征进行回归,既保持了 YOLO 速度快的特性,也保证了窗口预测的跟 Faster R-CNN 一样比较精准。

7.5.7 语义图像分割模型

图像分割就是一个将图像里每个像素区分到一个特定的类的过程,因此可以看成是像素级的分类问题。分割有两种:一种是语义分割;另一种是实例分割。语义分割只负责将不同类别的点区分开,而实例分割则还需要在区分点的类别的同时,区分点所属的实例,可参考图 7.11。图像分割目前已经有广阔的应用场景,如手写识别、智能手机中拍照时的人像模式、在线试衣间、虚拟化妆和自动驾驶等。

传统的语义分割使用机器学习中的技术如 SVM、随机森林和 k-means 聚类来解决。其中运行效率较为稳定的有基于阈值的分割方法和基于边缘检测的分割方法。

基于深度学习的二维语义分割方法主要有 FCN、U-Net、DeepLab 和全局卷积网络。

2014 年,Jonathan Long 等人在 CVPR 提出了可以称作是当前基于深度学习的二维语义分割方法的鼻祖——Fully Convolution Network(FCN)。这是首个将卷积神经网络应用于图像分割的算法,后续许多图像分割网络的框架都是基于 FCN 的框架进行改进。FCN 的全连接层都被替换成了卷积层,因此可以接受任意尺寸的输入,通过一系列卷积提取特征后再上采样回原来的尺寸。然而 FCN 的输出结果不够平滑,原因是经过 32 倍

(a) 语义分割 (b) 实例分割

图 7.11 语义分割与实例分割

的降采样后,空间上的信息大量丢失,网络无法使用不足的信息恢复至原来的分辨率。由于进行了 32 倍的降采样,这个结构称为 FCN-32。为了缓解这个问题,Long 等人提出了 FCN-16 和 FCN-8 两个结构。在这两个结构中,之前池化层的信息会跟最终的特征图融合后进行上采样,更多的空间信息的引入使得结果相比 FCN-32 会更好。

2015 年,Ronneberger 等人提出了基于医疗图像分割领域的 U-Net。该网络创新性地提出了跳层连接缓解 FCN 中存在的空间信息丢失导致最终结果不平滑的问题。它有两个最大的特点:U 形连接和跳层连接(Skip Connection)。U 形连接是一个对称的结构。一边被称为 Encoder,负责通过卷积和降采样提取特征,增加通道数,同时减小特征图的尺寸;另一边被称为 Decoder,负责通过反卷积来将 Encoder 得到的语义特征图逐步恢复到原输入的分辨率。在降采样的过程中,语义特征数量上升,低层次的细节信息丢失。这些丢失的信息如果单纯通过反卷积是无法恢复的,因此 UNet 提出了跳层连接:将特征提取过程中的特征图的低层次的细节信息融入反卷积过程中同分辨率的图片中。除了在医疗图像分割领域,U-Net 提出后也被应用于其他场景,并都表现良好,针对 UNet 的改进,如 UNet++也层出不穷。

2015 年,Google 公司开始了 DeepLab 的研究,并在其基础上不断改进,提出了 v2、v3、v4 版本。这个系列主要提出的方法有使用条件随机场(CRF)提升最终的分割效果、空洞卷积、多孔空间金字塔池化(ASPP)。空洞卷积是在 v2 版本中提出,该方法在不引入额外参数和计算量的前提下扩大了卷积核的感受野。到了 v3 版本,CRF 被抛弃,作者引入了 ASPP 模块,通过将不同尺度的空洞卷积的结果融合,大大改善了分割的结果。

2017 年,Peng 等人提出了全局卷积网络(Global Convolution Network)。作者指出语义分割主要是分类和定位两个子任务组成,并认为这两部分的要求是相互矛盾的,即分类要求模型对变换有不变性,而定位却对变换敏感。因此,人们提出了 GCN 网络。通过不使用全连接层和池化层来更好地定位,使用大的卷积核来更好地分类。大卷积核分解成小的卷积核的输出的和来抑制参数的增多。

◇ 7.6 深度学习网络模型生成

深度学习网络模型需要通过大量的数据训练后才能产生出可以使用的网络模型,生成的网络模型包括网络参数和网络结构两部分内容,例如 TensorFlow 框架生成.pb 网络模型文件；Keras 框架生成.h5 文件；PyTorch 框架生成.pt 或者是.pth 文件；MindSpore 框架生成.ckpt 的 checkpoint 文件格式。在训练生成网络模型过程中，往往需要很大的计算量才能够完成。因此，需要在图形工作站服务器平台上搭建相应的深度学习框架或者借助用于训练的云平台来完成。

7.6.1　训练平台

训练平台可以借助图形工作站和云平台两种方案进行。

1. 图形工作站方式

图形工作站主要是服务器平台加装英伟达、华为和 Xilinx 等公司的高性能 GPU 处理卡或者 NPU 处理卡实现高性能计算平台。

由于深度学习的框架种类较多，例如 TensorFlow、PyTorch 和 MindSpore 等，并且这些框架的软件版本经常有更新，而在做深度学习训练的开发中往往会和某个框架以及某个版本耦合得很紧密，所以往往某个模型训练方法会针对一定版本的开发环境，但此环境不一定适合其他深度学习的任务。由于一个开发平台往往不能兼容多个版本的环境，所以此时需要在图形工作站上通过虚拟化的方式来满足不同训练算法的要求。

当前深度学习训练中所用的虚拟化技术最常见的是 Docker 容器。Docker 使用 Google 公司推出的 Go 语言开发实现，基于 Linux 内核的 cgroup、namespace，以及 AUFS 类的 Union FS 等技术，对进程进行封装隔离，属于操作系统层面的虚拟化技术。

Docker 可以构建和部署容器，只需要把应用程序或者服务打包放进容器即可。容器是基于镜像启动起来的，容器中可以运行一个或多个进程。镜像是 Docker 生命周期中的构建或者打包阶段，而容器则是启动或者执行阶段。容器基于镜像启动，一旦容器启动完成后，就可以登录到容器中安装自己需要的软件或者服务。

Docker 镜像构建完成后，可以很容易地在当前宿主上运行。但是，如果需要在其他服务器上使用这个镜像，就需要一个集中的存储、分发镜像的服务，Docker Registry 就是这样的服务。一个 Docker Registry 中可以包含多个仓库（Repository）；每个仓库可以包含多个标签（Tag）；每个标签对应一个镜像。所以，镜像仓库是 Docker 用来集中存放镜像文件的地方，类似于我们之前常用的代码仓库。Docker Registry 公开服务是开放给用户使用、允许用户管理镜像的 Registry 服务。一般这类公开服务允许用户免费上传、下载公开的镜像，并可能提供收费服务供用户管理私有镜像。最常使用的 Registry 公开服务是官方的 Docker Hub，这也是默认的 Registry，并拥有大量的高质量的官方镜像，网址为 hub.docker.com/。除了使用公开服务外，用户还可以在本地搭建私有 Docker Registry。Docker 官方提供了 Docker Registry 镜像，可以直接使用作为私有 Registry 服务。开源的 Docker Registry 镜像只提供了 Docker Registry API 的服务端实现，足以支持 Docker 命令，不影响使用。但不包含图形界面，以及镜像维护、用户管理、访问控制等高级功能。

2. 云平台方式

当前一些公司也提供了可以用于深度学习计算的云平台服务，可以通过租用的方式在云平台上开启一个有 GPU 或 NPU 加速的高性能计算平台,并可以上传数据集和编辑训练代码从而可以训练开发者开发的模型,并最终产生出训练好的模型文件。例如华为、Google、阿里巴巴、百度、亚马逊和微软等公司都有这样的云平台。

7.6.2　数据集制作

数据在深度学习中占据着非常重要的地位,一个高质量的数据集往往能够提高模型训练的质量和预测的准确率。以下是常见的数据集。

(1) ImageNet 数据集。ImageNet 数据集是一个计算机视觉数据集,由斯坦福大学的李飞飞教授带领创建。该数据集包合 14 197 122 张图片和 21 841 个 Synset 索引。Synset 是 WordNet 层次结构中的一个结点,它又是一组同义词集合。ImageNet 数据集一直是评估图像分类算法性能的基准。

(2) MNIST 数据集。MNIST 数据集是机器学习领域中非常经典的一个数据集,由60 000 个训练样本和 10 000 个测试样本组成,每个样本都是一张 28×28 像素的灰度手写数字图片。

(3) COCO 数据集。微软公司发布的 COCO 数据库是一个大型图像数据集,专为对象检测、分割、人体关键点检测、语义分割和字幕生成而设计。

(4) CIFAR 数据集。CIFAR 数据集包括两个——CIFAR-10 和 CIFAR-100,其中,CIFAR-10 的分类类别是 10 种,相应的 CIFAR-100 的分类类别是 100 种。CIFAR-10 的图片大小是 32×32 像素(彩色图片,3 个通道),其中有 50 000 张图片是训练集,10 000 张图片是测试集,10 个类别,每个类别有 6000 张图片。而 CIFAR-100 和 CIFAR-10 图片大小相似,其中有 50 000 张图片是训练集,10 000 张图片是测试集,100 个类别,每个类别有600 张图片。

(5) VOC 数据集。VOC(Visual Object Classes)是一套检测和识别标准化的数据集,从 2005 年到 2012 年每年都会举行一场图像识别竞赛,每次比赛都有相应的数据集。

(6) KITTI 道路数据集。道路和车道估计基准包括 289 次培训和 290 幅测试图像。它包含不同类别的道路场景:城市无标记、城市标记、城市多条标记车道以及以上三者的结合。

从研究方面,利用开源的数据集来测试自己的算法没有问题。但是在做具体的实际项目时,所处理的数据往往和开源数据集内容是不一样的,所以需要自己来制作数据集。

在制作数据集过程中,为样本数据打标签是一个重要过程,若制作的数据是专业类型的数据标签,这时需要在这个领域内十分专业的人才能制作;同时制作数据集也是十分烦琐的过程,分类问题只需要对图片类别打标签就行;目标识别问题还需要对物体的位置信息进行画框标注;更复杂的是用于图像语义分割的数据集,需要把目标物体按照像素点分割出来,手工操作很复杂,一般要借助 OpenCV 中的分割方法来完成。

由于制作数据集是一个工作量很大很烦琐的工作,所以一些深度学习框架也会提供制作数据集的自动和半自动化工具。例如华为公司 ModelArts 为用户提供了标注数据的能力,可以为 4 类数据提供标注工具。

(1) 图片。图像分类:识别一张图片中是否包含某种物体。物体检测:识别出图片中每个物体的位置及类别。图像分割：根据图片中的物体划分出不同区域。

　　（2）音频。声音分类：对声音进行分类。语音内容：对语音内容进行标注。语音分割：对语音进行分段标注。

　　（3）文本。文本分类：对文本的内容按照标签进行分类处理。命名实体：针对文本中的实体片段进行标注，如"时间""地点"等。文本三元组：针对文本中的实体片段和实体之间的关系进行标注。

　　（4）视频。视频标注：识别出视频中每个物体的位置及分类。目前仅支持 mp4 格式。

　　如图 7.12 是在 ModelArts 添加物体检测标签的案例。

图 7.12　ModelArts 添加物体检测标签

7.6.3　训练模型

　　可以在华为云平台租用可以进行 AI 加速的云平台服务器用来训练开发的模型。

　　首先，在训练模型时需要导入数据，可以通过华为云的对象存储服务 OBS 模块实现对训练和测试数据的导入，如图 7.13 所示。

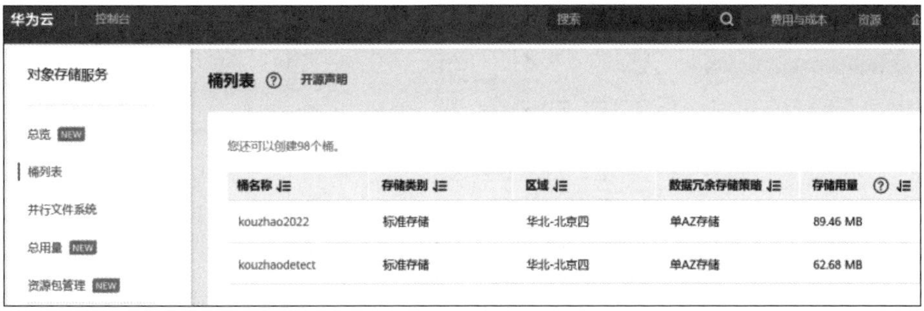

图 7.13　对象存储服务 OBS 模块数据管理

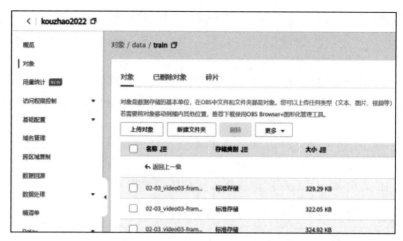

图 7.13（续）

接着,可以在云平台上创建开发环境,如图 7.14 所示,在云平台上采用开发环境 Notebook,使用云平台已有镜像：tensorflow1.15-mindspore1.5.1-cann5.0.3-euler2.8-aarch64,选择硬件规格：Ascend：1 * Ascend910|CPU：24 核 96GB。

在 Notebook 编辑器中编辑训练的代码和网络模型,如图 7.15 是对 YOLO v3 模型的训练过程。

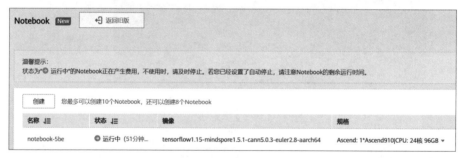

图 7.14　创建 Notebook 开发环境

图 7.15　YOLO v3 模型训练过程

训练完后产生模型文件,如图 7.16 所示。

训练好的模型可以利用测试代码进行测试,可以在平台上评估测试的效果,从而为修改网络和参数提供依据,如图 7.17 所示。

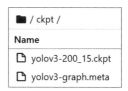

图 7.16　训练出的模型文件

同时华为公司也提供了 MindStudio 集成开发环境,这是一款基于 Intellij Platform 的集成开发环境(IDE),支持 Python、C/C++ 语言进行代码开发、编译、调试和运行等基础功能。MindStudio 可以通过 SSH 通道将训练脚本推送到带有训练硬件远端环境(如 ModelArts)上,远程执行训练。执行训练前,可将本工程全部文件同步至远端,训练完成后远端文件同步回本地,包括模型文件。对于大文件或数据集,可以提前部署在运行环境上。

```
[9]: # ---------------yolov3  test-----------------
     cfg = edict({
         "device_id": 0,
     })

     context.set_context(mode=context.GRAPH_MODE, device_target="Ascend")

     ckpt_path = './ckpt/'
     if not os.path.exists(ckpt_path):
         mox.file.copy_parallel(src_url=args_opt.ckpt_url, dst_url=ckpt_path)
     cfg.ckpt_path = os.path.join(ckpt_path, "yolov3-200_15.ckpt") # 看一下在ckpt文件夹下，保存的文件名

     data_path = './data/'
     if not os.path.exists(data_path):
         mox.file.copy_parallel(src_url=data_url, dst_url=data_path)

     mindrecord_dir_test = os.path.join(data_path,'mindrecord/test')
     prefix = "yolo.mindrecord"
     cfg.mindrecord_file = os.path.join(mindrecord_dir_test, prefix)
     cfg.image_dir = os.path.join(data_path, "test") #!!!!
     if os.path.exists(mindrecord_dir_test+'/'+prefix): #!!!!
         print('The mindrecord file had exists!')
     else:
         if not os.path.isdir(mindrecord_dir_test):
             os.makedirs(mindrecord_dir_test)
         prefix = "yolo.mindrecord"
         cfg.mindrecord_file = os.path.join(mindrecord_dir_test, prefix)
         print("Create Mindrecord.")
         data_to_mindrecord_byte_image(cfg.image_dir, mindrecord_dir_test, prefix, 1)
         print("Create Mindrecord Done, at {}".format(mindrecord_dir_test))
         # if you need use mindrecord file next time, you can save them to yours obs.
         #mox.file.copy_parallel(src_url=args_opt.mindrecord_dir_test, dst_url=os.path.join(cfg.data_url,'mindspore/test'))
     print("Start Eval!")

     yolo_eval(cfg)

     Create Mindrecord.
     [WARNING] ME(554:281472822609360,MainProcess):2022-01-09-18:07:53.541.132 [mindspore/dataset/engine/datasets.py:3619] WARN
     [WARNING] ME(554:281472822609360,MainProcess):2022-01-09-18:07:53.589.612 [mindspore/common/_decorator.py:33] 'TensorAdd'
     [WARNING] ME(554:281472822609360,MainProcess):2022-01-09-18:07:53.620.322 [mindspore/common/_decorator.py:33] 'TensorAdd'
     [WARNING] ME(554:281472822609360,MainProcess):2022-01-09-18:07:53.680.743 [mindspore/common/_decorator.py:33] 'TensorAdd'
     Create Mindrecord Done, at ./data/mindrecord/test
     Start Eval!
     [WARNING] ME(554:281472822609360,MainProcess):2022-01-09-18:07:53.740.712 [mindspore/common/_decorator.py:33] 'TensorAdd'
     [WARNING] ME(554:281472822609360,MainProcess):2022-01-09-18:07:53.934.766 [mindspore/common/_decorator.py:33] 'TensorAdd'
     [WARNING] ME(554:281472822609360,MainProcess):2022-01-09-18:07:54.137.712 [mindspore/common/_decorator.py:33] 'TensorAdd'
     [WARNING] ME(554:281472822609360,MainProcess):2022-01-09-18:07:54.909.612 [mindspore/common/_decorator.py:33] 'TensorAdd'
     [WARNING] ME(554:281472822609360,MainProcess):2022-01-09-18:07:56.513.12 [mindspore/common/_decorator.py:33] 'TensorAdd' i
     Load Checkpoint!

     ========================================

     total images num:  10
     Processing, please wait a moment.
```

图 7.17　网络模型测试

深度学习推理框架

深度学习由于需要部署运行卷积神经网络模型,而卷积神经网络计算量又很大,并不适合在计算资源比较小的平台上进行部署,所以出现了一些专门为嵌入式移动平台设计的轻量化卷积神经网络,如 MobileNet、ShuffleNet、SqueezeNet 等。然而这些轻量化卷积神经网络是在桌面平台上训练的,如果直接将这些轻量化卷积神经网络运行在嵌入式平台(如手机)上,其性能不高,所以需要设计实现一个深度卷积神经网络的嵌入式推理部署框架来解决这个问题。

很多研究提出了推理部署框架,借助各种针对 CPU 及加速模块计算的优化方案,提高算法在此芯片上运行的效能。

◆ 8.1　CPU 优化相关技术

8.1.1　OpenMP 技术

OpenMP(Open Multi-Processing)是一组支持跨平台共享内存的多线程并行应用程序编程接口,有 C、C++ 和 FORTRAN 编程语言接口。OpenMP 可以在很多操作系统和处理器中运行,包括 Windows、GNU/Linux、macOS X、Solaris 和 HP-UX 等。OpenMP 由一系列编译器指令、库函数和可以影响程序运行行为的环境变量 3 部分组成。

OpenMP 采用的是 Fork-Join 模型。在程序运行的过程中,主线程派生出若干个子线程,系统在主线程和若干子线程之间分配任务;然后,主线程和若干子线程并发运行,运行时,可以通过环境变量来将每个线程分配到不同的处理器核心上。如果有处理器核心分配到超过一个线程,则该处理器上的线程是并发运行的,如果所有处理器核心分配到的线程不超过一个,则所有线程(主线程和若干子线程)都是并行运行的,此时运行效率最高。图 8.1 展示了有 3 个并行任务组的情境下单线程(只有一个主线程)和多线程(OpenMP 的 Fork-Join 模型)的执行情况对比。在单线程情况下,各并行任务组之间及各并行任务组之内都是串行执行的,而在多线程情况下,各并行任务组之间是串行执行,各并行任务组之内都是并行(或并发)执行的,这样就充分利用了同一任务组内任务的并行性,大大提升了任务的执行效率。

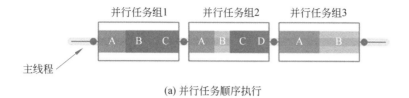

(a) 并行任务顺序执行

(b) 并行任务并行执行

图 8.1　OpenMP 的 Fork-Join 模型示意图

OpenMP 提供了对并行算法的高层次抽象描述,一般用于多核 CPU 机器上的并行程序设计。OpenMP 的提出有以下几个目标。

(1) 标准化:在各种共享内存架构之间提供一套标准,由主要的计算机硬件设备和软件供应商联合制定标准。

(2) 精简性:为编译器提供一套简单而有限的编译器指令、库函数和环境变量。

(3) 易用性:提供了对串行程序进行增量并行的能力(在原有串行代码中简单添加编译器指令就可以直接变成并行代码,不需要对源代码进行大规模修改)。

(4) 可移植:在大多数计算平台上都有 OpenMP 的实现。

通过使用 OpenMP 技术将卷积神经网络每个网络层计算过程中的最外层 for 循环分配到不同的 CPU 核心上,使得每个 CPU 核心执行整个计算任务的一部分。

8.1.2　单指令多数据流

单指令多数据流(Single Instruction Multiple Data,SIMD)是并行计算机的架构之一。SIMD 类型的计算机具有多个处理单元,这些处理单元可以同时按照相同的操作(指令)处理不同的数据,图 8.2 对比了四通道的 SIMD 做一次加法和普通的加法对比,同样做 4 次加法,普通的加法操作需要运行 4 次指令,而 SIMD 只需要运行一次指令,大大提升了计算的性能。SIMD 通常被应用在一些数字图像处理或者数字音频处理的任务上。现代 CPU 在设计时就包括了 SIMD 指令集的实现,进一步提高了现代 CPU 在处理多媒体数据时候的性能。

在 Intel 的 x86 平台上,随着 Intel CPU 的不断发展,产生了众多的 SIMD 指令集MMX 和 iwMMXt、SSE、SSE2、SSE3、SSSE3 和 SSE4.x,以及最新的 AVX、AVX2 和AVX-512。而在 ARM 的 CPU 平台上的 SIMD 指令集就是 NEON 指令集。

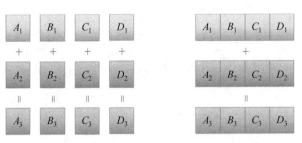

(a) 普通4次加法操作　　　(b) 四通道SIMD一次加法操作

图 8.2　普通加法和 SIMD 加法操作示意图

在 ARM CPU 上使用 NEON 指令集进行算法优化主要有 4 种方法：NEON 优化库、向量化编译器、NEON 内联函数和 NEON 汇编。

Ne10 和 Libyuv 是两个常用的 NEON 优化库。Ne10 是一个通用的函数库，尤其着重于数学、信号处理、图像处理以及一些物理函数的实现，针对 ARM CPU 使用 NEON 指令集进行了特别的优化。Ne10 是一个高一致性的函数库，库包含的函数都经过了充分的测试，可以通过静态或动态连接将 Ne10 库集成到各种应用程序中。Libyuv 是一个开源库，包括了 YUV 图像的缩放和转换等功能，该库不仅针对 ARM CPU 进行了 NEON 优化，还使用 SSSE3/AVX2 针对 Intel 的 CPU 进行了优化。如果待优化算法中有一些功能已经在 Ne10 或者 Libyuv 库中实现，可以直接使用优化库来调用这些优化过的方法，这种方法间接使用了 NEON 指令集来优化自己的算法，缺点是待优化算法需要满足一部分功能已在优化库中实现的条件。

向量化编译器是指能够直接将普通的代码优化成 SIMD 代码的编译器，使用这种编译器之后，仅仅将未优化过的算法实现直接交给向量化编译器去进行向量化就能够得到算法性能的提升，常见的编译器如 GCC/G++、Clang 等都支持通过编译选项来进行向量化编译。向量化编译器能够大大减轻程序员的工作量，降低程序员的编程难度，但是通过编译器对算法进行优化的性能不能达到最高，不能充分利用到嵌入式设备上的硬件资源。

NEON 内联函数是编译器（如 GCC/G++）提供的 C 语言接口，大部分 C 语言接口函数的实现是直接变为对应的汇编指令，但是有少数接口没有对应的汇编指令，并且有一些 NEON 汇编指令没有对应的 C 语言接口。虽然 C 语言接口对程序员非常友好，代码可读性强，也减轻了程序员的负担，但是使用 NEON 内联函数来编程不够灵活，性能也不够高。

NEON 汇编就是通过内联汇编或者纯汇编文件来使用 NEON 指令对算法进行优化。对于需要极高性能的算法来说，手动通过 NEON 汇编来优化算法的执行是最好的方法。内联汇编相对于纯汇编文件来说具有调用简单，无须手动保存寄存器的优点。

8.1.3　1×1 标准卷积计算加速实例

在深度模型计算中 1×1 标准卷积常常占据模型中绝大部分的计算量，而在轻量化卷积神经网络的设计过程中，经常会使用 3×3 深度可分离卷积和 1×1 标准卷积来替换 3×3 标准卷积以达到减少计算量的目的。

　　经过理论和实验分析可以知道,1×1 标准卷积是轻量化卷积神经网络推理过程中的性能瓶颈。卷积神经网络中的输入特征图和输出特征图(即 Blob)是按通道存储在内存上的,也就是说,特征图同一通道内的数据是连续的(见图 4.10),如图 8.3 中的内存结构所示。然而,在 1×1 标准卷积的计算过程中,计算输出特征图中的一个值需要跨越通道去访问输入特征图中的输入数据,例如图 8.3 中输出特征图白色区域的计算需要跨通道访问输入特征图的白色部分。内存的局部性原理表明,由于缓存的存在,访问地址连续的内存(空间局部性)或者相近时刻访问相同的内存地址(时间局部性原理)将会最大程度发挥出内存的访问性能。而在 1×1 标准卷积的计算过程中,跨通道访问输入特征图的数据不满足局部性原理(内存地址不连续,访问相同内存地址的时间间隔很长),所以会影响访问数据的性能,进一步由于 CPU 需要用来计算的数据时需要从内存取数据(不能从缓存得到),会导致 CPU 的利用率不高。因此,对于 1×1 标准卷积的优化,采用内存重排方法。

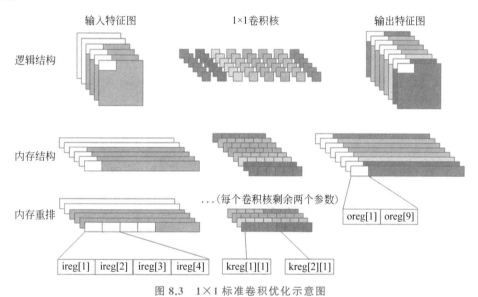

图 8.3　1×1 标准卷积优化示意图

　　为了利用嵌入式平台上的多核 CPU 资源,使用 OpenMP 技术将输出特征图的计算分配到不同的 CPU 核心上去计算。在每个 CPU 核心上,使用 NEON 指令集来对 1×1 标准卷积的计算过程进行优化。

　　如图 8.3 所示,我们将输出特征图按每 8 个通道分为一组,属于同一组的通道会在同一个 CPU 核心上同时进行输出值的计算,这样分组的原因是,每个输出通道的相同位置的输出数据计算都与相同的输入数据相关。如图 8.3 中输出特征图每个通道的白色区域数据的计算都与输入特征图中白色区域的输入数据相关,所以如果每次只计算一个输出通道,会大大增加对输入特征图的内存访问次数。

　　每 8 个输出通道为一组的情况下,在各输出通道内部,使用两个 NEON 寄存器来存储 1×1 标准卷积输出值的计算结果,如图 8.3 所示,oreg[1]、oreg[9]分别是第一个通道内的两个 NEON 寄存器,每个寄存器可以存储 4 个 float 类型的数据,所以同时计算了同一输出通道内的 8 个输出值。

每 8 个输出通道为一组，每个输出通道内需要有两个 NEON 寄存器来保存 8 个输出值，所以对于输出特征图来说，在每个 CPU 核心上需要使用 $8 \times 2 = 16$ 个 NEON 寄存器。每次迭代计算，会计算 8 个输出通道内的两个寄存器的值。

对于 1×1 卷积核来说，需要为每个输出通道对应的卷积核分配至少一个 NEON 寄存器，而由于 NEON 寄存器可以存储 4 个 float 类型的数据，所以一个卷积核的 NEON 寄存器可以对应 4 个输入通道。每个输入通道中所需要的 NEON 寄存器数量要与每个输出通道中的 NEON 寄存器数量保持一致。因此，分配给卷积核的 NEON 寄存器数量为 $8 \times 1 = 8$，分配给输入特征图的 NEON 寄存器数量为 $4 \times 2 = 8$，具体分配方法参考图 8.3。

由于之前提到的内存局部性问题，需要对输入特征图进行内存重排。按照 1×1 标准卷积的计算过程，可以知道计算过程中对输入特征图的内存访问模式，按照这种内存访问模式，设计了对应的内存重排算法来优化内存的访问，其伪代码如图 8.4 所示。图 8.4 中，算法 1 的最外层 for 循环以 4 为步长遍历输入特征图 In 的通道维度（4 个输入通道为一组）。中间 for 循环以 8 为步长遍历同一输入通道内的所有元素（两个 NEON 寄存器可以存储 8 个元素）。最里层的 for 循环以 1 为步长遍历 4 个输入通道，然后将每个输入通道中的 8 个数据连续存储到 Out 的底层数组中（第 4~11 行），为了确保 Out 的连续性，在第 12 行 Out 的指针前进了 8 个数据的大小。

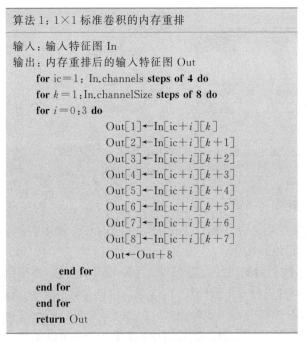

图 8.4　1×1 标准卷积的内存重排伪代码

对于 1×1 标准卷积的卷积核来说，也需要进行对应的内存重排以优化卷积核的内存访问行为，其内存重排方法与输入特征图的内存重排类似，此处不再展示其重排的方法。但是由于卷积核的参数在整个网络运行过程中是不会变的，所以可以在构造网络层对象

Layer 的时候就把卷积核重排工作完成,而不必要在推理的过程中进行。

将输入特征图和卷积核权重进行内存重排后,就可以进行 1×1 标准卷积的计算过程,图 8.4 是其伪代码。图 8.5 所示的算法 2 中,输入数据是内存重排后的输入特征图和卷积核权重,这样在计算的过程中,就会连续地访问输入数据的内存,满足了局部性原理。第 1 行最外层 for 循环以 8 为步长遍历输出特征图的通道维度,第 2 行根据图 8.3 初始化 16 个 NEON 寄存器 oreg[1..16]用于保存 1×1 卷积的计算结果,每个输出通道两个 NEON 寄存器,用来存储 1×1 卷积的计算结果。在第 3 行,第二层 for 循环以 32 为步长遍历整个内存重排后的输入特征图,因为 4 个输入通道,每个通道有 8 个元素(两个 NEON 寄存器),所以步长为 32。然后第 4~5 行,读取输入特征到 NEON 寄存器 ireg[1..8],读取卷积核权重到 NEON 寄存器 kreg[1..8],kreg[i][j]表示第 i 个 kreg 寄存器中的第 j 个值。由于每一个输出通道对应一个卷积核,而不同的输入通道对应卷积核中的不同通道,所以我们需要读取 Out.Channels$\times$In.Channels$=8\times4=32$ 个卷积核权重,32 个权重需要使用 8 个寄存器。第 7 行最里层的 for 循环通过迭代来遍历 8 个输出通道(在实际代码中为了性能会将这个 for 循环展开)。在第 8~17 行,根据 1×1 标准卷积的算法分别计算出了每一个输出通道内两个 oreg 寄存器的结果。最后,第 20 行,将寄存器 oreg[1..16]内的计算结果保存到了输出特征图 Out 的对应位置。

```
算法 2:内存重排后 1×1 标准卷积的计算

输入:内存重排后的输入特征图 In、卷积核权重 kernel
输出:输出特征图 Out
    for oc=1:Out.channels steps of 8 do
    初始化寄存器 oreg[1..16]用于保存计算结果
    for ic=1:In.InSize steps of 32 do
    根据图 8.3 将输入特征读取到 ireg[1..8]
    根据图 8.3 将卷积核权重读取到 kreg[1..8]
            //为了计算性能最内层 for 循环会被展开
    for i=1:8 do
            //每个通道内的第一个寄存器
                oreg[i]←oreg[i]+ireg[1]·kreg[i][1]
                oreg[i]←oreg[i]+ireg[3]·kreg[i][2]
                oreg[i]←oreg[i]+ireg[5]·kreg[i][3]
                oreg[i]←oreg[i]+ireg[7]·kreg[i][4]
            //每个通道内的第二个寄存器
            oreg[i+8]←oreg[i+8]+ireg[2]·kreg[i][1]
            oreg[i+8]←oreg[i+8]+ireg[4]·kreg[i][2]
            oreg[i+8]←oreg[i+8]+ireg[6]·kreg[i][3]
            oreg[i+8]←oreg[i+8]+ireg[8]·kreg[i][4]
        end for
    end for
    将 oreg[1..16]的数据保存到 Out 的内存中
    end for
    return Out
```

图 8.5 内存重排后 1×1 标准卷积的计算伪代码

◆ 8.2　深度学习推理引擎技术

虽然目前可以供选择的深度学习推理框架很多,但是没有任何一个框架可以满足所有需求。由于支持的硬件种类众多,很难对所有的硬件开发出合适的优化算子。从整个优化思路来说,根据芯片适配的范围从大到小来分,主要有:①编译器方案,即在编译的过程中考虑算法在加速芯片上的部署优化,这种思路对不同种类的芯片推广面较广,但是很难做到面面俱到。②基于内核的优化方案,例如现在移动设备(如手机)大多都是基于ARM内核的,所以很多手机应用开发的企业为了使自己的算法能够高效率地在手机上执行算法,所以推出了针对ARM核的算法部署方案。③针对自有硬件的部署加速引擎,主要是一些硬件公司的部署方案,例如华为公司推出的昇腾AI软件栈技术和NVIDIA推出的TensorRT部署框架。从对芯片支持的广度到深度依次递推,虽然对不同芯片支持的适配性依次变差,但是对具体芯片的优化程度越来越好。

8.2.1　编译器方案

随着越来越多硬件加速单元及学习框架的出现,要完美地解决端到端的程序部署和执行不是一件很简单的事情,不同的软件编程方法和框架在不同的硬件架构上的优化实现差异很大,如嵌入式设备、PC或是数据中心的服务器等,需要在每个框架内进行深度优化,从而提高每个硬件(CPU、GPU、FPGA、ASIC)的训练性能,所有这些因素提升了用户的使用成本。按照此思路,出现了可用于机器学习的中间表示形式、编译器和执行器,统称为编译器框架或堆栈。采用编译语言中间件的思路来解决这个问题,即设立中间指令表达方式,所有的软件框架都不直接映射到具体的硬件上,而是首先通过编译器实现通用的语言编译成一种中间格式的指令表达,对于具体的硬件,厂商可以提供对接中间指令的编译器或部署方案,从而实现中间格式指令到具体硬件的通路。

在编译器章节提过的TVM编译器是有关深度学习编译器框架,它旨在缩小以生产力为中心的深度学习框架与以性能和效率为中心的硬件后端之间的差距。TVM与深度学习框架合作,为不同的后端提供端到端编译。TVM与LLVM的架构非常相似。TVM针对不同的深度学习框架和硬件平台,实现了统一的软件栈,以尽可能高效的方式,将不同框架下的深度学习模型部署到硬件平台上,整体架构如图8.6所示。

具体工作流程如下。

(1) 从已有的深度学习框架中获取一个模型并将此模型转换为计算图表示(深度学习框架的前端主要提供计算图表示以及自动梯度的功能)。

(2) 图8.6中Section 3使用一些方法优化当前的计算图得到优化后的计算图。

(3) 图8.6中Section 4针对计算图中每个融合的算子生成有效的代码,生成过程中结合了张量表达式以及硬件优化原语,在算子级进行优化。

(4) 由于优化空间非常大,图中Section 5基于机器学习技术实现自动优化。

(5) 系统打包生成的代码到部署模块中。

TVM的设计目的是分离算法描述、调度和硬件接口。该原则受到Halide的计算/

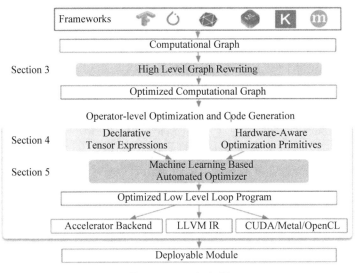

图 8.6　TVM 框架图

调度分离思想的启发,而且通过将调度与目标硬件内部函数分开而进行了扩展。这一额外分离使支持新型专用加速器及其对应新型内部函数成为可能。TVM 具备两个优化层:①计算图优化层,用于解决第一个调度挑战;②具备新型调度基元的张量优化层,以解决剩余的 3 个挑战。通过结合这两个优化层,TVM 从大部分深度学习框架中获取模型描述,执行高级和低级优化,生成特定硬件的后端优化代码,如 CPU、GPU 和基于 FPGA 的专用加速器。实现了如下功能。

(1) 构建了一个端到端的编译优化堆栈,允许将高级框架(如 Caffe、MXNet、PyTorch、Caffe2、CNTK)专用的深度学习工作负载部署到多种硬件后端上(包括 CPU、GPU 和基于 FPGA 的加速器)。

(2) 提供深度学习工作负载在不同硬件后端中的性能可移植性的主要优化挑战,并引入新型调度基元(Schedule Primitive)以利用跨线程内存重用、新型硬件内部函数和延迟隐藏。

(3) 在基于 FPGA 的通用加速器上对 TVM 进行评估,以提供关于如何最优适应专用加速器的具体案例。

8.2.2　基于芯片内核的优化方案

Google、腾讯、百度和阿里巴巴等公司开发出了如下一系列部署框架。

1. TensorFlow Lite 嵌入式推理框架

TensorFlow Lite 是 Google 公司推出的专门为嵌入式平台优化的嵌入式深度学习部署框架,作为 TensorFlow 框架的一部分,TensorFlow Lite 只能够部署通过 TensorFlow 训练好的模型。TensorFlow Lite 可以帮助开发者在移动、嵌入式和 IoT 设备上部署运行 TensorFlow 模型。它可以降低机器学习模型在嵌入式设备上的延迟,并且减小二进制可执行程序的大小。TensorFlow Lite 支持的平台非常广泛,包括安卓和 iOS 设备、嵌入式 Linux 设备,甚至是微控制器。TensorFlow Lite 也提供了众多编程语言的接口,包括 Objective-C、Java、Swift、C++ 和 Python。

TensorFlow Lite 由两个主要组件构成。

(1) TensorFlow Lite 解释器。可以在许多不同的硬件类型(包括手机、嵌入式 Linux 设备和微控制器)上运行经过优化的神经网络模型。

(2) TensorFlow Lite 转换器。将 TensorFlow 模型转换为供解释器使用的高效格式,并且可以对模型进行优化以及改善二进制可执行程序大小和性能。

TensorFlow Lite 旨在简化在网络"边缘"的设备上部署运行机器学习的过程。

2. NCNN 嵌入式推理框架

NCNN 是腾讯公司推出的专门为移动嵌入式平台优化的高性能神经网络前向计算嵌入式部署框架。NCNN 不依赖一些第三方库,如 BLAS 或者 NNPACK 等计算框架。NCNN 使用 ARM NEON 汇编优化了很多神经网络中的计算算子(网络层),除了 ARM CPU 之外,还使用 Vulkan 来针对 GPU 进行了优化。NCNN 支持多输入和多分支的网络结构,能够计算网络中的部分分支。NCNN 可以用于手机端优化的高性能神经网络前向计算框架,目前已在腾讯公司多款应用中使用,如 QQ 和微信等。

NCNN 的主要特点是:支持卷积神经网络,支持多输入和多分支结构,可计算部分分支;无任何第三方库依赖,不依赖 BLAS/NNPACK 等计算框架;纯 C++ 实现,跨平台,支持 Android、iOS 等系统;ARM NEON 汇编级优化,计算速度极快;精细的内存管理和数据结构设计,内存占用极低;支持多核并行计算加速,ARM big.Little CPU 调度优化;支持基于全新低消耗的 vulkan api GPU 加速;整体库小于 700KB,并可轻松精简到小于 300KB;可扩展的模型设计,支持 8 位量化和半精度浮点存储,可导入 Caffe/PYTorch/MXNet/ONNX 模型;支持直接内存零复制引用加载网络模型;可注册自定义层实现并扩展。

3. TNN 嵌入式推理框架

TNN 是腾讯公司对 NCNN 框架进行了重构升级,通过 GPU 深度调优、ARM SIMD 深入汇编指令调优、低精度计算等技术手段,在性能上取得了进一步提升。TNN 引入了 INT8、FP16、BFP16 等多种计算低精度的支持,相比大部分仅提供 INT8 支持的框架,不仅能灵活适配不同场景,还让计算性能大大提升。TNN 通过采用 8 位整数代替浮点数进行计算和存储,模型尺寸和内存消耗均减少至 1/4,在计算性能上提升 50% 以上。同时引入 ARM 平台 BFP16 的支持,相比浮点模型,BFP16 使模型尺寸、内存消耗减少 50%,在中低端机上的性能也提升约 20%。TNN 设计了与平台无关的模型表示,为开发人员提供统一的模型描述文件和调用接口,支持主流 Android、iOS 等操作系统,适配 CPU、GPU、NPU 硬件平台。同时,TNN 通过 ONNX 可支持 TensorFlow、PyTorch、MXNet、Caffe 等多种训练框架,目前支持 ONNX 算子超过 80 个,覆盖主流 CNN 网络。TNN 所有算子均为源码直接实现,不依赖任何第三方,接口易用,切换平台仅需修改调用参数即可。

4. MDL 嵌入式推理框架

MDL(Mobile-Deep-Learning)是百度公司开发的一个基于卷积神经网络实现的移动端框架,致力于让卷积神经网络极度简单地部署在手机端。

MDL 对 32 位浮点数转 8 位 UINT 直接支持,模型体积量化后 4MB 左右;针对 ARM 平台进行优化使 NEON 使用涵盖了卷积、归一化、池化所有方面的操作;汇编优化,针对寄存器汇编操作具体优化;循环展开,为提升性能减少不必要的 CPU 消耗,全部展开判断操作;将大量繁重的计算任务前置到开销过程。

MDL 框架主要包括模型转换模块(MDL Converter)、模型加载模块(Loader)、网络管理模块(Net)、矩阵运算模块(Gemmers)及供 Android 端调用的 JNI 接口层(JNI Interfaces)。其中,模型转换模块主要负责将 Caffe 模型转为 MDL 模型,同时支持将 32 位浮点型参数量化为 8 位参数,从而极大地压缩模型体积;模型加载模块主要完成模型的反量化及加载校验、网络注册等过程,网络管理模块主要负责网络中各层 Layer 的初始化及管理工作;MDL 提供了供 Android 端调用的 JNI 接口层,开发者可以通过调用 JNI 接口轻松完成加载及预测过程。

5. MNN 嵌入式推理框架

MNN 是一个轻量级的深度学习端侧推理引擎,核心解决深度神经网络模型在端侧推理运行问题,涵盖深度神经网络模型的优化、转换和推理。官方希望 MNN 能够抹平 Android 和 iOS 的差异、碎片设备之间的差异、不同训练框架的差异,实现快速在端侧部署运行,并且能够根据业务模型进行 OP 灵活添加和 CPU/GPU 等异构设备深入性能优化。

MNN 可以分为 Converter 和 Interpreter 两部分。

(1) Converter 由 Frontends 和 Graph Optimize 构成。前者负责支持不同的训练框架,MNN 当前支持 TensorFlow(Lite)、Caffe 和 ONNX(PyTorch/MXNet 的模型可先转为 ONNX 模型再转到 MNN);后者通过算子融合、算子替代、布局调整等方式优化图。

(2) Interpreter 由 Engine 和 Backends 构成。前者负责模型的加载、计算图的调度;后者包含各计算设备下的内存分配、Op 实现。在 Engine 和 Backends 中,MNN 应用了多种优化方案,包括在卷积和反卷积中应用 Winograd 算法、在矩阵乘法中应用 Strassen 算法、低精度计算、Neon 优化、手写汇编、多线程优化、内存复用、异构计算等。

6. MACE 嵌入式推理框架

MACE 是小米公司专门为移动端芯片优化的深度学习框架,其核心的部分对 NEON 和 GPU 进行支持和优化,同时对于 Hexagon DSP 也进行了支持和优化。目前,MACE 支持主流的 CNN 模型,同时也支持机器翻译、语音识别的部分模型。MACE 的核心框架是 C++,算子分别设计为 OpenCL 和汇编语言,具体选择哪个取决于底层的硬件,而周边工具则采用了更灵活的 Python。

MACE 模型包含：①图（Model Graph），图部分使用 Protocol Buffers 做序列化存储；②参数张量（Model Parameter Tensors），所有的模型参数张量被串联存储在一个连续的字节数组中。

模型可以通过 3 种方式进行加载：①图和参数张量直接外部动态加载；②图和参数张量转换成 C++ 代码并通过执行编译后的代码进行加载；③图和参数张量转换成 C++ 代码并进行外部动态加载。

8.2.3　基于专用芯片的优化方案

1. 昇腾 AI 软件栈

华为昇腾 AI 软件栈提供了计算资源、性能调优的运行框架以及功能多样的配套工具，是一套完整的解决方案，可以使昇腾 AI 处理器发挥出极佳的性能。后面章节会详细展开介绍。

2. TensorRT

TensorRT 以 NVIDIA 的并行编程模型 CUDA 为基础构建而成，可利用 CUDA-X 中的库、开发工具和技术，针对人工智能、自主机器、高性能计算和图形优化所有深度学习框架中的推理。

8.2.4　深度学习算法改进方案

深度网络裁剪方法按照以下思路进行，并最终得到精度和运行速度均可兼顾的最优方案。

1. 设计轻量化卷积神经网络

为了使深度学习算法能有效地在嵌入式系统平台上实现，很多研究者开发了针对嵌入式平台的轻量级卷积神经网络，主要对一些部署在 PC 上的结构例如 VGG、Inception v1～v4 系列和 ResNet 等进行简化，从而能把深度学习网络直接部署在嵌入式平台上。本书对常见的轻量级网络 MobileNet、SqueezeNet 和 ShuffleNet 进行介绍。

（1）MobileNet 网络。由 Google 公司的研究人员提出，具有 v1～v3 共 3 个版本。MobileNet v1 主要的贡献是在设计卷积神经网络时使用了深度可分离卷积（Depthwise Separable Convolution）来替代标准的卷积层，以达到减少参数量和计算量的目的，并同时提出了两个超参数（通道超参、分辨率超参）来控制网络的大小和计算量，使得 MobileNet v1 可以根据不同应用的不同需要来选择更加合适的超参。MobileNet v2 参考 ResNet 中的残差结构，设计出一种反残差结构来更进一步优化了普通的深度可分离卷积的性能，并且使用线性变换层替换了通道数较少的层中的 ReLU 激活层，来避免 ReLU 激活层对通道数较低的特征图造成很大的信息损耗。MobileNet v3 基于 NetAdapt 算法实现，包括两个网络：MobileNet v3-Large 和 MobileNet v3-Small，分别适用于不同的硬件资源。

（2）Squeeze Net 网络。由伯克利和斯坦福大学的研究人员提出,分为压缩（Squeeze）部分和扩张（Expand）部分。压缩部分主要由 1×1 的卷积组成,主要为了减少特征图的通道数量;扩张部分分别进行 1×1 和 3×3 的卷积,之后将两种卷积的结果连接（Concat）起来,以达到增加特征图通道数量的目的,以这两部分组成的模块称为 Fire 模块,Fire 模块不仅比传统的卷积模块所含参数量更少,而且计算量也降低了很多。

（3）ShuffleNet 网络。由旷视科技的研究人员提出,有 v1 ~ v2 两个版本。ShuffleNet v1 主要采用两种新型的网络层:1×1 组卷积（Pointwise Group Convolution）和通道重排（Channel Shuffle）,这两种新型的网络层与深度可分离卷积配合,能够在保证网络精度的同时大量降低网络的计算量。而在 ShuffleNet v2 中,旷视科技的研究人员通过实验分析了卷积神经网络在 GPU 和 ARM 两种平台上的推理时间分布,提出了设计轻量化卷积神经网络的准则。

2. 模型的量化和二值化

模型的量化和二值化的主要思想是整数的运算比浮点数要快。绝大多数神经网络的模型参数类型都是 32 位浮点数。模型量化是对 32 位浮点数进行 8 位量化,之后使用 8 位整数来进行计算,降低模型计算复杂度。二值化网络中的参数都是用 1 位来表示的,二值网络的运行速度非常快。

量化过程就是对数据用低精度的方式保存和计算,如从 32 位浮点数转换为 8 位的整数,如图 8.7 所示。

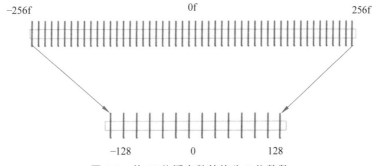

图 8.7　从 32 位浮点数转换为 8 位整数

其中,量化的基础是采用低精度的计算对推理的结果影响很小,低精度的数据可以并行计算以及低精度的数据占用存储空间和传输带宽更小。由浮点到定点的量化和由定点到浮点反量化的公式如下。

量化公式: $Q = \dfrac{R}{S} + Z$; 反量化公式: $R = (Q - Z) * S$。

其中,R 表示真实的浮点值,Q 表示量化后的定点值,Z 表示 0 浮点值对应的量化定点值,S 则为定点量化后可表示的最小刻度。S 和 Z 的求值公式如下。

$$S = \frac{R_{max} - R_{min}}{Q_{max} - Q_{min}}, \quad Z = Q_{max} - R_{max} \div S$$

如图 8.8 所示,描述了一个量化的过程,其中图 8.8(a)是没有进行量化的过程,图 8.8(b)是进行量化的过程。

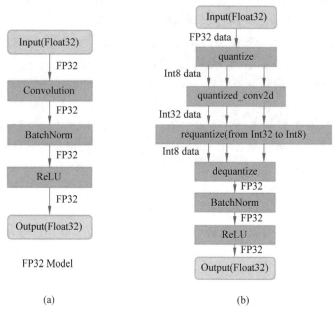

(a)　　　　　　　　　　　　　　　(b)

图 8.8　从浮点到定点量化及反量化过程

3. 模型的剪枝

神经网络的参数量非常多,而其中大部分的参数在训练好之后都会集中在 0 附近,对整个网络的贡献非常小,因此可把对网络贡献很小的结点从网络中删除,从而使网络变得稀疏,需要存储的参数量变少,降低整体模型的复杂度。

模型的剪枝结果也会带来一定的副作用,模型的精度会有所下降以及冗余的参数可能是神经网络鲁棒性强的原因,因此剪完枝模型的鲁棒性也会有所损失。因此,需要在裁剪的过程中有一定的方法。

(1)使用预训练模型进行裁剪。

(2)裁剪原则:设定一个阈值或一定的裁剪比例,然后把低于阈值的权值抛弃,再使用训练集进行微调来得到最后的剪枝模型。

(3)评价指标:权重大小、权重梯度大小和权重独立性。

一个模型剪枝的示意图如图 8.9 所示。

4. 知识精炼

知识精炼,也称为知识蒸馏,主要思想是精简的模型直接从原始数据中学习数据的分布可能非常困难,但是复杂模型可以将自己从数据中学习到的知识教给精简模型,即精简模型学习复杂模型的输出,而不是学习样本的标签,过程如图 8.10 所示。

具体流程是使用轻量的紧凑小网络在模型训练的时候加入在原数据集上已经训练并

收敛的大网络作为外部的监督信息,使小网络能够拟合大网络,最终学习到与大网络类似的函数映射关系。

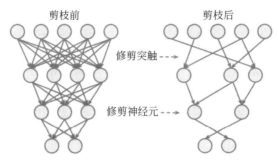

图 8.9　模型剪枝示意图

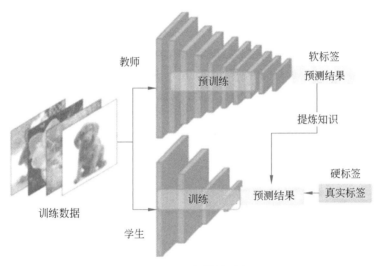

图 8.10　知识精炼过程

❖ 8.3　昇腾 AI 软件栈

为了使昇腾 AI 芯片发挥出极佳的性能,设计一套完善的软件解决方案是非常重要的。一个完整的软件栈包含计算资源、性能调优的运行框架以及功能多样的配套工具。昇腾 AI 芯片的软件栈可以分为神经网络软件流、工具链以及其他软件模块。

神经网络软件流主要包含了流程编排器(Matrix)、框架管理器(Framework)、运行管理器(Runtime)、数字视觉预处理模块(Digital Vision Pre-Processing,DVPP)、张量加速引擎(Tensor Boost Engine,TBE)以及任务调度器(Task Scheduler,TS)等功能模块。神经网络软件流主要用来完成神经网络模型的生成、加载和执行等功能。工具链主要为神经网络实现过程提供了辅助便利。

计算资源层主要实现系统对数据的处理和对数据的运算执行。计算设备主要包括 AI Core(执行 NN 类算子)、AI CPU(执行 CPU 算子)、DVPP(视频/图像编解码、预处理）。通信链路主要包括 PCIe（芯片间或芯片与 CPU 间高速互连）、HCCS（实现芯片间缓存一致性功能）、RoCE（实现芯片内存 RDMA 功能）。

芯片使能层实现解决方案对外能力开放，以及基于计算图的业务流的控制和运行。AscendCL 昇腾计算语言库是开放编程框架，提供 Device/Context/Stream/内存等的管理、模型及算子的加载与执行、媒体数据处理、Graph 管理等 API 库，供用户开发深度神经网络应用；图优化和编译统一的 IR 接口对接不同前端，支持 TensorFlow/ Caffe/ MindSpore 表达的计算图的解析/优化/编译，提供对后端计算引擎最优化部署能力；数字视觉预处理实现视频编解码（VENC/VDEC）、JPEG 编解码（JPEGD/E）、PNG 解码（PNGD）、VPC（预处理）；执行引擎包括两个部分，分别是运行管理器和任务调度器，Runtime 为神经网络的任务分配提供资源管理通道，Task Scheduler 主要计算 Task 序列的管理和调度以及执行。

应用层包括基于 Ascend 平台开发的各种应用，以及 Ascend 提供给用户进行算法开发、调优的应用类工具。推理应用是基于 AscendCL 提供的 API 构建推理应用；AI 框架包括 TensorFlow、Caffe、MindSpore 以及第三方框架；模型小型化工具实现对模型进行量化，加速模型；AutoML 工具是基于 MindSpore 的自动学习工具，根据昇腾芯片的特点进行搜索生成亲和性网络，充分发挥昇腾性能；加速库是基于 AscendCL 构建的加速库（当前支持 Blas 加速库）；MindStudio 提供给开发者的集成开发环境和调试工具，可以通过 MindStudio 进行离线模型转换、离线推理算法应用开发调试、算法调试、自定义算子开发和调试、日志查看、性能调优、系统故障查看等。

8.3.1　昇腾 AI 软件栈总览

昇腾 AI 软件栈整体框架如图 8.11 所示。

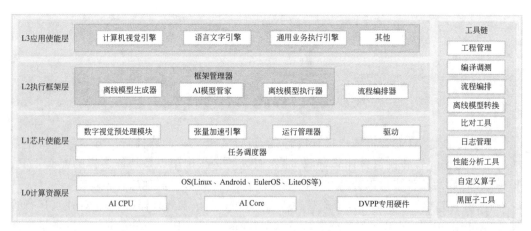

图 8.11　昇腾 AI 软件栈整体架构

1. L3 应用使能层

L3 应用使能层是应用级封装，主要是面向特定的应用领域，提供不同的处理算法。

应用使能层包含计算机视觉引擎、语言文字引擎以及通用业务执行引擎等,其中:

(1) 计算机视觉引擎面向计算机视觉领域提供一些视频或图像处理的算法封装,专门用来处理计算机视觉领域的算法和应用。

(2) 语言文字引擎面向语音及其他领域,提供一些语音、文本等数据的基础处理算法封装等,可以根据具体应用场景提供语言文字处理功能。

(3) 通用业务执行引擎提供通用的神经网络推理能力。

在通用业务需求上,基于流程编排器定义对应的计算流程,然后由通用业务执行引擎进行具体的功能实现。L3 应用使能层为各领域提供具有计算和处理能力的引擎,并可以直接使用下一层 L2 执行框架提供的框架调度能力,通过通用框架来生成相应的神经网络而实现具体的引擎功能。

2. L2 执行框架层

L2 执行框架层是框架调用能力和离线模型生成能力的封装,包含了框架管理器以及流程编排器。

对于昇腾 AI 处理器,L2 执行框架提供了神经网络的离线生成和执行能力,可以脱离深度学习框架(如 Caffe、TensorFlow 等)使得离线模型(Offline Model,OM)具有同样的能力(主要是推理能力)。框架管理器中包含了离线模型生成器(Offline Model Generator,OMG)、离线模型执行器(Offline Model Executor,OME)和离线模型推理接口,支持模型的生成、加载、卸载和推理计算执行。

(1) 离线模型生成器主要负责将 Caffe 或 TensorFlow 框架下已经生成的模型文件和权重文件转换成离线模型文件,并可以在昇腾 AI 处理器上独立执行。

(2) 离线模型执行器负责加载和卸载离线模型,并将加载成功的模型文件转换为可执行在昇腾 AI 处理器上的指令序列,完成执行前的程序编译工作。

这些离线模型的加载和执行都需要流程编排器进行统筹。流程编排器向开发者提供用于深度学习计算的开发平台,包含计算资源、运行框架以及相关配套工具等,让开发者可以便捷高效地编写在特定硬件设备上运行的人工智能应用程序,负责对模型的生成、加载和运算的调度。

在 L2 层将神经网络的原始模型转化成最终可以执行在昇腾 AI 处理器上运行的离线模型后,离线模型执行器将离线模型传送给 L1 芯片使能层进行任务分配。

3. L1 芯片使能层

L1 芯片使能层是离线模型通向昇腾 AI 处理器的桥梁。在收到 L2 执行框架生成的离线模型后,针对不同的计算任务,L1 芯片使能层主要通过加速库(Library)给离线模型计算提供加速功能。L1 芯片使能层是最接近底层计算资源的一层,负责给硬件输出算子层面的任务。L1 芯片使能层主要包含数字视觉预处理模块、张量加速引擎、运行管理器、驱动以及任务调度器。

在 L1 芯片使能层中,以芯片的张量加速引擎(TBE)为核心,支持离线模型的加速计算。张量加速引擎中包含了标准算子加速库,这些算子经过优化后具有良好性能。算子在执行过程中与位于算子加速库上层的运行管理器进行交互,同时运行管理器与 L2 执行框架层进行通信,提供标准算子加速库接口给 L2 执行框架层调用,让具体网络模型能找到优化后的、可执行的、可加速的算子进行功能上的最优实现。如果 L1 芯片使能层的标准算子加速库中无 L2 执行框架层所需要的算子,这时可以通过张量加速引擎编写新的自定义算子来支持 L2 执行框架层的需要。因此,张量加速引擎通过提供标准算子库和自定义算子的能力为 L2 执行框架层提供了功能完备性的算子。

在张量加速引擎下面是任务调度器,根据相应的算子生成具体的计算核函数后,任务调度器会根据具体任务类型处理和分发相应的计算核函数到 AI CPU 或者 AI Core 上,通过驱动激活硬件执行。任务调度器本身运行在一个专属的 CPU 核上。

数字视觉预处理模块是一个面向图像视频领域的多功能封装体。在遇到需要进行常见图像或视频预处理的场景时,该模块为上层提供了使用底层专用硬件的各种数据预处理能力。

4. L0 计算资源层

L0 计算资源层是昇腾 AI 处理器的硬件算力基础。在 L1 芯片使能层完成算子对应任务的分发后,具体计算任务的执行开始由 L0 计算资源层启动。L0 计算资源层包含了操作系统、AI CPU、AI Core 和 DVPP 专用硬件模块。

(1) AI Core 是昇腾 AI 处理器的算力核心,主要完成神经网络的矩阵相关计算,主要负责大算力的计算任务。

(2) AI CPU 完成控制算子、标量和向量等通用计算,负责较为复杂的计算和执行控制功能。

(3) DVPP 硬件完成数据预处理功能,其专用硬件模块会被激活并专门用来进行图像和视频数据的预处理执行,在特定场景下为 AI Core 提供满足计算需求的数据格式。

(4) 操作系统的作用是使得三者紧密辅助,组成一个完善的硬件系统,为昇腾 AI 处理器的深度神经网络计算提供了执行上的保障。

5. 工具链

工具链是一套支持昇腾 AI 处理器,并可以方便程序员进行开发的工具平台,提供了自定义算子的开发、调试和网络移植、优化及分析功能的支撑。另外,在面向程序员的编程界面提供了一套桌面化的编程服务,极大地降低了深度神经网络相关应用程序的开发门槛。

工具链中包括工程管理、工程编译、流程编排、离线模型转换、算子比对、日志管理、性能分析工具、自定义算子等。因此,工具链为在此平台上的应用开发和执行提供了多层次和多功能的便捷服务。

8.3.2　神经网络软件架构

为完成一个神经网络应用的实现和执行,昇腾 AI 软件栈在深度学习框架到昇腾 AI 处理器之间架起了一座桥梁,为神经网络从原始模型,到中间计算图表征,再到独立执行的离线模型提供了快速转换的捷径。

昇腾 AI 软件栈围绕离线模型的生成、加载和执行,聚集了流程编排器(Matrix)、数字视觉预处理模块(DVPP)、张量加速引擎(TBE)、框架管理器(Framework)、运行管理器(Runtime)和任务调度器(TS)等功能块形成了一个完整的功能集群。

(1) 流程编排器负责完成神经网络在昇腾 AI 处理器上的落地与实现,统筹了整个神经网络生效的过程。

(2) 数字视觉预处理模块在输入之前进行数据预处理来满足计算的格式需求。

(3) 张量加速引擎(TBE)为神经网络模型源源不断提供功能强大的计算算子。

(4) 框架管理器包括离线模型生成器、AI 模型管家和离线模型执行器,将原始神经网络模型转换成昇腾 AI 处理器支持的形态,并且将转换的模型与昇腾 AI 处理器相融合,引导神经网络运行并高效发挥出性能。

(5) 运行管理器为神经网络的任务下发和分配提供了各种资源管理通道。

(6) 任务调度器作为一个硬件执行的任务驱动者,为昇腾 AI 处理器提供具体的目标任务。运行管理器和任务调度器联合互动,共同组成了神经网络任务流通向硬件资源的大坝系统,实时监控和有效分发不同类型的执行任务。

总之,整个神经网络软件为昇腾 AI 处理器提供一个软硬件结合且功能完备的执行流程,助力相关 AI 应用的开发。

8.3.3 流程编排器

昇腾 AI 处理器对网络执行层次进行划分,将特定功能的执行操作看作基本执行单位——计算引擎(Engine)。每个计算引擎在流程编排过程中对数据完成基本操作功能,如对图片进行分类处理、输入图片预处理及输出图片数据的标识等。计算引擎由开发者进行自定义来完成所需要的具体功能。

通过流程编排器的统一调用,整个深度神经网络应用一般包括 4 个引擎:数据引擎、预处理引擎、模型推理引擎以及后处理引擎。

(1) 数据引擎主要准备神经网络需要的数据集(如 MNIST 数据集)和进行相应数据的处理(如图片过滤等),作为后续计算引擎的数据来源。

(2) 一般输入媒体数据需要进行格式预处理来满足昇腾 AI 处理器的计算要求,而预处理引擎主要进行媒体数据的预处理,完成图像和视频编解码以及格式转换等操作,并且数字视觉预处理各功能模块都需要统一通过流程编排器进行调用。

(3) 数据流进行神经网络推理时,需要用到模型推理引擎。模型推理引擎主要利用加载好的模型和输入的数据流完成神经网络的前向计算。

(4) 在模型推理引擎输出结果后,后处理引擎再对模型推理引擎输出的数据进行后续处理,如图像识别的加框和加标识等处理操作。

8.3.4 数字视觉预处理

数字视觉预处理模块作为昇腾 AI 软件栈中的编解码和图像转换模块,为神经网络发挥着预处理辅助功能,由于昇腾达芬奇(Davinci)架构对输入数据有固定的格式要求,如果数据未满足架构规定的输入格式、分辨率等要求,就需要调用数字视觉处理模块进行格式的转换,才可以进行后续的神经网络计算步骤。

数字视觉预处理对外提供 6 个模块,分别为视频解码(VDEC)模块、视频编码(VENC)模块、JPEG 解码(JPEGD)模块、JPEG 编码(JPEGE)模块、PNG 解码(PNGD)模块和视觉预处理(VPC)模块。

(1) VDEC 模块提供 H.264/H.265 的视频解码功能,对输入的视频码流进行解码输出图像,用于视频识别等场景的前处理。

(2) VENC 模块提供输出视频的编码功能。对于视觉预处理模块的输出数据或原始输入的 YUV 格式数据,视频编码模块进行编码输出 H.264/H.265 视频,便于直接进行视频的播放和显示。

(3) JPEGD 模块对 JPEG 格式的图片进行解码,将原始输入的 JPEG 图片转换成 YUV 数据,对神经网络的推理输入数据进行预处理。

(4) JPEG 图片处理完成后,需要用 JPEGE 编码模块对处理后的数据进行 JPEG 格式还原,用于神经网络的推理输出数据的后处理。

(5) 当输入图片格式为 PNG 时,需要调用 PNGD 解码模块进行解码,将 PNG 图片以 RGB 格式输出给昇腾 AI 处理器进行推理计算。

(6) VPC 模块提供对图片和视频其他方面的处理功能,如格式转换(例如 YUV/RGB 格式到 YUV420 格式转换)、大小缩放、裁剪等功能。

8.3.5 张量加速引擎

张量加速引擎(Tensor Boost Engine,TBE)提供了针对昇腾 AI 处理器运行的神经网络加速算子。

TBE 算子开发分为计算逻辑编写和调度开发,其中特定域语言模块提供了算子计算逻辑的编写接口,直接基于特定域语言编写算子的计算过程和调度过程。算子计算过程描述指明算子的计算方法和步骤,而调度过程描述完成数据切块和数据流向的规划。算子每次计算都按照固定数据形状进行处理,这就需要提前针对在昇腾 AI 处理器中的不同计算单元上执行的算子进行数据形状切分,如矩阵计算单元、向量计算单元以及 AI CPU 上执行的算子对输入数据形状的需求各不相同。

在昇腾体系开发中,利用 TBE 主要可以完成 3 方面开发。

(1) 开发者可以利用 TBE 语言编写 TBE 算子来构建神经网络模型加速算子。提供了一套完整的 TBE 算子加速库,库中的算子功能与神经网络中的常见标准算子保持了一一对应关系,并且由软件栈提供了编程接口供调用算子使用。

TBE 提供了基于 TVM 开发自定义算子的能力,通过 TBE 语言和自定义算子编程开发界面可以完成相应神经网络算子的开发,TBE 包含了特性语言(Domain-Specific Language,DSL)模块、调度(Schedule)模块、中间表示(Intermediate Representation,IR)模块、编译器传递(Pass)模块以及代码生成(CodeGen)模块。这种开发方式和 GPU 上利用 CUDA C++ 的方式相似,可以实现更多功能的算子,灵活编写各种网络模型。编写完成的算子会交给编译器进行编译,最终执行在 AI Core 或 AI CPU 上发挥出芯片的加速能力。

一个完整的自定义算子通过 TBE 中的子模块完成整个开发流程,从特定域语言模块提供算子计算逻辑和调度描述,构成算子原型后,由调度模块进行数据切分和算子融合,进入中间表示模块,生成算子的中间表示。编译优化模块以中间表示进行内存分配等编译优化,最后由代码生成模块产生类 C 代码可供编译器直接编译。TBE 在算子的定义过程不但完成了算子编写,而且还完成了相关的优化,提升了算子的执行性能。

(2) 在 TBE 中有一个优化过的神经网络 TBE 标准算子库,开发者可以直接利用标准算子库中的算子实现高性能的神经网络计算。实现尽量在不改变原始代码的前提下,在昇腾 AI 处理器上能发挥最大性能。

(3) 在合适的场景下(见图 8.12),TBE 提供的算子融合能力会促进算子性能的提升,让神经网络算子可以基于不同层级的缓冲器进行多级别的缓存融合,使得昇腾 AI 处理器在执行融合后的算子时片上资源利用率获得显著提升。

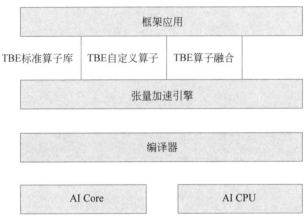

图 8.12　TBE 算子应用场景

由于 TBE 在提供算子开发能力的同时也提供了标准算子调用以及算子融合优化的能力,使得昇腾 AI 处理器在实际的神经网络应用中,可以满足功能多样化的需求,构建网络的方法也会更加方便灵活,融合优化能力也会更好地提高运行性能。

8.3.6　运行管理器

运行管理器是神经网络软件任务流向系统硬件资源的大坝系统闸门,专门为神经网络的任务分配提供了资源管理通道。

(1) 昇腾 AI 处理器通过运行管理器为应用程序提供了存储(Memory)管理、设备(Device)管理、执行流(Stream)管理、事件(Event)管理、核函数(Kernel)执行等功能。

(2) TBE 标准算子库和离线模型执行器通过调用运行管理器,实现与昇腾 AI 芯片的交互,如图 8.13 所示。

(3) 运行管理器对外提供各种调用接口,如存储接口、设备接口、执行流接口、事件接口以及执行控制接口,不同的接口由运行管理引擎控制完成不同的功能。

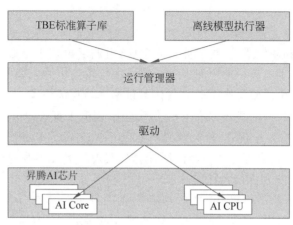

图 8.13　运行管理器关系图

① 存储接口提供设备上 HBM(High Bandwidth Memory,高带宽存储器)或 DDR (Double Data Rate,双倍速率内存)内存的申请、释放和复制等,包括设备到主机、主机到设备以及设备到设备之间的数据复制。

② 设备接口提供底层设备的数量和属性查询,以及选中、复位等操作。

③ 执行流接口提供执行流的创建、释放、优先级定义、回调函数设置、对事件的依赖定义和同步等,这些功能关系到执行流内部的任务执行,同时单个执行流内部的任务必须按顺序执行。

④ 通过调用事件接口,进行同步事件的创建、释放、记录和依赖定义等,确保多个执行流得以同步执行完成并输出模型最终结果。

⑤ 通过执行控制接口,运行管理引擎通过执行控制接口和 Mailbox 完成核函数的加载和存储异步拷贝等任务的派发。

8.3.7　任务调度器

任务调度器(TS)与运行管理器工程组成软硬件之间的大坝系统。在执行时,任务调度器对硬件进行任务的驱动,为昇腾 AI 处理器提供具体的目标任务,与运行管理器一起完成任务调度流程,并将输出数据回送给运行管理器,充当了一个任务输送分发和数据回传的通道。

任务调度器运行在设备侧的任务调度 CPU 上,负责将运行管理器分发的具体任务进一步派发到 AI CPU 上。它也可以通过硬件任务块调度器(Block Scheduler,BS)把任务分配到到 AI CORE 上执行,并在执行完成后返回任务执行的结果给运行管理器。通常任务调度器处理的主要事务有 AI Core 任务、AI CPU 任务、内存复制任务、事件记录任务、事件等待任务、清理维护(Maintenance)任务以及性能分析(Profiling)任务。

任务调度器的功能框架如图 8.14 所示,任务调度器通常位于设备端,功能由任务调度 CPU 来完成。任务调度 CPU 由调度接口(Interface)、调度引擎(Engine)、调度逻辑处理模块、AI CPU 调度器、任务块调度器、系统控制(SysCtrl)模块、性能分析(Profile)和日志(Log)模块组成。

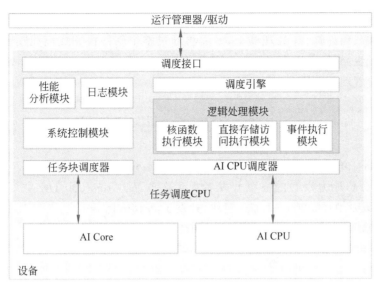

图 8.14　任务调度器的功能框架

8.3.8　框架管理器

框架管理器协同 TBE 为神经网络生成可执行的离线模型。在神经网络执行之前,框架管理器与昇腾 AI 处理器紧密结合生成硬件匹配的高性能离线模型,并拉通了流程编排器和运行管理器使得离线模型与昇腾 AI 处理器进行深度融合。在神经网络执行时,框架管理器联合了流程编排器、运行管理器、任务调度器以及底层的硬件资源,将离线模型、数据和达芬奇架构三者进行结合,优化执行流程得出神经网络的应用输出。

框架管理器包含 3 部分,分别为离线模型生成器(Offline Model Generator,OMG)、离线模型执行器(Offline Model Executor,OME)以及模型管家(AI Model Manager),如图 8.15 所示。开发者使用离线模型生成器来生成离线模型,以 om 为扩展名的文件进行

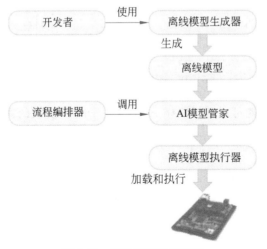

图 8.15　离线模型功能框架

保存。随后,软件栈中的流程编排器调用框架管理器中模型管家,启动离线模型执行器,将离线模型加载到昇腾 AI 处理器上,最后再通过整个软件栈完成离线模型的执行。从离线模型的诞生,到加载进入昇腾 AI 处理器硬件,直至最后的功能运行,离线框架管理器始终发挥着管理的作用。

◆ 8.4　深度学习模型部署

华为 Atlas 200 DK 开发者套件 Atlas 200 Developer Kit(简称 Atlas 200 DK)是以华为 Ascend 310 芯片为核心的一个开发者板形态产品,Atlas 200 DK 主要包含 Hi3559 Camera 模块以及 Atlas 200 AI 加速模块,开发工具 MindStudio 所在 PC 通过 USB 接口或者网线与 Atlas 200 DK 开发者板连接,如图 8.16 所示。

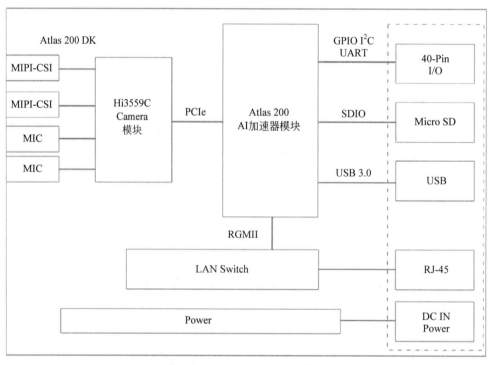

图 8.16　Atlas 200 DK 系统框图

通过 SD 卡制作功能可以自行制作 Atlas 200 DK 开发板的系统启动盘,并在 SD 卡安装 ubuntu-18.04 server 版本,添加开发者板驱动包与运行包 Ascend310-driver-xx、AICPU 算子包 Ascend310-aicpu_kernels-xx、AscendCL 库文件 Ascend-acllib-xx,为调用昇腾加速硬件准备好软件环境。

使用 ACL(Ascend Computing Language)提供的 C++ API 库开发深度神经网络应用,基于现有模型用于实现目标识别、图像分类等功能。

ACL(Ascend Computing Language)提供 Device 管理、Context 管理、Stream 管理、内存管理、模型加载与执行、算子加载与执行、媒体数据处理等 C++ API 库供用户开发深度神经网络应用,用于实现目标识别、图像分类等功能。用户可以通过第三方框架调用 ACL 接口,以便使用昇腾 AI 处理器的计算能力;用户还可以使用 ACL 封装实现第三方 lib 库,以便提供昇腾 AI 处理器的运行管理、资源管理能力。

在运行应用时,ACL 调用 GE 执行器提供的接口实现模型和算子的加载与执行、调用运行管理器的接口实现 Device 管理/Context 管理/Stream 管理/内存管理等。整个逻辑架构图如图 8.17 所示。

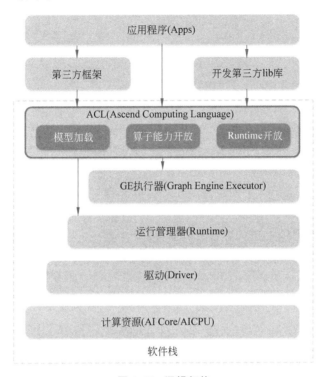

图 8.17　逻辑架构

在模型加载前,需使用 ATC(Ascend Tensor Compiler)工具将第三方网络模型(如 Caffe、TensorFlow 等)以及单算子 JSON 文件,转换为适配昇腾 AI 处理器支持的离线模型(* .om 文件)。模型转换过程中可以实现算子调度的优化、权值数据重排、内存使用优化等,可以脱离设备完成模型的预处理,如图 8.18 所示。

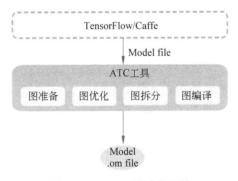

图 8.18　ATC 工具功能架构

ACL 接口调用流程图如图 8.19 所示。主要有如下步骤。

（1）ACL 初始化。调用 aclInit 接口实现初始化 ACL。

（2）运行管理资源申请。依次申请运行管理资源 Device、Context、Stream。

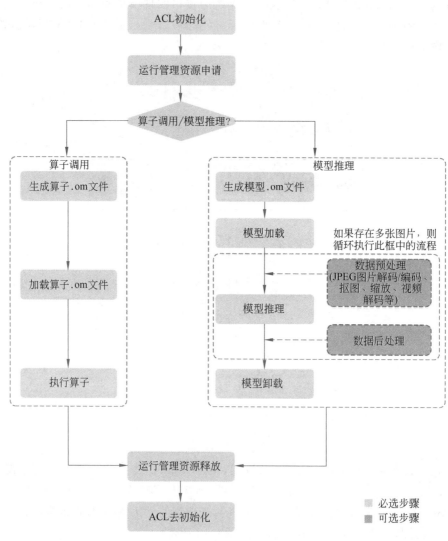

图 8.19 接口调用流程图

（3）算子调用，具体流程如下。

① 生成算子.om 文件，需使用 ATC 工具将算子定义文件（ * .json）编译成适配昇腾。

② 加载算子.om 文件，运行算子时使用。

③ 执行算子，输出算子的运行结果。

可通过调用接口函数完成以上步骤：调用 aclopSetModelDir 接口，设置加载模型文件的目录，目录下存放单算子；调用 ACL 提供的 aclblasGemmEx 接口执行算子。

模型文件（ * .om 文件）。

（4）模型推理，具体流程如下。

① 生成模型.om 文件。需使用 ATC 工具将第三方网络转换为适配昇腾 AI 处理器的离线模型（＊.om 文件）。

② 模型加载。模型推理前，需要先将对应的模型加载到系统中。

③（可选）数据预处理。可实现 JPEG 图片解码、视频解码、抠图/图片缩放/格式转换等、JPEG 图片编码等功能。

④ 模型推理。使用模型实现图片分类、目标识别等功能，目前 ACL 提供同步推理接口和异步推理接口，支持动态 Batch、动态分辨率、动态 AIPP 等场景。

⑤（可选）数据后处理。处理模型推理的结果，此处根据用户的实际需求来处理推理结果，例如用户可以将获取到的推理结果写入文件，从推理结果中找到每张图片最大置信度的类别标识等。

⑥ 模型卸载。调用接口卸载模型。

可通过调用接口函数完成以上步骤：调用 aclmdlLoadFromFileWithMem 接口从 ＊.om 文件加载模型；调用 aclmdlExecute 接口执行模型推理；调用 aclmdlUnload 接口卸载模型。

（5）运行管理资源释放。所有数据处理都结束后，需要依次释放运行管理资源 Stream、Context、Device。

（6）ACL 去初始化。

第 9 章

智能系统应用开发

◇ 9.1 常见传感器系统

9.1.1 姿态传感器

姿态传感器也称为 IMU(Inertial Measurement Unit,惯性测量单元),是基于 MEMS 技术的高性能三维运动姿态测量系统。它包含三轴加速度计、三轴陀螺仪和三轴电子罗盘等运动传感器,可利用基于四元数的三维算法和特殊数据融合技术,实时输出以四元数、欧拉角表示的零漂移三维姿态方位数据。

1. 姿态传感器功能介绍

(1) 加速度计测量的是物体的加速度,同时也可以用于测量倾角,原理是重力加速度 g 的方向总是竖直向下的,通过获得重力加速度在其 X 轴、Y 轴上的分量,从而计算出物体相对于水平面的倾斜角度。

(2) 陀螺仪也称为角速度传感器,一般可通过对角速度传感器进行积分,从而计算出旋转的角度。陀螺仪的直接输出值是相对转动轴的角速度,角速度对时间积分即可得到围绕转动轴旋转过的角度值。

(3) 电子罗盘也称为磁力计、电子指南针,可以通过磁场数据计算出方位角,主要是通过感知地球磁场的存在来计算磁北极的方向。然而由于地球磁场在一般情况下只有微弱的 0.5 高斯,而一个普通的手机喇叭当相距 2cm 时仍会有大约 4 高斯的磁场,一个手机马达在相距 2cm 时会有大约 6 高斯的磁场,这一特点使得针对电子设备表面地球磁场的测量很容易受到电子设备本身的干扰。因此,在使用电子罗盘时,需要结合自身所处的磁场环境进行校正,从而获得尽量准确的方位角。

传感器在空中各个方向旋转时,测量值组成的空间几何结构体应该无限接近一个球体,因此需要采用基于椭球拟合的磁力计误差校正方法对数据进行校正。具体校正流程为:首先采集磁力计的原始输出,在采集数据时,可以让磁力计在空中画 8 字,或者尽可能各个方向绕轴旋转,模拟出一个球体;然后把采集到的数据保存起来,并根据这些数据得出校正模型。未经过校正和校正后的结果分别如图 9.1 和图 9.2 所示。

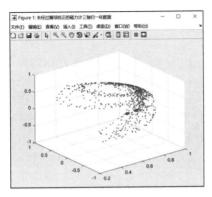
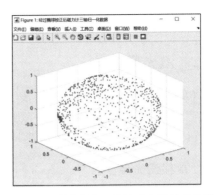

图 9.1 未经过椭球校正的磁力计输出数据   图 9.2 经过椭球校正后的磁力计输出数据

姿态传感器的接口主要有模拟输入接口、数字 I²C 总线接口和数字 SPI 接口,例如常见的 Invense 公司的 MPU6050 和 MPU9250 芯片。

2. 姿态传感器融合算法

姿态传感器融合指的是将 IMU 内部的数据进行融合。IMU 一般包括三轴加速度计、三轴陀螺仪、三轴磁力计等。由于加速度/磁力计具有高频噪声,瞬时值不精确,解出来的姿态会有一定振荡而陀螺仪具有低频噪声,每个时刻的角速度是比较准确的,通过积分可以获得旋转角,但是会出现累计误差,出现漂移现象。加速度/磁力计和陀螺仪的特性互补,可以融合这 3 种传感器数据,提高精度和系统的动态特性。

1) 互补滤波器

在很多实际应用中,我们对于一些测量变量的误差模型很难有准确的估计,或者一些误差不是随机的或正态分布的。因此,如果有不需要对测量变量的误差做任何假设的方法可能会更好,从而避免错误的模型带来的巨大的估计错误。这样的方法在最小均方误差的意义上可能会有些损失,但它比在一些不通常的情况下因为模型错误造成的巨大错误要好。互补滤波器就是一种不需要对误差模型做过多假设的方法。

2) 卡尔曼滤波器

卡尔曼滤波也可用于 IMU 传感器融合,卡尔曼滤波器根据系统的观察和系统做出最优的状态估计,它需要系统的测量噪声,以及系统本身的噪声,将系统本身的噪声称为过程噪声,并假定这些噪声符合高斯分布。通常卡尔曼滤波器是通过 $k-1$ 时刻的最优估计 X_{k-1} 为准,来预测 k 时刻的状态变量 $\hat{x}_{k/k-1}$,同时对该状态进行观测,得到观测变量 Z_k,再在观测变量与预测变量之间进行分析。换句话说,就是通过观测量对预测值进行修正,从而得到 k 时刻的最优状态估计 X_k。

3) Madgwick 融合方法

Madgwick 是一个 Orientation Filter,用于获得精确的姿态数据,并不考虑整个 IMU 的积分过程。此方法中分别使用内部传感器、外部传感器求出两个姿态(四元数),随后将这两个姿态进行融合,其中在 IMU 受力平衡状态下,陀螺仪是内部传感器,加速度计和磁力计是外部传感器。该算法使用四元数表示法,将加速度计和磁力计数据用于优化的梯度下降算法中,以将陀螺仪测量误差的方向计算为四元数导数,该算法的精度水平与基于 Kalman 的算法相匹配。

9.1.2 激光传感器

激光测距传感器主要实现测距功能,可以用于工业、汽车和家庭等多个应用领域。例如,生产线上物体距离检测、AGV 激光导航防撞小车、无人驾驶汽车以及自主扫地机器人等,可把测量到的距离信息用于地图创建、自动驾驶和自主导航等智能应用当中。

1. 单线激光传感器

单线激光雷达是指激光源发出的线束是单线的雷达,目前主要应用于机器人领域,以服务机器人居多,可以帮助机器人规避障碍物,其扫描速度快、分辨率强、可靠性高,相比多线激光雷达,单线激光雷达在角频率及灵敏度上反应更快捷,所以,在测试周围障碍物的距离和精度上都更加精准。但单线雷达只能平面式扫描,不能测量物体高度,主要应用于我们常见的扫地机器人、送餐机器人及酒店等服务机器人身上。单线激光传感器如图 9.3 所示。

1) 三角测距原理

此类激光传感器常采用三角测距法,即由光源、被测物面、光接收系统三点共同构成一个三角形光路。由激光器发出的光线,经过汇聚透镜聚焦后入射到被测目标物体表面上,光接收系统接收来自入射点处的散射光,并将其成像在光电位置探测器敏感面上,通过光点在成像面上的位移来测量被测物面移动距离的一种测量方法。激光三角测距法原理示意图如图 9.4 所示。

图 9.3 单线激光传感器

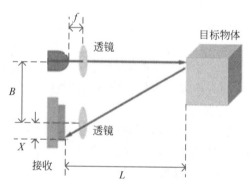

图 9.4 激光三角测距法原理示意图

距离计算表示如下。

$$L = f(B + X)/X \tag{9-1}$$

式(9-1)中,L 为测量距离,f 为传感器与透镜中心的距离,X 为反射光斑与传感器中心的距离,B 为发射光与传感器中心的距离。

单线激光传感器主要采用串行接口(或 USB 转串口)与上位机进行通信,如镭神智能公司的 LS01B 激光传感器。

2）ToF 原理

ToF(Time of Flight)是指从发射器发射光脉冲到达物体所用的时间,根据这个时间就可以计算出物体与发射器之间的距离。此类传感器一圈 360°采集的数据量很大,所以和上位机的通信接口也由串口转为了网络接口,如镭神智能公司的测点速度达 20 000点/秒的 N301 激光传感器。

3）单线激光数据处理

机器人操作系统(ROS)为单线激光传感器数据处理提供各种处理算法库,其中激光传感器读取程序主要由激光传感器的生产厂家提供,并输出 ROS 结点数据提供给激光应用程序使用,同时在此部分有激光配置文件对激光测量的角度和范围进行配置。这个ROS 结点数据主要可以用于地图创建、定位和导航功能。其中,有关地图创建的方法主要有 Gmapping、Hector 和 Cartographer 方法等;定位主要有蒙特卡洛(ACML)和弹性姿态图定位(Elastic Pose-Graph Localization)等方法;导航方法主要分为全局导航和局部导航方法,其中全局导航方法主要有 Dijkstra 算法和 A * 方法等,局部导航主要有 DWA动态窗口方法和 TEB 时间弹性带方法等。

2. 多线激光传感器

多线激光传感器是指同时发射及接收多束激光的激光旋转测距雷达,目前推出的多线激光传感器主要有 3 种类型,分别是机械式激光传感器、混合固态激光传感器和硅基激光传感器。

1）多线机械式激光传感器

多线机械式激光传感器(见图 9.5)目前市场上有 16 线、32 线、64 线和 128 线之分,多线激光传感器可以识别物体的高度信息并获取周围环境的 3D 扫描图。

图 9.5　多线机械式激光传感器

多线机械式激光传感器的原理是多个激光头会按照一定顺序发射多个激光线束,接收器会接收到反射回来的多个激光束,从而计算出多个点的距离,形成三维点云。例如,16 线发送出 16 个激光束,32 线发送出 32 个激光束,以此类推;发射出去的激光束有一定距离范围和上下角度范围,从而确定出激光测量范围,激光束的多少确定测量的点云密度。多线机械式激光雷达要实现多少线束,就需要对应的发射模块与接收模块数量。

目前这类激光主要采用以太网络接口和上位机进行通信。例如,美国 Velodyne 三维多线激光,国产如镭神智能、速腾和禾赛等公司三维多线激光。

2）混合固态激光传感器

混合固态激光传感器(见图 9.6)的原理是仅需要一束激光光源,通过一面 MEMS 微振镜来反射激光器的光束。两者采用微秒级的频率协同工作,通过探测器接收后达到对目标物体进行 3D 扫描的目的。与多组发射/接收芯片组的机械式激光雷达结构相比,MEMS 激光雷达对激光器和探测器的数量需求明显减少。

图 9.6　混合固态激光传感器

从成本角度分析,N 线机械式激光雷达需要 N 组 IC 芯片组,成本较高;而 MEMS 理论上可以做到其 1/16 的成本。并且在分辨率方面,MEMS 振镜可以精确控制偏转角度,而不像机械激光传感器那样只能调整发动机转速。

但是 MEMS 的缺点就是信噪比低、有效距离短及 FOV 太窄。因为 MEMS 只用一组发射激光和接收装置,那么信号光功率必定远低于机械激光传感器。同时 MEMS 激光传感器接收端的收光孔径非常小,远小于机械激光传感器,而光接收峰值功率与接收器孔径面积成正比,这导致功率进一步下降。

混合固态激光传感器也主要采用以太网络接口和上位机进行通信,例如国产的华为、镭神智能和大疆 Livox 等公司都有基于 MEMS 转镜半固态方案的车规级激光传感器产品。

3) 全固态(Flash)激光传感器

严格意义上的全固态激光传感器指一次闪光(激光脉冲)成像的激光传感器,也叫全局快门激光雷达。广义的全固态激光传感器指焦平面阵列成像激光传感器,不一定非要全局快门,也可以局部快门。

与扫描成像激光传感器比,全固态激光传感器没有任何运动部件,是绝对的固态激光传感器,能够达到最高等级的车规要求。扫描成像要扫描整个工作场才能提供图像(点云),通常帧率是 5~10Hz。这就意味着有至少 100ms 的延迟,在高速场景下,这个延迟是难以接受的。但是全固态激光传感器理论上它的脉冲只有几十纳秒到 1ns,也就是说帧率可以做到几十千赫兹,甚至 1MHz。

全固态激光传感器有如下优势:最容易通过严格车规、体积最小、安装位置最灵活、全芯片化、成本最低和性能挖掘潜力最大。但是全固态激光传感器的缺点也很明显:功率密度太低,导致其有效距离一般难以超过 50m,分辨率也比较低,用大功率 VCSEL 激光器芯片和 SPAD 探测器芯片能够解决部分问题,但成本也迅速增加。因此,在全固态激光传感器开发过程中,VCSEL 激光器芯片和 SPAD 探测器芯片的开发技术十分关键。

为了解决信噪比、有效距离近的缺点,对 VCSEL 激光发射阵列进行改进,采用半导体工艺芯片工艺制造,每一个小单元的电流导通都可以控制,让发光单元按一定模式导通点亮,可以取得扫描器的效果,还可以精确控制扫描形状。例如,车速快了,就缩小 FOV,提高扫描精度;车速慢了,就增加 FOV,检测范围加大。

其中,Ouster ES2 是一款全固态激光传感器,通过应用一块 VCSEL 激光器芯片和一块 SPAD 探测器芯片,ES2 在分辨率、探测距离和可靠性上都实现了大幅提升。在接口方面也采用以太网络接口和上位机进行通信。

3. 多线激光数据处理

针对多线激光有如下几种常见的开源软件应用框架。

(1) LOAM 源码主要由 4 个结点构成,分别完成特征点提取、高频低精度里程数据、低频高精度里程数据和双频里程数据融合的功能,每个结点以 ROS 结点的形式存在,进程间通过 rostopic 传递点云和里程数据等数据。LeGO-LOAM 是一种在 LOAM 之上进行改进的激光雷达建图方法,建图效果比 LOAM 要好,但是建图较为稀疏,计算量也更小了。

(2) Autoware 框架中支持摄像头、多线以及单线激光传感器、姿态传感器(IMU)和 GPS 等多种感知模块,并且提供了摄像头和激光传感器融合标定的方法。

9.1.3　视觉传感器

视觉处理系统综合了光学、机械、电子、计算机软硬件等方面的技术,涉及计算机、图像处理、模式识别、人工智能、信号处理、光机电一体化等多个领域,从而利用机器代替人眼来做各种测量和判断。视觉传感器是视觉处理的采集器件。

1. 单目摄像头

单目摄像头是生活中常用的器件,主要由镜头和感光器件组成,其中感光器件主要基于 CMOS(Complementary Metal Oxide Semiconductor)或 CCD(Charge Coupled Device)芯片;镜头的设计主要涉及镜头的焦距和可视范围角度。

摄像头的接口类型主要如下。

(1) USB 接口。计算机摄像头接口常用 USB 接口。

(2) MIPI 接口。MIPI-CSI2 摄像头接口,主要用于手机摄像头的连接。MIPI(Mobile Industry Processor Interface,移动行业处理器接口)联盟是一个开放的会员制组织。2003 年 7 月,由美国德州仪器(TI)、意法半导体(ST)、英国 ARM 和芬兰诺基亚(Nokia)4 家公司共同成立。MIPI 联盟旨在推进手机应用处理器接口的标准化。CSI2 接口是一个单或双向差分串行界面,包含时钟和数据信号。CSI2 由应用层、协议层、物理层组成。

一些嵌入式开发板的摄像头接口也常采用 MIPI-CSI2 接口,例如树莓派和华为公司 Atlas 200 DK(见图 9.7)等都有这种摄像头接口。

(3) 并口。例如,摄像头采用 8 位 CMOS 芯片,

图 9.7　摄像头 MIPI-CSI2 接口

就会有 8 根数据线用于数据传输;并通过 I²C 总线作为控制线,实现摄像头的控制和数据采集。采用并口传输视觉传感器数据的接口方式,例如 OV9712CMOS 芯片接口就是采用并口进行数据传输。

(4) LVDS(Low Voltage Differential Signal,低电压差分信号)接口。LVDS 类的摄像头没有 I²C 总线作为控制线,控制信号也由 LVDS 传输。LVDS 主要用于视频传输的两个领域:Camera 和主控;LCD 和主控。如 CMOS 摄像头芯片 OV7251。

2. 双目摄像头

双目摄像头的原理与人眼相似。人眼能够感知物体的远近,是由于两只眼睛对同一个物体呈现的图像存在差异,也称"视差"。物体距离越远,视差越小;反之,视差越大。视差的大小对应着物体与眼睛之间距离的远近,这也是 3D 电影能够使人有立体层次感知的原因。利用了相似三角形计算距离,所以双目测距的主要任务在于前期摄像头的定标、双目图像点的特征匹配上。

(1) 双目定标和校正,获得摄像头的参数矩阵。

(2) 立体匹配,获得视差图。

具体操作过程如下。

① 预处理。图像归一化,减少亮度差别,增强纹理,利用 Stereo-BM 算法得到双目视图的视差图。

② 匹配过程。滑动 SAD 窗口,沿着水平线进行匹配搜索,由于校正后左右图片平行,左图的特征可以在右图对应行找到最佳匹配。

③ 再过滤。去除坏的匹配点。

④ 输出视差图。如果左右匹配点比较稠密,匹配点多,得到的图像与原图相似度比较大;如果匹配点比较稀疏,得到的点与原图相似度比较小。

(3) 实现测距。

根据提取的特征点,用双目测距的相似三角算法得出距离。

3. 深度相机

深度相机主要有结构光方式和 ToF 方式。

1) 结构光方式

结构光方式采用主动式投射结构光的思路,结构光法不依赖于物体本身的颜色和纹理,采用了主动投影已知图案的方法来实现快速鲁棒的匹配特征点,能够达到较高的精度,也大大扩展了适用范围,结构光法得到的深度图更完整,细节更丰富,效果好于双目立体视觉法。

结构光法投射的图案需要进行精心设计和编码,结构光编码的方式有很多种,一般分为如下几类:直接编码(Direct Coding)、时分复用编码(Time Multiplexing Coding)和空分复用编码(Spatial Multiplexing Coding)。业界比较有名的结构光方案就是以色列 PrimeSense 公司的 Light Coding 技术,该方案最早被应用于 Microsoft 公司的明星产品 Kinect1(见图 9.8)。

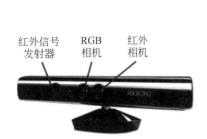
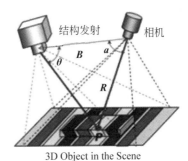

图 9.8　Kinect1 示意图

结构光方式的缺点如下。

(1) 在室外容易受到强自然光影响,导致投射的编码光被淹没,因此室外环境基本无法使用,但通过增加投射光源的功率一定程度上可以缓解该问题,但是效果并不能让人满意。

(2) 测量距离较近。物体距离相机越远,物体上的投影图案越大,精度也越差,相对应的测量精度也越差,因而往往在近距离场景中应用较多。

(3) 容易受到光滑平面反光的影响。

2) ToF 方式

例如,Kinect 2 代深度相机就采用 ToF 技术。因为 ToF 并非基于特征匹配,这样在测试距离变远时,精度也不会下降很快。ToF 的优点主要如下。

(1) 检测距离远。在激光能量够的情况下可达几十米。

(2) 受环境光干扰比较小。

4. 视觉处理库 OpenCV

OpenCV 是一个基于 BSD 许可(开源)发行的跨平台计算机视觉库,可以运行在 Linux、Windows、Android 和 macOS 操作系统上。OpenCV 有 C++、Java、Python 和 MATLAB 4 个版本,当下最新的版本是 OpenCV 4.3.0 版本。这个版本的一大看点是: OpenCV 的深度学习模块 DNN 在 ARM CPU 上性能显著提升。这个提速是由 Tengine 实现的,OpenCV 可无缝调用 Tengine。Tengine 是 OPEN AI LAB(开放智能)自主知识产权的商用级 AIoT 智能开发平台,针对于嵌入式终端平台以及终端 AI 应用场景特点,采用模块化设计为终端人工智能量身打造的高效、简洁、高性能的前端推理计算框架,是 ARM CPU 上深度学习框架的最佳选择。

OpenCV 的主要模块如下。

(1) 核心功能模块(core)。主要包括 OpenCV 基本数据结构、动态数据结构、绘图函数、数组操作相关函数、辅助功能与系统函数、宏以及 OpenGL 交互相关。

(2) 图像处理模块(imgproc)。主要包括图像的几何变换、图像转换、线性和非线性的图像滤波、直方图相关、结构分析和形状描述、运动分析和对象跟踪、特征检测和目标检测等内容。

（3）2D 功能模块（features2D）。主要包括特征检测和描述、特征检测器通用接口、描述符提取器通用接口、描述符匹配器通用接口、通用描述符匹配器通用接口、关键点绘制函数和匹配功能绘制函数。

（4）高级图形用户界面（high GUI）。主要包括媒体的输入输出、视频捕捉、图像和视频的编码解码、关键点绘制函数和匹配功能绘制函数、关键点绘制函数和匹配功能绘制函数、图形交互界面的接口等内容。

（5）机器学习模块（Machine Learning）。基本上是统计模型和分类算法，包含统计模型、一般贝叶斯分类器、k 近邻、支持向量机、决策树、Boosting、随机树、神经网络和 DNN 深度网络等内容。

5. 视觉处理

视觉处理主要对颜色等特征进行处理，所以本部分对颜色空间模型及图像分割算法进行介绍。

1）颜色空间模型

为了定义描述各种颜色的方法，需要引进颜色空间模型，从而实现在某种特定环境中对于颜色的特性进行解释。最基本的颜色空间就是由红、蓝、绿三原色所构成的颜色空间，即下面描述的 RGB 颜色空间。但颜色空间不是唯一的，为了适应在不同环境中的应用，通过对 RGB 颜色空间进行坐标变换等方法，可开发出多种颜色空间。大致可以分为以下 3 类。

混合型颜色空间：使用不同基色，按照不同比例混合来描述各种颜色，如 RGB、CMY 等。

非线性亮度/色度颜色空间：用一个分量表示非色彩的感知，用另外两个独立分量表示色彩的感知。当需要黑白图像时，这种颜色空间就非常适合，如 YUV、YIQ。

强度/饱和度/色调型颜色空间：用饱和度和色调表达对颜色的感知，用这种颜色模型可以使对颜色的描述更加精确，如 HSV、HSI、HSL 等。

（1）RGB 颜色空间模型是基于扬-赫姆霍尔兹（Young-Helmholz）三色学说，眼睛是通过 3 种可见光对视网膜的锥状细胞的刺激来感受颜色。这些光在波长为 630nm（红色）、530nm（绿色）和 450nm（蓝色）时的刺激达到高峰，基于这种视觉理论而建立的模型称为 RGB 颜色模型，同时这也是在使用阴极射线管的 CRT 显示器上显示彩色的基础。图 9.9 描述了 RGB 模型所对应的空间图，如图所示可以使用一个正方体来描述所有颜色。在正方体的主对角线上，各原色的量相等，产生由暗到亮的白色，即灰度。(0,0,0)为黑色,(1,1,1)为白色,正方体的其他 6 个对角点分别为红、黄、绿、青、蓝和品红,在这个立方体空间内的某一点,就表示了一定亮度的某种颜色。

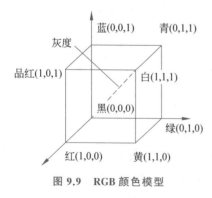

图 9.9　RGB 颜色模型

（2）YUV 颜色空间模型使用 Y 来表示颜色的亮度，另外两个独立分量 U 和 V 组合起来表示色彩,这种颜色空间作为一个视频标准被广泛用于现代彩色模拟电视机中,YUV 颜色空间的一个重要特点是它的亮度信号 Y 和色度信号 U、V 是分离的。如果只有 Y 信号分量而没有 U、V 分量,那么这样表示的图就是黑白灰度图。彩色电视采用 YUV 空间正是为了用亮度信号 Y 解决彩色电视机与黑白电视机的兼容问题,使黑白电视机也能接收彩色信号,这就是这个类型的颜色空间模型被广泛应用于各种视频领域的原因之一;除此之外,由于亮度与色度的分离,赋予了 YUV 颜色空间模型另一个优点,能用于数据压缩,人眼对彩色细节的分辨能力远比对亮度细节的分辨能力要低,因此可以把 U 和 V 这两个分量的分辨率降低而不明显影响图像的质量。具体做法是,把不同色彩值的几个相邻像素当作相同的色彩值来处理从而减少所需的存储容量。这实际上也是图像压缩技术的一种基本方法。由于 YUV 颜色空间与 RGB 颜色空间完全不同的特性,而且由于很多工业摄像头都可以直接输出 YUV 型号,YUV 与 RGB 之间的转换关系如下所示。

$$
\begin{bmatrix} Y \\ U \\ V \end{bmatrix} = \begin{bmatrix} 0.299 & 0.587 & 0.114 \\ -0.148 & -0.289 & 0.437 \\ 0.615 & -0.515 & -0.100 \end{bmatrix} \begin{bmatrix} R \\ G \\ B \end{bmatrix}
$$

$$
\begin{bmatrix} R \\ G \\ B \end{bmatrix} = \begin{bmatrix} 1 & 0 & 0.140 \\ 1 & -0.395 & -0.581 \\ 1 & 2.032 & 0 \end{bmatrix} \begin{bmatrix} Y \\ U \\ V \end{bmatrix}
$$

(3) HSV 颜色空间模型是为了能够更加直观地描述颜色。HSV 是一种以色调为基础的颜色空间,它使用了 H、S 两个分量来描述彩色,V 则用来描述颜色光的亮度。具体包括:①色调(Hue):由可见光光谱中各分量成分的波长来确定,是颜色光的基本特性。②饱和度(Saturation):反映了彩色的浓淡,它取决于彩色光中白光的含量,掺入白光越多,彩色越淡,当白光占主要成分时,彩色淡化为白色。未掺白色的彩色光由纯光谱波长的彩色来呈现彩色,其饱和度最高。③亮度(Value):亮度指彩色光对人眼引起的光刺激强度,它只和光的能量有关,而和光的颜色无关。

HSV 的三维模型表示如图 9.10 所示,它是由 RGB 模型的立方体演变而来的。

色调使用与水平轴之间的角度来表示,范围从 0 到 360,六边形的顶点以 60° 为间隔,互补的颜色互成 180°。饱和度则从 0 到 1 变化,表示成所选色彩的纯度与该色彩的最大纯度的比率。例如,当 $S=0.25$ 时,所选色彩的纯度为 1/4;当 $S=0$ 时,只有灰度。亮度从六边形顶点的 0 变化到顶部的 1,其中顶点表示黑色,在六边形顶部的颜色强度最大。HSV 显得非常直观,它的 3 个分量与描述颜色光的 3 个特性完全吻合,当 $V=1$ 且 $S=1$ 时,表示纯色彩;白色是 $V=1$ 且 $S=0$ 的点。当需要描述某一个颜色时,首先指定某一个色调,也就是确定 H 的色调角,保持 V 和 S 都为 1,然后通过添加白色(减少 S 的同时保持 V 不变)或者黑色(减少 V

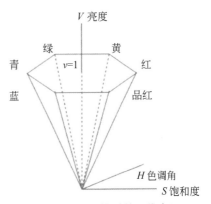

图 9.10　HSV 模型的三维表示

的同时保持 S 不变)到纯色调中来得到所需要的颜色。例如,浅蓝色可以通过指定 $H=240$,$V=1$,$S=0.4$ 来实现。

2) 图像分割

图像分割的基本概念是将图像中有意义的特征或者需要应用的特征提取出来,这些特征可以是图像场的原始特征,如物体占有区的像素灰度值、物体轮廓曲线和纹理特征等,也可以是空间频谱或直方图特征等。

(1) 颜色分割。基于颜色的分割是在智能视觉中被广泛使用的一种分割技术,这是由于相对其他分割技术来说,颜色分割具有速度快、可靠性高等优点。颜色分割其实是一种基于颜色阈值化来进行区域分割的方法,也就是使用一定的颜色阈值化方法(与所选定的颜色空间有关)将图像中的目标区域分割出来。常用的颜色阈值化算法有以下几种: ①常量阈值法,针对具体颜色,使用某组常量来对颜色空间进行划分,划分出来的结果通常是在颜色模型三位空间中的一个"立方体"。对于颜色值处于这个"立方体"内的像素,就认为是需要的目标像素。②线性阈值法:使用线性边界来划分整个颜色空间(如对于 RGB 空间,如果 R、G、B 3 个分量都是使用 $0\sim255$ 来划分,整个颜色空间将被分为 $256\times256\times256=16\ 777\ 216$ 个小"立方体")。每个像素根据其所处的"立方体"来区分。使用这种方法比较有利于采用神经网络进行自学习的系统。③最近邻居法:在颜色空间中定义一系列的"预定点",并对每个预定点对于一个像素进行划分时,首先由一系列"预定点"所组成的数组中寻找颜色值最接近的"预定点",找到之后,再根据所需要颜色中是否包含着这个"预定点"来确定像素的颜色分割。

(2) 边缘检测。基于边缘检测的图像分割方法,是最早的图像分割方法之一,首先进行边缘检测提取边缘,然后采用后续的处理将这些不连续的边缘像素连成一个区域,这些边缘表示出了图像在灰度、颜色、纹理等方面不连续的位置。实际上,边缘检测代表了一大类基于图像边缘信息的分割方法而不是某一个具体方法,这是因为图像中的很多信息都可以定义"边缘",给予不同的定义就产生了不同的边缘分割方法。常用的边缘检测方法,包括边缘算子法、模板匹配法、曲面拟合法等,其中又以边缘算子法最为常见,它利用灰度变化检测边缘,一般使用的是 Sobel 算子。

(3) 区域增长法。区域增长法是区域分割的基本方法,它也是将具有相似性质的像素集合起来构成同一区域,但实现方法与阈值分割法不同。一般来说,区域增长法可以归纳为以下 3 个步骤:①选择或确定一个能正确代表所需区域的种子像素(生长点)。②按某种事先确定的生长或相似准则,接收(合并)生长点周围像素点,该区域生长。③把新区域中的每个像素作为新的生长点,重复步骤②直至不能继续增长。在区域增长法中,选择合适的生长点以及均匀测度阈值是十分重要的,这也是区域增长法的难点所在。

6. 视觉定位

视觉定位的传统思路是对于单目相机通过相机标定,实现图像和真实坐标系之间的转换,然后通过转换矩阵获取真实定位信息。对于双目相机和深度相机,可以直接在测量计算过程中获得位置信息,但这些获取的位置信息都是相对的。若需要获取全局位置信息,则需要对图像移动的位置进行计算,当前常常采用视觉 SLAM 的思路来实现。

1) 视觉坐标系

在计算机视觉中,利用图像中目标的二维信息获取目标的三维信息,肯定需要相机模型坐标之间的转化,其中涉及了三大坐标系及其相互转换。

(1) 图像坐标系。

描述图像的大小是像素,如图像分辨率是 800×600 像素,也就是图像的矩阵行是 800、列是 600,其中图像的原点是在图像的左上角。以图像左上角为原点建立以像素为单位的直角坐标系 u-v,像素的横坐标 u 与纵坐标 v 分别是在其图像数组中所在的列数与所在行数,这是像素坐标,而不是物理坐标,为了后续的模型转换,建立图像坐标系。图像坐标系是以图像中心为原点,X 轴和 u 轴平行,Y 轴和 v 轴平行。dx 和 dy 标示图像中每个像素在 X 轴和 Y 轴的物理尺寸,其实就是换算比例。比如图像大小是 800×600 像素,图像坐标系 x-y 中大小为 300×200mm,那么 dx 就是 300/800mm/像素,dy 是 200/600mm/像素。

(2) 相机坐标系。

相机成像满足一定的几何关系,在模型中图像坐标放在相机坐标系前方,两者之间的转换关系是由透镜原理获取的,根据相似三角形的原理,通过相机的焦距并结合图像坐标系中的位置信息,可以计算出在相机坐标系中的数值。

(3) 世界坐标系。

为了描述相机的位置而被引入的,平移向量 t 和旋转矩阵 $\boldsymbol{R}$ 可以用来表示相机坐标系与世界坐标系的关系。

2) 视觉标定及位置计算

摄像头定标一般都需要一个放在摄像头前的特制的标定参照物(棋盘纸),摄像头获取该物体的图像,并由此计算摄像头的内外参数。标定参照物上的每一个特征点相对于世界坐标系的位置在制作时应精确测定,世界坐标系可选为参照物的物体坐标系。在得到这些已知点在图像上的投影位置后,可计算出摄像头的内外参数。

在计算机视觉中通过相机模型将三维空间的点和二维图像中的点联系起来。如果不考虑畸变的原因,则是线性模型;如果考虑畸变的原因,则是非线性模型。

(1) 线性模型。

可用针孔模型来近似表示任一点 $P(X_c, Y_c, Z_c)$ 在像平面的投影位置,也就是说,任一点 $P(X_c, Y_c, Z_c)$ 的投影点 $p(x, y)$ 都是 OP(即光心(投影中心)与点 $P(X_c, Y_c, Z_c)$ 的连线)与像平面的交点,其中 X_c 的 c 下标表示 camera 相机,在相机坐标系内,利用三角形相似原理,即 $x/f = X_c/Z_c$,整个关系是线性的。

(2) 非线性模型。

由于成像平面和透镜平面不是绝对平行的,所以存在径向畸变,其中,畸变成像仪中心的畸变为 0,越到边缘畸变越严重,如鱼眼透镜。针对径向畸变用 3 项 k_1、k_2、k_3 进行描述,其中,对于便宜的网络摄像机,通常使用前两项 k_1 和 k_2;对畸变很大的摄像机,如鱼眼透镜,使用第三个径向畸变项 k_3。

切向畸变是由于透镜制造上的缺陷使得透镜本身与图像平面不平行而产生的,可以

由两个额外的参数 p_1 和 p_2 来描述。

畸变参数总共有 5 个,在 OpenCV 程序中这 5 个参数是必需的,它们被放置到一个畸变向量中,是一个 5×1 的矩阵,并按顺序依次包含 k_1、k_2、p_1、p_2 和 k_3。

(3) 相机标定参数。

摄像头的内参,包括相机在 x 和 y 方向的焦距 fx,fy 以及相机的光心在图像坐标系内的坐标 $(u0,v0)$。

5 个畸变参数,一般只需要计算出 k_1、k_2、p_1、p_2,对于鱼眼镜头等径向畸变特别大的才需要计算 k_3。

外参,标定物体的世界坐标,常用旋转平移矩阵表示。

(4) 像素距离计算真实距离。

单孔相机模型如图 9.11 所示。图中,光心作为一个理想化的点,三维物体上的点 P 到像平面上的点 p 连成一条通过光心的直线,三维物体在像平面上成一个倒立的像。

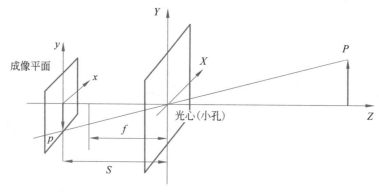

图 9.11 相机投影模型

由小孔成像模型及相机成像原理可以导出由三维坐标 (X,Y,Z) 到图像坐标 (u,v) 有以下关系。

$$\begin{bmatrix} u \\ v \\ 1 \end{bmatrix} = \boldsymbol{K} \begin{bmatrix} \boldsymbol{R} & \boldsymbol{T} \\ 0^T & 1 \end{bmatrix} \begin{bmatrix} X \\ Y \\ Z \\ 1 \end{bmatrix}$$

从三维的 (X,Y,Z) 到图像坐标系上的 (u,v),先从世界坐标系中的点变换到相机坐标系下的点,要经历一次旋转和平移变换将相机光心平移到坐标系的原点,以及将相机光轴对准 Z 轴,X、Y 轴对齐相机的 x、y 轴,就得到图 9.11 所示的坐标 (X,Y,Z)。

$\begin{bmatrix} \boldsymbol{R} & \boldsymbol{T} \\ 0^T & 1 \end{bmatrix}$ 矩阵又被称为相机的外参数矩阵,其中 $\boldsymbol{R}$ 是一个 3×3 的旋转变换矩阵,代表着物体相对相机的旋转程度,$\boldsymbol{T}$ 是一个 3×1 的向量,代表物体坐标相对相机在相机 3 个轴线上的平移量。

从相机坐标系的 (X,Y,Z) 到像平面坐标系 (x,y) 的过程是一次中心投影变换,然而从像平面坐标系 (x,y) 到图像坐标系 (u,v),由于投影变换后的单位尺度为毫米等现实尺度,还需要根据相机 CCD/CMOS 传感器的尺寸做一次尺度变换,将单位转换成图像坐标系内的像素。然后由于图像坐标系(u,v)当中并不以光心为原点,需要做一个平移变换将坐标原点从光心移至图像的左上角。综合以上变换就得到了线性变换矩阵 $\boldsymbol{K}$,又称为相机的内参数矩阵,矩阵 $\boldsymbol{K}$ 的形式如下式所示。

$$\boldsymbol{K} = \begin{bmatrix} f_x & 0 & u_0 & 0 \\ 0 & f_y & v_0 & 0 \\ 0 & 0 & 1 & 0 \end{bmatrix}$$

其中,f_x、f_y 分别是相机在 x 和 y 方向的焦距,以像素为单位;(u_0, v_0) 是相机的光心在图像坐标系内的坐标。

3) 视觉 SLAM

视觉 SLAM 的一个主要目标是定位,即计算出移动相机在世界坐标系下的位置(坐标)和姿态(朝向)。

按照传感器的类型,视觉 SLAM 可以分为单目视觉 SLAM、双目立体视觉 SLAM 和 RGB-D 视觉 SLAM;按照优化的方式,视觉 SLAM 可以分为基于滤波器的视觉 SLAM 和基于平滑的视觉 SLAM;按照数据关联的方式,视觉 SLAM 可以分为基于特征的视觉 SLAM 和直接视觉 SLAM。

经典的视觉 SLAM 系统一般包含前端视觉里程计、后端优化、闭环检测和构图 4 个主要部分,如图 9.12 所示。

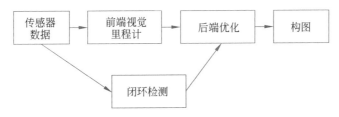

图 9.12 经典视觉 SLAM 系统流程图

(1) 视觉里程计(Visual Odometry)。仅有视觉输入的姿态估计。

(2) 后端优化(Optimization)。后端接收不同时刻视觉里程计测量的相机位姿,以及闭环检测的信息,对它们进行优化,得到全局一致的轨迹和地图。

(3) 闭环检测(Loop Closing)。指机器人在地图构建过程中,通过视觉等传感器信息检测是否发生了轨迹闭环,即判断自身是否进入历史同一地点。

(4) 构图(Mapping)。根据估计的轨迹,建立与任务要求对应的地图。

视觉 SLAM 的方法主要如下。

(1) 基于特征的视觉 SLAM,也称为间接法。间接法首先对测量数据进行预处理来产生中间层,通过稀疏的特征点提取和匹配来实现,也可以采用稠密规则的光流,或者提取直线或曲线特征来实现。常见的方法有 MonoSLAM 方法、PTAM 方法、ORB-SLAM (ORB-SLAM2)方法等。

(2) 直接法。直接法跳过预处理步骤直接对实际传感器测量值处理。常见的方法有:DTAM 方法、LSD-SLAM 法、SVO (Semi-direct Visual Odoemtry)方法、DSO

(Direct Sparse Odometry)方法、RGBD SLAM 方法、KinectFusion 方法、Kintinuous 算法和 RTAB-Map 方法。

（3）基于深度学习的 SLAM。传统的视觉 SLAM 在环境的适应性方面依然存在瓶颈，深度学习有望在这方面发挥较大的作用。深度学习已经在语义地图、重定位、回环检测、特征点提取与匹配以及端到端的视觉里程计等问题上有了相关工作，下面列举一些典型成果：CNN-SLAM 在 LSD-SLAM 基础上将深度估计以及图像匹配改为基于卷积神经网络的方法，并且可以融合语义信息，得到较鲁棒的效果。PoseNet 方法是在 GoogleNet 的基础上将 6 自由度位姿作为回归问题进行的网络改进，可以利用单张图片得到对应的相机位姿。

9.1.4　语音传感器

1. 语音采集

麦克风将声音从物理状态转化为模拟的电信号，把连续的模拟信号转化为时间上离散、但幅值上仍连续的离散模拟信号，这一过程就是采样。采样后的信号还要转化为能够用二进制表示的离散值，这一过程就称为 A/D 转换。所以麦克风音频输入可以通过 ADC 接口引入。

I^2S 标准既规定了接口规范，也规定了数字音频数据的格式。I^2S 有 3 个主要信号：串行时钟 SCLK，也叫位时钟（BCLK），即对应数字音频的每一位数据；帧时钟 LRCK，用于切换左右声道的数据；串行数据 SDATA，用二进制补码表示的音频数据。

2. 语音识别流程

语音识别可以分成前处理模块和语音识别模型两部分。前处理模块可以对机器获取的语音进行"提纯"（语音增强），来提升模型识别准确率，主要包括音频编解码、噪声抑制、语音活性检测和回声消除这 4 部分内容。语音识别模型主要有特征提取器、语音唤醒技术、语音识别和语音合成。语音识别流程如图 9.13 所示。

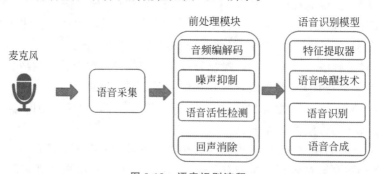

图 9.13　语音识别流程

具体的流程可以描述为：麦克风数据采集和处理的流程主要是先打开并读取音频设备的数据流，然后调用语音识别程序可以从音频数据识别出语义，可以用 ROS 消息 std_msgs/String 来描述语义信息，目前常用一些开源的离线语音识别程序 Kaldi 和 CMU

Sphinx 等进行实现；也可以采用基于云平台的语音服务，例如科大讯飞和百度等公司提供可用的语音识别 SDK，通过调用 SDK 库函数可以把采集到的语音传送给云服务平台，云平台提供语音识别和自然语言理解服务，传送回来语音识别后的语义文本。驱动发声出语音是语音合成的过程，采用 TTS 基于隐马尔可夫模型（Hidden Markov Model，HMM）实现，目前常用一些开源的离线语音合成程序 flite 和 espeak 等进行实现，同时也可以采用科大讯飞和百度基于云平台的语音合成服务来实现。

3. 自然语义理解

自然语义理解可以利用前面章节介绍的词向量网络模型例如 BERT 网络进行实现。

◆ 9.2　智能控制系统介绍

智能控制系统除了从外部采集数据并进行处理之外，还需要发出控制命令，实现执行操作。以一个智能小车为例，控制器可以分为驱动控制器、运动控制器和任务规划控制器等多种功能的控制器。

9.2.1　驱动控制系统

对于有执行机构的智能系统，直接对执行机构的控制主要由驱动控制器来完成。例如，智能移动小车的驱动控制器主要是通过对直流电机的控制来完成。

对直流电机的控制最简单的方式就是利用控制芯片 PWM 接口产生出不同的电压驱动电机，实现电机不同转速的转动，如图 9.14 所示。

输入量　控制系统　电机模型　输出转速

图 9.14　控制系统框图

此控制环节较为简单，通过控制系统产生出一定的电压控制电机按照一定转速转动，称为开环控制。整个控制思路直接简单，但是由于没有对实际转速进行测量，所以不能确定电机是否达到控制目标。

目前常用闭环控制方法实现对电机的控制，如图 9.15 所示。

闭环控制的思路是把输出的测量值反馈给输入，并与输入的给定值进行比较，产生出偏差，通过设计的控制器使偏差减小到 0，从而实现输出值真正达到给定值目标。闭环控制的控制器目前常采用 PID 控制器，其中 P 表示比例，I 表示积分，D 表示微分实现对被控对象电机的控制。

由于微控制器是数字系统，同时为了减少计算复杂度和中间过程的存储空间，采用增量式 PID 控制法，只需要记住相邻前两次的输入偏差，就可以得到当前控制量的增量，因此只需要保存上一个控制量的值，通过计算控制量增量便可得到当前控制量的值，计算过程如下。

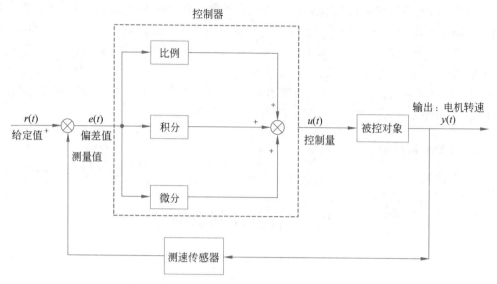

图 9.15 闭环控制器系统框图

$$\Delta u_k = u_k - u_{k-1} = K_p \left(e_k - e_{k-1} + \frac{T}{T_i} e_k + T_d \frac{e_k - 2e_{k-1} + e_{k-2}}{T} \right)$$

$$= K_p(e_k - e_{k-1}) + \frac{K_p T}{T_i} e_k + \frac{K_p T_d}{T}(e_k - 2e_{k-1} + e_{k-2})$$

$$= K_p(e_k - e_{k-1}) + K_i e_k + K_d(e_k - 2e_{k-1} + e_{k-2})$$

其中，T 是采样的时间间隔，PID 控制器的输出 $u(t)$ 是由微控制器输出的 PWM 信号。K_p、K_i 和 K_d 分别是 PID 控制器的比例、积分和微分控制系统，这 3 个参数的调整十分关键，有关对 PID 控制参数调节的经验如下。

(1) 比例调节的输出与偏差成比例关系，可以直接快速进行调节。

(2) 积分调节的输出是偏差的积分，可以消除比例调节产生的稳态误差。

(3) 微分调节的输出是偏差的变化率，可以超前调节，提前防止过调。

PID 控制器是经常采用的一种控制器，还可以采用模糊控制器、神经网络控制器等方案。在闭环控制过程中，若控制器设计得不好，偏差将不会收敛减小为 0，而是不停地发散震荡，此时控制器设计是失败的。当前有很多控制理论涉及稳定判定的理论，从而指导控制器的设计。

9.2.2 运动控制系统

运动控制器主要是对物体在运动层次控制器的设计，主要涉及运动学和动力学方面的内容，例如当控制机械臂末端的机械爪到某个位置点时，需要计算出机械臂上的每个转动关节轴的角度，机械爪位置点和机械臂每个转动轴的转动角度有一定的几何位置对应关系，这个关系用数学公式进行描述就是运动学方程。通过运动学方程可以求解出机械爪到达目标位置点时各转动关节需要转动的角度，通过驱动控制器控制每个转动关节转动到计算出的角度，就可以使机械爪到达目标位置点。同时在控制的过程中也需要考虑动力学的因素,需要产生多大力矩才能驱动各个关节,关节轴电机在启动时力矩(电流)控制的模型等,只有考虑了动力学模型才能保证电机有足够的驱动力,比较柔顺地到达运动学计算出的目标位置。

本部分还是以一个较为简单的差动运动小车模型来说明运动学计算过程,小车运动坐标描述如图 9.16 所示。

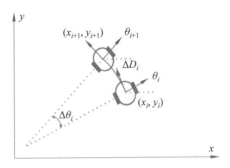

图 9.16　小车运动坐标

以左下角任意点为坐标原点,水平方向为 x 轴,垂直于水平方向的竖直方向为 y 轴建立直角坐标系。假设小车的运动为从(x_i, y_i)位置行驶到(x_{i+1}, y_{i+1})位置,那么行驶过程中,定义靠近坐标原点的一侧为小车左侧,那么对应另外一侧就是小车右侧。小车的左右轮电机都安装了霍尔传感器码盘对其速度进行测量与记录。码盘在小车车轮每转过一圈将输出的脉冲个数为 P。那么在 ΔT 时间内,如果获得了 N 个脉冲数,并且小车车轮半径为 R,那么该轮在 ΔT 时间转过的圈数为

$$M = \frac{N}{P}$$

通过小车车轮转过的圈数,可以得到小车车轮在 ΔT 时间内的速度为

$$V = \frac{\Delta S}{\Delta T} = M \times \frac{2\pi R}{\Delta T} = \frac{N}{P} \times \frac{2\pi R}{\Delta T}$$

那么,ΔT 时间内,设左车轮转过的距离为 ΔS_L,左车轮转速为 ΔV_L,右车轮转过的距离将为 ΔS_R,右车轮转速为 ΔV_R。当小车直线行驶时,有

$$\Delta S_L = \Delta S_R$$
$$\Delta V_L = \Delta V_R$$

当小车曲线行驶时,如图 9.16 所示,小车向左转弯有

$$\Delta S_L < \Delta S_R$$
$$\Delta V_L < \Delta V_R$$

那么同理,当小车曲线行驶,向右转弯时有

$$\Delta S_L > \Delta S_R$$
$$\Delta V_L > \Delta V_R$$

接下来看一下怎么样通过左右轮的行驶速度得到小车实际行驶速度。对于图 9.16 来说,当研究左右轮各自的运动情况时,小车被抽象成一个近似的球形刚体。在较短时间内,左轮和右轮的运动情况可被近似等效成围绕坐标原点 O 做匀速圆周运动。只不过它

们唯一的区别是,两轮的运动半径不同。为了得到小车实际行进距离,小车被抽象成一个质量集中在重心的质点。在同样较短时间内,该质点也围绕坐标原点 O,与左右轮做同心、不同半径的圆周运动。

设小车左轮的运动半径为 R_L,小车右轮的运动半径为 R_R,小车重心运动半径为 R_{COM},小车重心转过的距离为 ΔS_{COM},小车在位置 i 与圆心的连线和 x 轴成角 Θ_i(弧度制),小车在位置 $i+1$ 与圆心的连线和 x 轴成角 Θ_{i+1}(弧度制),Θ_{i+1} 与 Θ_i 的角度差为 $\Delta\Theta$。可利用圆的几何特性,列出以下等式

$$
\begin{cases}
\Delta S_L = 2\pi R_L \times \dfrac{\Delta\Theta}{2\pi} \\[2mm]
\Delta S_R = 2\pi R_R \times \dfrac{\Delta\Theta}{2\pi} \\[2mm]
\Delta S_{COM} = 2\pi R_{COM} \times \dfrac{\Delta\Theta}{2\pi}
\end{cases}
$$

根据上面的方程,得到小车在 ΔT 时间内前进的实际距离为

$$
\Delta S_{COM} = \frac{\Delta S_L + \Delta S_R}{2}
$$

那么小车的速度则为

$$
\Delta V_{COM} = \frac{\Delta V_L + \Delta V_R}{2}
$$

在得到小车前进的实际速度后,再来寻找小车转过的角度与左右轮行驶距离的数学关系。事实上,当对左右两轮的行驶路程做差,并将 Θ_i 平移到与 Θ_{i+1} 共起点的位置时,将近似得到以左轮为圆心、左右轮距离(即轴距记为 a)为半径、$\Delta\Theta$ 为圆心角的一小段圆弧。对它进行分析与求解,可以得到以下公式

$$
\Delta S_R - \Delta S_L = 2\pi a \times \frac{\Delta\Theta}{2\pi}
$$

$$
\Delta\Theta = \Delta V_\Theta \times \Delta T = \frac{\Delta S_R - \Delta S_L}{a} = \frac{(\Delta V_R - \Delta V_L) \times \Delta T}{a}
$$

那么小车的转动角速度则为

$$
\Delta V_\Theta = \frac{\Delta V_R - \Delta V_L}{a}
$$

综上所述,小车控制模块一旦做出决策需要朝着什么样的角度、以什么样的速度行驶时,便可以通过这个运动学模型,利用驱动控制器具体调整小车左右车轮的转速到运动学方程计算出的数值,实现小车运动规划。

以上主要对小车的运动学模型进行了考虑,从而实现小车的运动学规划,但在小车运动过程中,由于运行地面的摩擦系数不一样,同时也要考虑转动轴电机的驱动力和启动电流等因素,所以当控制小车运行到一定位置时,若只考虑运动学模型,并不能到达目标位置点,此时还需要考虑动力学模型对运动的影响。但是动力学模型很难建立出和真实场景一模一样,在建立过程中需要有很多假设条件,因此利用动力学模型只能近似满足真实的环境模型。

所以在小车完成一定任务的时候,需要建立任务层次上的控制模型,例如到达一定的目标物体前停下来,通过结合视觉的定位信息可以完成这个任务,具体过程是建立任务层次上的视觉伺服控制系统来实现。

9.2.3　任务控制系统

在智能系统中需要完成一定的任务,例如对于机器人来说,需要完成视觉伺服控制和导航及避障等任务,因此需要建立其相应的任务控制系统。

任务控制系统的控制模型和通用的控制系统结构一样,但是输入量主要是根据一定的任务要求来设定。例如,完成一个小车的避障任务,若采用视觉传感器,通过一些智能算法可以根据视觉信息提取出摄像头到障碍物之间的距离特征信息,然后根据距离信息建立控制系统,其中控制器可以采用各种避障算法,例如人工势场法、DWA 和 TEB 等算法,计算出机器人运动的速度大小和方向,从而控制机器人避开障碍物。

所以在任务控制系统中包括有特征提取和智能控制算法两个环节。其中特征提取可以利用传统的各种模式识别算法提取出距离、颜色、位置等信息,然后再结合相应的智能算法来完成任务规划。

目前也常常利用深度学习来实现对环境信息的特征提取工作,并通过训练产生出相应的动作空间来完成执行动作。例如,基于端到端的机器人避障和导航方法,并没有专门去提取传统的距离信息特征,而是直接根据输入的图片结合一系列的训练来完成执行避障或导航动作。任务规划控制系统也常常通过使用深度强化学习方法来完成特征提取和动作执行的任务。

🔷 9.3　智能系统实例

本部分介绍一个基于交通灯标记控制小车运动的案例,当小车遇到红灯或黄灯时停止,遇到绿灯时前进;当遇到限速标记时,限速;遇到解限速标记时,解限速,如图 9.17 所示。

(a)限速、解限速　　　　(b) 黄灯　　　　(c)绿灯　　　　(d)红灯

图 9.17　交通数据集

9.3.1　数据集制作

在交通灯和交通信号检测实验当中所用的数据集共 27 251 张,分为 6 类:red_stop(红灯)、green_go(绿灯)、yellow_back(黄灯)、pedestrian_crossing(人行道)、speed_limited(限速标志)、speed_unlimited(解限速标志)。

数据集一部分来源为在实验室环境所拍的交通灯和交通信号照片,剩下的部分来自数据增强。常见的数据增强方式有翻转、旋转、裁剪、缩放等。本实例为了减轻手工标注的工作量,仅仅使用了亮度变换作为数据增强的方式。同时,对于本实例实验场景,亮度也是影响非常明显的一个因素。

本实例亮度变换采用 Gamma 变换的方法。在前面已简要介绍过 HSV 颜色空间。与亮度紧密相关的就是 V 通道——Value(明度)。Gamma 变换也是在 V 通道上进行计算,对明度值进行非线性变换,公式如下。

$$V_{out} = V_{in}^{\gamma}$$

注意此处的 V_{in} 值范围在 [0,1],所以需要对 V 通道的值进行归一化(除以 255)之后再进行幂运算。图 9.18 为在不同 Gamma 系数下,Gamma 变换对原亮度的影响。

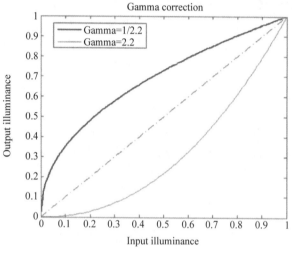

图 9.18　Gamma 变换

从图中可以看出,在 Gamma 系数小于 1 的情况下,图像整体亮度得到了提升,其中暗处提亮程度更为明显;在 Gamma 系数大于 1 的情况下,图像整体亮度变暗,同样暗处的亮度降低得也更明显。Gamma 变换后效果如图 9.19 所示。

(a) 原图　　　　　　　　　(b) 变亮　　　　　　　　　(c) 变暗

图 9.19　Gamma 变换效果

数据集标签的标注使用 labelImg 软件完成。在完成数据集的标注后再进行数据增强,可以直接复制原标签,按新图片名重新命名即可得到新标签,无须重新标注。在标签格式中,每一张图片的每一个目标占一行,第一列为类别序号,第二、三列为目标边框的中点 x、y 坐标,第四、五列为目标边框的宽度和高度。注意,后面 4 个数据都被"归一化"。例如,第二列中点 x 坐标是实际 x 坐标占整个图片宽度的百分比。

9.3.2　目标检测模型 MobileNet-SSD

MobileNet-SSD 使用 MobileNet 作为前端网络,后端算法为 SSD,是面向移动端的快速目标检测算法。

1. SSD 多目标检测算法

SSD 算法的英文全名是 Single Shot MultiBox Detector,Single Shot 指明了 SSD 算法属于 one-stage 方法,MultiBox 指明了 SSD 是多框预测。

SSD 采用一个 CNN 网络来进行检测,并采用了多尺度的特征图,SSD 网络结构图如图 9.20 所示。

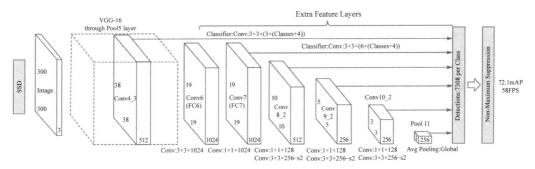

图 9.20　SSD 网络结构图

2. MobileNet-SSD 网络结构

SSD 检测物体时,采用的骨架 VGG16 计算量较大,需要对模型进行轻量化,所以考虑利用轻量网络替换原本的骨架 VGG16。MobileNet 是一种体积较小、计算量较少、适用于移动设备的卷积神经网络,因此可用 MobileNet 网络替换 VGG16 网络,从而构成轻量级的 MobileNet-SSD。

目标检测的结果主要作用于运行状态的切换(停止或运行)和小车的速度控制(限速或解限速)。当检测到交通灯为绿灯信号的时候,从停止状态切换到车道线控制下的运行状态;当检测到红灯或黄灯信号的时候反之。在停止状态下,servo 结点只需要对车辆底层发布 msg.linear.x＝0 信息即可。当检测到限速或解限速信号,servo 结点使 msg.linear.x 的值逐渐向 min_speed(0.05m/s) 或 max_speed(0.2m/s)靠拢,实现限速和解限速的状态切换。

结合数据集和设计的网络通过深度学习框架训练出模型。

9.3.3 模型部署

模型文件部署在 HiLens Kit 平台(见图 9.21)上,它是一款具备 AI 推理能力的多媒体终端设备,硬件集成了 Atlas 200 AI 加速模块(简称 Atlas 200),方便用户快速简捷地接入并使用 Ascend 310 AI 处理器强大的处理能力。

图 9.21 HiLens Kit 平台

把训练好的 MobileSSD 网络模型文件转为 om 模型,并部署在 HiLens Kit 平台上,如图 9.22 所示。

图 9.22 HiLens 设备技能部署

9.3.4 控制决策

HiLens Kit 平台通过网络和底层的运动控制器进行通信,当检测到交通灯为绿灯信号时,从停止状态切换到运行状态,HiLens Kit 平台发送一定的速度值给运动控制器,控制小车运行。当检测到红灯或黄灯信号时,HiLens Kit 平台速度值设为 0 并发送给运动控制器,控制小车停止。当检测到限速标志时,HiLens Kit 平台速度值设为最小并发送给运动控制器,控制小车减速。

图 9.23 和图 9.24 是一系统测试过程的图片。

图 9.23　交通灯功能性测试

(a) 限速功能测试

(b) 解限速功能测试

图 9.24　限速标志功能性测试

参 考 文 献

[1] 梁晓峣. 昇腾 AI 处理器架构与编程[M].北京：清华大学出版社,2019.

[2] 任炬,张尧学,彭许红.openEuler 操作系统[M].北京：清华大学出版社,2020.

[3] 陈雷. 深度学习与 MindSpore 实践[M].北京：清华大学出版社,2020.

[4] 戴志涛,刘健培.鲲鹏处理器架构与编程[M].北京：清华大学出版社,2020.

[5] 苏统华,杜鹏. 昇腾 AI 处理器 CANN 应用与实战——基于 Atlas 硬件的人工智能案例开发指南[M]. 北京：清华大学出版社,2021.

[6] 史宁宁. 华为方舟编译器之美——基于开源代码的架构分析与实现[M]. 北京：清华大学出版社,2020.

[7] 陈海波,夏虞斌. 现代操作系统：原理与实现[M]. 北京：机械工业出版社,2020.

[8] 笨叔,陈悦. 奔跑吧 Linux 内核入门篇[M]. 2 版. 北京：人民邮电出版社,2021.

[9] 张磊. 鲲鹏架构入门与实战[M]. 北京：清华大学出版社,2021.

[10] 李传钊. 深入浅出 OpenHarmony——架构、内核、驱动及应用开发全栈[M]. 北京：中国水利水电出版社,2021.